PIC18F

Programação em *C*

com Compilador *CCS*

Volume 2

ISBN: 978-65-01-04262-6

PIC18F

Programação em *C*

com Compilador *CCS*

Mário Ildefonso Ribeiro Bier

Primeira Edição

Volume 2

Maio 2024

Agradecimentos

A **Deus**, por minha vida e por tudo o que tenho;

A meus pais, Joanna e Mario, pelo carinho e pela educação que me proporcionaram;

A minha esposa, Teresa, pela paciência;

A Richard Ackerman – CCS Support;

A David Spencer – Labcenter Electronics – VSM PROTEUS;

A Andrey Shved – Labcenter Electronics – VSM PROTEUS;

A Israel Rodrigues – Edasim Colombia Ltda. – VSM PROTEUS;

A Carlos Eduardo Sandrini Luz – ACEPIC Tecnologia e Treinamento Ltda.;

A Solange Viaro Padilha – professora de inglês em 1997 e amiga desde então;

Aos amigos pelo incentivo.

Referências

PIC18F2420/2520/4420/4520 Datasheet 01/02/08 – Microchip

PIC18F2455/2550/4455/4550 Datasheet 03/26/09 – Microchip

CCS C Compiler Manual PCB/PCM/PCH and PCD – March 2019 – CCS

HD44780U (LCD-II) Dot Matrix Liquid Crystal Display Controller Driver Hitachi

ST7066 Dot Matrix LCD Controller/Driver Sitronix 12/06/2000

KS0066 16COM/40Seg Driver & Controller For Dot Matrix LCD Samsung

SPLC780A1 16COM/40Seg Controller/Driver Sunplus 05/05/2000

LM35 (sensor de temperatura) Texas Instruments November 2000:

https://pdf1.alldatasheet.com/datasheet-pdf/view/517588/TI1/LM35.html

www.datasheetcatalog.com

www.microchip.com

http://www.microchipc.com/sourcecode/index.php#dspic_bootloader

http://www.microchipc.com/sourcecode/index.php#dspic_bootloader

http://www.microchip.com/stellent/idcplg?IdcService=SS_GET_PAGE&nodeId=1824&appnote=en546974

http://www.microchip.com/development-tools/pic-and-dspic-downloads-archive

https://microchipdeveloper.com/8bit:ccpcomparespevnt

https://www.electronicwings.com/pic/pic18f4550-timer-compare-mode

www.ccsinfo.com

www.ccsinfo.com/downloads.php

http://www.ccsinfo.com/downloads/ccs_c_manual.pdf

www.java.com/pt_BR/download/

Modo Capture:

Application Note AN545 1.997 Microchip

Timers:

http://www.mikroe.com/chapters/view/5/chapter-4-timers/

Osciladores:

http://www.electroons.com/blog/2013/03/crystal-resonator-oscillator-difference/

HyperTerminal:

http://www.lri.com.br/images/tutoriais/hyperterminal.pdf

www.aprendaefaca.com/site/2011/10/usando-o-hyperterminal-no-windows-7/

Baterias

https://www.sta-eletronica.com.br/artigos/baterias-recarregaveis/baterias-de-chumbo/como-descarregar-uma-bateria-selada-de-chumbo-acido#:~:text=A%20bateria%20selada%20de%20chumbo,armazenada%20em%20um%20estado%20descarregado.

Protocolo i2c:

http://www.i2c-bus.org/clock-stretching/

https://www.ccsinfo.com/forum/viewtopic.php?t=27988

Terminal RComSerial:

http://www.tcmnet.com.br/www_public/downloads/FTP/Programas/

Terminal PuTTY:

https://www.chiark.greenend.org.uk/~sgtatham/putty/

Circuito antiboucing:

jack@ganslle.com

Sugerido por Jack G. Ganssle do The Ganslle Group no artigo 'A guide to debouncing' (Um guia para o anti-rebatimento de contatos), encontrado na internet.

Protocolo SPI:

https://www.ccsinfo.com/forum/viewtopic.php?t=45722

Porta Serial Virtual:

https://www.virtual-serial-port.org/pt/articles/top-6-virtual-com-port-apps/#Software

---

Programação de Microcontroladores:

Luz, Carlos Eduardo Sandrini – Curso Linguagem C para microcontroladores PIC

Pereira, Fábio – Microcontroladores PIC Programação em C – 7ª edição

Myiadaira, Alberto Noboru – Microcontroladores PIC18 – Aprenda e Programe em Linguagem C – 1ª edição

Bier, Mário Ildefonso Ribeiro – Programação de Microcontroladores PIC18F4520 e PIC18F4550 em linguagem C com compilador CCS

Eletrônica

Malvino, Albert; Bates, David J. – Eletrônica – Volume 1, 7ª Ed.

Malvino, Albert; Bates, David J. – Eletrônica – Volume 2, 8ª Ed.

Idoeta, Ivan Valeije; Capuano, Francisco Gabriel – Elementos de Eletrônica Digital – 41ª Ed.

Berlin, Howard M. – Aplicações para o 555 com experiências – 1ª Ed.

www.alldatasheet.com

www.datasheetcatalog.com

Linguagem C

Mizrahi, Victorine Viviane – Treinamento em Linguagem C – 2ª Ed.
Damas, Luis – Linguagem C – 10ª Ed.

Compilador CCS para avaliação gratuita

No site abaixo é possível obter uma cópia do compilador CCS para uso ***durante 45 dias*** *gratuitamente para avaliação.*

http://www.ccsinfo.com/ccsfreedemo.php

Ao longo do livro, além do material produzido pelo autor, são usadas tabelas da CCS, desenvolvedora do compilador, obtidas da última versão de seu manual, de março de 2019, gentilmente cedido para tal. Esse material, de propriedade da CCS, cujo uso foi por ela autorizado, está identificado como ***(CCS)*** onde quer que esteja presente.

Prefácio

Durante o curso de Engenharia, o autor percebeu a necessidade de maior integração entre conceitos teóricos e exemplos práticos, o que se observava especialmente na disciplina de Cálculo Diferencial e Integral, que poderia ter tido maior conexão com o mundo real e teria tornado seu estudo mais agradável, ao despertar maior interesse por parte dos alunos.

Em função disso e pelo 'gosto' adquirido pela programação de microcontroladores PIC a partir do início de 2009, o autor decidiu escrever um livro que contivesse uma boa quantidade de exemplos de aplicação, que pudessem tornar mais fácil a compreensão de assuntos mais complexos, tais como a conversão analógico/digital, o uso do relógio de tempo real e a comunicação serial RS232 ou USB, entre outros.

Os mais de 50 programas dos exemplos de aplicação (mais de 120 entre os dois volumes) tiveram seu funcionamento testado em simulador e/ou kits de desenvolvimento. Quando necessário, esses programas também foram verificados na bancada utilizando instrumentos como osciloscópio, gerador de funções e multímetros digitais.

As mais de 150 figuras e 5 tabelas, ao longo do livro, facilitam bastante o estudo passo a passo de cada um dos assuntos abordados no texto.

O livro procura atender a públicos de diferentes formações profissionais. Assim, seu conteúdo pode ser utilizado de várias formas, de acordo com o interesse de cada leitor. As informações teóricas podem auxiliar aqueles que buscam se aprofundar em um determinado assunto, enquanto os exemplos práticos fornecem uma ferramenta que dará base à aplicação do conhecimento.

O autor

Engenheiro Eletrônico pela Pontifícia Universidade Católica do Rio Grande do Sul desde 1.973, com habilitação também em Engenharia Elétrica e especialização em Gerência de Engenharia de Manutenção pelo CEFET-PR, atual UTFPR em 1.998.

Trabalhou em manutenção e engenharia de manutenção, tendo ministrado treinamentos como instrutor convidado tanto na Cia. Paranaense de Energia, COPEL, quanto na Centrais Elétricas do Sul do Brasil, ELETROSUL.

Aposentou-se no final de 2009 na Companhia Paranaense de Energia – COPEL e lecionou no CESCAGE, Centro de Ensino Superior dos Campos Gerais, em Ponta Grossa – PR, entre fevereiro de 2011 e julho de 2013, onde, entre outras disciplinas, lecionou programação de microcontroladores PIC 16F877A em linguagem C, usando compilador CCS.

Feliz aquele que transfere o que
sabe e aprende o que ensina.

Cora Coralina

ÍNDICE Volume 2

ÍNDICE Volume 1

16.1 – Relógio de tempo real DS1307

O RTC (**R**eal **T**ime **C**lock and calendar – relógio de tempo real e calendário) DS1307, é um circuito integrado bastante útil em aplicações nas quais se deseje saber a hora exata na qual ocorreu um determinado evento que faça parte de um processo monitorado.

Um exemplo de aplicação é o de um equipamento destinado ao ensaio de baterias, no qual se monitora a tensão de cada elemento durante o ensaio de descarga com corrente constante. Com o relógio de tempo real, pode-se registrar o tempo em que é realizada cada medição de tensão a intervalos regulares, juntamente com o seu valor. Entre outras possibilidades, também se pode registrar o momento exato em que essa tensão cai abaixo de um valor limite pré-definido, caso isso ocorra.

Relógio de tempo real DS1307

<table>
<tr><th>End.[h]</th><th>Bit7</th><th>Bit6</th><th>Bit5</th><th>Bit4</th><th>Bit3</th><th>Bit2</th><th>Bit1</th><th>Bit0</th><th>Função</th><th>Faixa</th></tr>
<tr><td>00</td><td>CH</td><td colspan="3">Dezena dos segundos</td><td colspan="4">Segundos</td><td>Segundos</td><td>00-59</td></tr>
<tr><td>01</td><td>0</td><td colspan="3">Dezena dos minutos</td><td colspan="4">Minutos</td><td>Minutos</td><td>00-59</td></tr>
<tr><td rowspan="2">02</td><td rowspan="2">0</td><td>24</td><td>Dezena das horas</td><td rowspan="2">Dezena das horas</td><td colspan="4" rowspan="2">Horas</td><td rowspan="2">Horas</td><td rowspan="2">0-23 ou 0-12 +AM/PM</td></tr>
<tr><td>12</td><td>PM/AM</td></tr>
<tr><td>03</td><td>0</td><td>0</td><td>0</td><td>0</td><td>0</td><td colspan="3">Dia da semana (DOW)</td><td>Dia da semana</td><td>01-07</td></tr>
<tr><td>04</td><td>0</td><td>0</td><td colspan="2">Dezena do dia</td><td colspan="4">Dia (data – dia do mês)</td><td>Data</td><td>01-31</td></tr>
<tr><td>05</td><td>0</td><td>0</td><td>0</td><td>Dezena do mês</td><td colspan="4">Mês</td><td>Mês</td><td>1-12</td></tr>
<tr><td>06</td><td colspan="4">Dezena do ano</td><td colspan="4">Ano</td><td>Ano</td><td>00-99</td></tr>
<tr><td>07</td><td>OUT</td><td>0</td><td>0</td><td>SQWE</td><td>0</td><td>0</td><td>RS 1</td><td>RS 0</td><td>Controle</td><td>-------</td></tr>
<tr><td>08-3F</td><td colspan="8"></td><td>RAM 56x8</td><td>00-FFh</td></tr>
</table>

Tabela 16.1 – Organização interna do DS1307

A tabela 16.1, acima, mostra a organização interna dos registradores do DS1307.

A seguir é apresentado o arquivo driver necessário para a utilização do RTC DS1307.

16.2 – O arquivo rtc ds1307.c (para os PICs 16F877A e 18F4520)*

```
//Arquivo driver ds1307.c

#define rtc_sda pin_c4 //Informa ao compilador que rtc_sda é o mesmo que
        //pin_c4.
#define rtc_scl pin_c3 //Informa ao compilador que rtc_scl é o mesmo que
        //pin_c3.
```

```
#use i2c(master, sda=rtc_sda, scl=rtc_scl) /*Configura a comunicação via
        protocolo i2c.*/

int bin2bcd(int binary_value); /*Declara a variável 'bin2bcd' como sendo do
        tipo int. Essa variável é usada na função que faz a conversão de um
        número binário para a forma bcd.*/
int bcd2bin(int bcd_value); /*Declara a variável 'bcd2bin' como sendo do tipo
        int. Essa variável é usada na função que faz a conversão de um
        número bcd para a forma binária.*/

void ds1307_init(void) //Função de inicialização do RTC DS1307
{
int seconds = 0; /*Declara a variável 'seconds' como sendo do tipo int e a
        inicializa em zero.*/

i2c_start(); //Envia o comando de início de comunicação pelo protocolo i2c.
i2c_write(0xd0); //Seleciona o RTC.
i2c_write(0x00); //Seleciona o registrador 0 (registrador de segundos do
        //RTC).
i2c_start(); //Reenvia o comando de início de comunicação pelo protocolo i2c.
i2c_write(0xd1); /*Lê do RTC (escreve 1 no bit de sentido da comunicação. 1
        significa RTC → PIC).*/
seconds = bcd2bin(i2c_read(0)); /*Faz a leitura dos segundos atuais no
        registrador de segundos do DS1307.*/
i2c_stop(); //Envia o comando de fim de comunicação.
seconds &= 0x7f; /*Faz uma operação 'E' entre o valor 'seconds' e '0x7f' e
        guarda o resultado em 'seconds'.*/
delay_us(3); /*Retardo de 3 microssegundos para garantir o bom
        funcionamento do RTC.*/
i2c_start(); //Envia o comando de início de comunicação pelo protocolo i2c.
i2c_write(0xd0); //Seleciona o RTC.
i2c_write(0x00); //Seleciona o registrador 0 (registrador dos segundos) do
        //DS1307.
i2c_write(bin2bcd(seconds)); //Escreve os segundos.
i2c_start(); //Reenvia um comando de início de comunicação pelo protocolo
        //i2c.
i2c_write(0xd0); /*Escreve '0xd0' no RTC. Isto, que é o mesmo que
        '0b11010000', informa que o componente é um RTC (1101) e seu
        endereço é 000 (o primeiro endereço entre os 8 possíveis). O último
        0, o bit menos significativo, indica que se trata de uma operação de
        escrita (se fosse operação de leitura seria 1).*/
i2c_write(0x07); //Seleciona o registrador 7 (registrador de controle).
I2c_write(0x10); /*Habilita a onda quadrada de saída, com frequência de
        1Hz, pois SQWE=1 e RS1=RS0=0.*/
i2c_stop(); // Envia o comando de fim de comunicação.
}

void ds1307_set_date_time(int day, int mth, int year, int dow, int hr, int min,
        int sec) /*Função para o ajuste de data e hora*/
```

```
{
sec &= 0x7f; /*Faz uma operação 'E' entre o valor 'sec' e '0x7f' e guarda o
        resultado na variável 'sec'.*/
min &= 0x7f; /*Faz uma operação 'E' entre o valor 'min' e '0x7f' e guarda o
        resultado na variável 'min'.*/
hr &= 0x3f; //Faz uma operação 'E' entre o valor 'hr' e '0x3f' e guarda em 'hr'.
i2c_start(); //Envia o comando de início de comunicação pelo protocolo i2c.
i2c_write(0xd0); /*Informa que se trata de uma operação de escrita num
        RTC.*/
delay_us(1); /*Retardo de 1 microssegundo, para garantir o funcionamento
        correto do RTC.*/
i2c_write(0x00); //Seleciona o registrador 0 - 'Segundos'.
i2c_write(bin2bcd(sec)); /*Grava os segundos no registrador 0 do DS1307 [a
        cada operação de escrita o ponteiro (indicador de qual o registrador
        que será acessado) é incrementado em uma unidade]*/
i2c_write(bin2bcd(min)); //Escreve os minutos no registrador 1 do DS1307.
i2c_write(bin2bcd(hr)); //Escreve as horas no registrador 2 do DS1307.
i2c_write(bin2bcd(dow)); //Escreve o dia no registrador 3 do DS1307.
i2c_write(bin2bcd(day)); //Escreve o dia da semana no registrador 4 do
        //DS1307.
i2c_write(bin2bcd(mth)); //Escreve o mês no registrador 5 do DS1307.
i2c_write(bin2bcd(year)); //Escreve o ano no registrador 6 do DS1307.
i2c_write(0x10); /*Configura o registrador de controle (registrador 7), do
        DS1307 para fornecer uma onda quadrada na saída SQW/OUT (bit
        SQWE em 1) com frequência de 1Hz (bits RS1 e RS0, ambos em
        nível lógico 0).*/
i2c_stop(); //Envia o comando de fim de comunicação.
}

void ds1307_get_date(int &day, int &mth, int &year, int &dow) /*Função
        'ds1307_get_date' para a obtenção da data que está armazenada
        no RTC*/
{
i2c_start(); //Envia o comando de início de comunicação pelo protocolo i2c.
i2c_write(0xd0); /*Escreve no RTC 0xD0. Isto é o mesmo que '0b11010000'
        e indica que o componente é um RTC (1101) e que seu endereço é
        000 (o primeiro endereço entre os 8 possíveis). O último 0, o bit
        menos significativo, indica que se trata de uma operação de
        escrita.*/
delay_us(1); /*Retardo de 1 microssegundo para garantir o bom
        funcionamento do RTC.*/
i2c_write(0x03); //Seleciona o registrador 3, dia da semana.
i2c_start(); //Envia o comando de início de comunicação pelo protocolo i2c.
i2c_write(0xD1); //Lê do RTC.
dow = bcd2bin(i2c_read() & 0x07); /*Registrador 3, dia da semana (resultado
        da operação lógica 'E' entre 'dow' e '0x07'). Salva o resultado em
        'dow'.*/
day = bcd2bin(i2c_read() & 0x3f); /*Registrador 4, dia do mês (resultado da
        operação lógica 'E' entre 'day' e '0x3f'). Salva o resultado em 'day'.*/
```

```
mth = bcd2bin(i2c_read() & 0x1f); /*Registrador 5, mês (resultado da
        operação lógica 'E' entre 'mth' e '0x1f'). Salva o resultado em 'mth'.*/
year = bcd2bin(i2c_read(0)); //Registrador 6, 'ano'. Salva o resultado em
        //'year'.
i2c_stop(); //Envia o comando de fim de comunicação.
}

void ds1307_get_time(int &hr, int &min, int &sec) /*Função 'ds1307_get_time'
        para a obtenção do horário que está armazenado no RTC*/
{
i2c_start(); //Envia o comando de início de comunicação pelo protocolo i2c.
i2c_write(0xD0); /*Seleciona o RTC. Isto é o mesmo que '0b11010000' e
        indica que o componente é um RTC (1101) e que seu endereço é
        000 (o primeiro endereço entre os 8 possíveis). O último 0, o bit
        menos significativo, indica que se trata de uma operação de
        escrita.*/
i2c_write(0x00); //Seleciona o registrador 0, 'segundos'.
i2c_start(); //Envia o comando de início de comunicação pelo protocolo i2c.
i2c_write(0xD1); //Lê do RTC.
sec = bcd2bin(i2c_read() & 0x7f); /*Faz a leitura dos segundos do RTC,
        realiza uma operação lógica 'E' entre esse valor e '0x7f' e salva o
        resultado em 'sec'.*/
min = bcd2bin(i2c_read() & 0x7f); /*Faz a leitura dos minutos do RTC, faz uma
        operação lógica 'E' entre esse valor e '0x7f' e salva o resultado em
        'min'.*/
hr = bcd2bin(i2c_read(0) & 0x3f); /*Faz a leitura das horas do RTC, faz uma
        operação lógica 'E' entre esse valor e '0x3f' e salva o resultado em
        'hr'.*/
i2c_stop(); //Envia o comando de fim de comunicação.
}

int bin2bcd(int binary_value) /*Função que executa o algoritmo para a
        transformação de um número binário em um número BCD*/
{
int temp; //Declara a variável 'temp' como 'int'.
int retval; //Declara a variável 'retval' como 'int'.
temp = binary_value; //Inicializa a variável 'temp' com o valor 'binary_value'.
retval = 0; //Inicializa a variável 'retval' com o valor 0.

 while(true) //Laço infinito
 {
 if(temp >= 10) // Se 'temp' for igual ou maior do que 10,
 {
 temp -= 10; /*faz temp = temp - 10, ou seja, subtrai 10 da variável 'temp' e
        salva o resultado da subtração na variável 'temp',*/
 retval += 0x10; /*faz retval = retval + 0x10, ou seja, soma 10h (hexadecimal)
        ao conteúdo da variável 'retval' e salva o resultado na variável
        'retval',*/
 }
```

```
else //caso contrário,
{
retval += temp; /*faz retval = retval + temp, ou seja, soma 'temp' ao conteúdo
         da variável 'retval' e salva o resultado na variável 'retval'.*/
break; //Encerra o teste.
}
}
return(retval);
}

int bcd2bin(int bcd_value)      /*Função que executa o algoritmo para a
         transformação de um número BCD em um número binário*/
{
int temp; //Declara a variável 'temp' como sendo do tipo 'int'.
temp = bcd_value; /*Inicializa 'temp' com o valor 'bcd_value'.*/
temp >>= 1; /*Desloca o conteúdo da variável 'temp' uma casa para a direita
         e salva o resultado na variável 'temp'.*/
temp &= 0x78; /*Faz uma operação 'E' entre o conteúdo da variável 'temp' e
         0x78 e salva o resultado na variável 'temp'.*/
return(temp + (temp >>2) + (bcd_value & 0x0f)); /*Soma o conteúdo da
         variável 'temp' com o conteúdo da variável 'temp' deslocado duas
         casas à direita e com o resultado da operação 'E' entre o valor em
         BCD a ser transformado e 0x0f e retorna o resultado geral de todas
         essas operações.*/
}
```

Obs.: *dow* significa dia da semana (**D**ay **O**f the **W**eek).

* Para o ***PIC18F4550*** substituir:

1. ***#define rtc_sda pin_c4*** por ***#define rtc_sda pin_b0***
2. ***#define rtc_scl pin_c3*** por ***#define rtc_sda pin_b1***

A seguir serão mostrados e explicados os dois algoritmos para conversão de números vistos no arquivo driver 'ds1307.c'. Um serve para a conversão de números binários em números BCD e o outro para a conversão de números BCD em números binários.

16.3 – Algoritmo para a transformação de um número binário em um número BCD

A seguir vemos um exemplo do uso do algoritmo para a transformação de binário em bcd, como na função ***'int bin2bcd(int binary_value)'*** contida no arquivo driver 'ds1307.c', visto acima.

Exemplo 1:

Suponha-se que o número binário original seja:

0011 0101 (53 em decimal)

Então:

temp > 10 ∴

53 – 10 = 43 → guarda **43** em 'temp' e faz retval = 0 + 0x10 = **0x10** e guarda em 'retval' (lembrar que 'retval' foi inicializada com 0).

temp = 43 ∴ temp > 10 ∴

43 – 10 = 33 → guarda **33** em 'temp' e faz retval = 0x10 + 0x10 = **0x20** e guarda em 'retval'.

temp = 33 ∴ temp > 10 ∴

33 – 10 = 23 → guarda **23** em 'temp' e faz retval = 0x20 + 0x10 = **0x30** e guarda em 'retval'.

temp = 23 ∴ temp > 10 ∴

23 – 10 = 13 → guarda **13** em 'temp' e faz retval = 0x30 + 0x10 = **0x40** e guarda em 'retval'.

temp = 13 ∴ temp >= 10 ∴

13 – 10 = 3 → guarda **3** em 'temp' e faz retval = 0x40 + 0x10 = **0x50** e guarda em 'retval'.

temp < 10 ∴

retval += temp ∴

retval = retval + temp = 50 + 3 = **53**

Encerra o teste e retorna o valor de 'retval', ***53***.

16.4 – Algoritmo para a transformação de um número BCD em um número binário

Abaixo apresentamos um exemplo do uso do algoritmo para a transformação de um número BCD em um número binário, como na função ***'int bcd2bin(int bcd_value)'***, que está no arquivo driver 'ds1307.c', acima.

Exemplo 2:

Seja o número BCD 53 que desejamos transformar em binário:

temp = 0101 0011

1º passo:

temp >>=1

temp >>1 → 0010 1001 ∴ guardar em 'temp' ∴

∴ ***temp = 0010 1001***

2º passo:

A partir do novo valor de 'temp' (0010 1001) fazemos:

temp & 0x78 = 0010 1001 & 0111 1000 que é o mesmo que:

0010 1001
&
0111 1000
0010 1000 ∴

∴ ***temp*** = temp & 0x78 = ***0010 1000*** ***1***

3º passo:

A partir deste novo valor de 'temp' (0010 1000) fazemos:

temp >>2 (deslocar duas casas para a direita):

0010 1000 >>2 → 0000 1010 ∴

∴ ***temp >>2 = 0000 1010*** ***2***

4º passo:

Fazendo agora:

bcd_value & 0x0f teremos:

0101 0011
&
0000 1111
0000 0011

∴ ***bcd_value & 0x0f = 0000 0011*** ***3***

Finalmente, somando-se esses três resultados (1, 2 e 3) acima, teremos:

temp + (temp >>2) + (bcd_value & 0x0f) = 0010 1000 + 0000 1010 + 0000 0011, ou seja:

```
  0010 1000       1
+ 0000 1010       2
+ 0000 0011       3
  0011 0101
```

Este resultado, 0011 0101, é o número 53 na forma binária, como desejado.

16.5 – Exemplos de aplicação

A seguir apresentamos o primeiro exemplo de aplicação de um RTC, que utiliza o circuito integrado DS1307, o qual é compatível com o protocolo de comunicação i2c.

Observações:

1. Para este projeto, é interessante copiarmos o arquivo display_8bits.c para a pasta do projeto, juntamente com o arquivo driver ds1307.c.
2. Como o RTC existente no kit PRO V3.0 é o PCF8583 e não o DS1307, os testes dos programas com o DS1307 foram realizados em kits de versões anteriores, como o PRO V2.1, que foi o escolhido.
3. Neste programa são ajustados apenas dia, hora e minuto por meio dos botões INT0/RB0 (dia), INT1/RB1 (hora) e INT2/RB2 (minuto). Mês e ano são definidos no próprio programa.
4. Por outro lado, o programa do exemplo 16.1 'montado' no simulador VSM, funciona, mas o relógio incrementa os segundos muito lentamente, pelo menos no computador utilizado para escrever este livro.
5. Com relação ao hardware, é importante lembrar que a frequência de oscilação do cristal deve ser 32.768Hz.

Obs.: caso a bateria do kit que alimenta o RTC esteja com sua tensão muito baixa, ao ser desligada a alimentação do kit, quando ela for aplicada novamente, o relógio terá perdido as informações anteriores ou ocorrerão atrasos consideráveis, sendo necessário reajustá-lo.

Exemplo 16.1: rtc1_4520

```
/*Este programa permite ajustar e fazer funcionar o relógio de tempo real, RTC.*/

#include<18F4520.h> //Inclusão do header (*.h)  para o microcontrolador
        //utilizado
#use delay (clock=8MHz) //Definição da frequência do cristal para cálculo dos
        //delays
#fuses hs, nowdt, put, brownout, nolvp //Configuração dos fusíveis
#include "C:\Curso 18F\ds1307.c" //Inclui o arquivo 'ds1307.c' no programa.
#include "C:\Curso 18F\display_8bits.c" /*Inclui o arquivo 'display_8bits.c' no
```

```
programa.*/

byte sec; //Declara a variável 'sec' (segundos) como do tipo byte.
byte min; //Declara a variável 'min' (minutos) como do tipo byte.
byte hr; //Declara a variável 'hr' (hours – horas) como do tipo byte.
byte day; //Declara a variável 'day' (dia) como do tipo byte.
byte mth; //Declara a variável 'mth' (month – mês) como do tipo byte.
byte yr; //Declara a variável 'yr' (year – ano) como do tipo byte.
byte dow; /*Declara a variável 'dow' (Day Of the Week – dia da semana) como
        sendo do tipo byte.*/

void main() //Função principal
{
port_b_pullups(true); //Habilita os resistores de pull up do portB.
set_tris_b(0x0f); /*Configura os 4 bits menos significativos do portB como
        entradas e os demais como saídas.*/
ds1307_init(); //Inicializa a comunicação com o DS1307 através do protocolo
        //i2c.
ds1307_set_date_time(20,5,19,2,14,10,00); /*Ajusta a data em '20 de maio
        de 2019, segunda-feira e a hora em 14:10:00.*/
display_ini(); //Inicializa o display.

while(true) //Laço infinito
{
ds1307_get_date(day,mth,yr,dow); /*Recebe dia, mês, ano e dia da semana
        do ds1307.*/
ds1307_get_time(hr,min,sec); //Recebe hora, minuto e segundo do ds1307.
printf(write_display,"\f%02d/%02d/%02d",day,mth,yr); /*Mostra a data no
        LCD.*/
printf(write_display,"\n%02d:%02d:%02d",hr,min,sec); //Mostra a hora no
        //LCD.

 if (!input(PIN_B0)) //Se o botão INT0/RB0 for pressionado,
 {
  day++; //incrementa o dia.
  if (day>31) day = 1; //Se dia > 31, faz dia igual a 1.
  ds1307_set_date_time(day,mth,yr,dow,hr,min,sec); //Ajusta o novo valor.
  delay_ms(300); //Tempo de atraso para permitir o ajuste mais fácil do dia.
 }
 if (!input(PIN_B1)) //Se o botão INT1/RB1 for pressionado,
 {
  hr++; //incrementa hora.
  if (hr>23) hr = 0; //Se hora > 23, faz hora igual a 0.
  ds1307_set_date_time(day,mth,yr,dow,hr,min,sec); //Ajusta o novo valor.
  delay_ms(300); //Tempo de atraso para permitir o ajuste mais fácil da hora.
 }
 if (!input(PIN_B2)) //Se o botão INT2/RB2 for pressionado,
 {
 min++; //incrementa minuto
```

```
    if (min>59) min = 0; //Se minuto > 59, faz minuto igual a 0.
    ds1307_set_date_time(day,mth,yr,dow,hr,min,sec); //Ajusta o novo valor.
    delay_ms(300); //Tempo de atraso para permitir o ajuste mais fácil dos
            //minutos.
  }
 delay_ms(1000); //Atualiza as informações no display a cada segundo.
 }
}
```

Notas:

1. O DS1307 permite que o programador escolha o número que irá corresponder a um determinado dia da semana. Considerou-se que a segunda-feira é o segundo dia da semana. Observe-se que o dia, os minutos e os segundos devem ser escritos com dois algarismos.
2. Verifica-se que, no exemplo 16.1, se a alimentação for desligada, ao religá-la, o display voltará a mostrar os valores programados e não o valor atualizado de hora e minuto. A solução que se sugere, é gravar o programa como ele foi escrito acima e posteriormente comentar *'ds1307_set_date_time(20,5,19,2,14,10,00); /* Ajusta a data em → 20 de maio de 2019 – segunda-feira e a hora em → 14:10:00.*/'*. Após a linha ter sido comentada (colocando '/*' no início da linha e '*/' no final), o programa deve ser compilado novamente. Depois disso, grava-se o programa no PIC outra vez. Isso faz com que, ao ser religada a alimentação do circuito, não mais seja gravado no DS1307 o horário que está no programa, mas que os dados a serem atualizados no display sejam obtidos do próprio RTC. *Com isso, o problema fica resolvido.*

Circuito

O circuito para o programa do exemplo rtc1_4520 é mostrado na figura 16.1, abaixo.

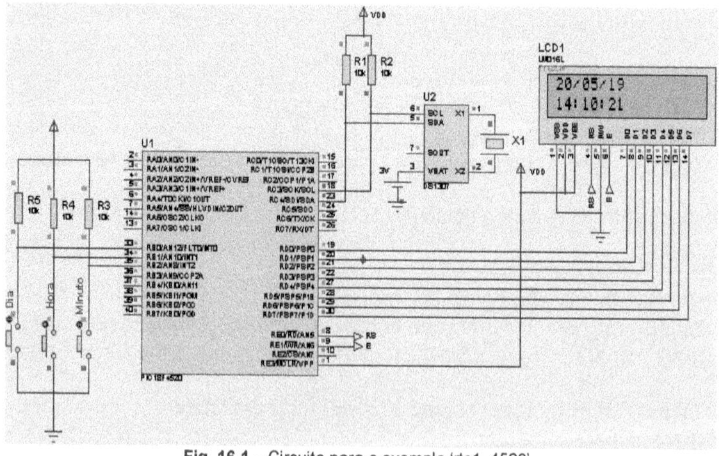

Fig. 16.1 – Circuito para o exemplo 'rtc1_4520'

O próximo programa deverá ser utilizado com o PIC4550. Daremos a esta versão o nome de 'rtc1_4550' e para que o programa funcione, o driver 'ds1307.c' deve ser alterado.

Para o PIC18F4550, ao invés de #define rtc_sda pin_c4 usamos #define rtc_sda pin_b0 e ao invés de #define rtc_scl pin_c3 usa-se #define rtc_scl pin_b1.

Observe-se que neste próximo programa ***só é possível ajustar horas e minutos, através dos botões B2*** *(INT2/RB2)* ***e B3*** *(*, 0, # ou D)*, uma vez que os bits rb0 e rb1 são usados pelo protocolo i2c (sda → pin_b0 e scl → pin_b1).

Para evitar que após ter sido desligada a alimentação, o horário e a data sejam regravados de acordo com o programa, usa-se o mesmo artifício do programa anterior, ou seja, após ter sido realizada a primeira gravação, deve-se comentar a linha 'ds1307_set_date_time(20,5,19,2,14,10,00); /*Ajusta a data em → 20 de maio de 2019 – segunda-feira e a hora em → 14:10:00.*/'. Então, compila-se e grava-se novamente o programa no PIC e o problema estará resolvido.

Nota: *no manual do kit PRO V2.1 é informado que devem ser ligadas as chaves 1 e 2 do DIP3, mas na verdade devem ser ligadas a chaves* ***1 e 3*** *dessa mesma dip switch.*

Exemplo 16.2: rtc1_4550

```
/*Este programa permite ajustar e fazer funcionar o relógio de tempo real, RTC. Com ele só é possível o ajuste de horas e minutos.*/

#include<18F4550.h> /*Inclusão do header (*.h) para o microcontrolador
        utilizado*/
#use delay (clock=8MHz) /*Definição da frequência de operação para o
        cálculo dos delays)*/
#fuses hs, nowdt, put, brownout, nolvp //Configuração dos fusíveis
#include "C:\Curso 18F\ds1307.c" /* Inclui o arquivo 'ds1307.c' no programa.*/
#include "C:\Curso 18F\display_8bits.c" /*Inclui o arquivo 'display_8bits.c' no
        programa.*/

byte sec; //Declara a variável 'sec' (segundos) como do tipo byte.
byte min; //Declara a variável 'min' (minutos) como do tipo byte.
byte hr; //Declara a variável 'hr' (hours – horas) como do tipo byte.
byte day; //Declara a variável 'day' (dias) como do tipo byte.
byte mth; //Declara a variável 'mth' (month – mês) como do tipo byte.
byte yr; //Declara a variável 'yr' (year - ano) como do tipo byte.
byte dow; /*Declara a variável 'dow' (day of the week – dia da semana) como
        sendo do tipo byte.*/

void main() //Função principal
```

```
{
port_b_pullups(true); //Habilita os resistores de pull up do portB.
set_tris_b(0x0f); /*Configura os 4 bits menos significativos do portB como
        entradas e os demais como saídas.*/
ds1307_init(); //Inicializa a comunicação com o DS1307 através do protocolo
        //i2c.
ds1307_set_date_time(29,3,19,6,15,57,00); /*Ajusta a data em 29 de março
        de 2019 – sexta-feira e a hora em 15:57:00.*/
display_ini(); //Inicializa o display.

 while(true) //Laço infinito
 {
 ds1307_get_date(day,mth,yr,dow); /*Recebe dia, mês, ano e dia da semana
        do ds1307.*/
 ds1307_get_time(hr,min,sec); //Recebe hora, minuto e segundo do ds1307.
 printf(write_display,"\f%02d/%02d/%02d",day,mth,yr); //Mostra a data no
        //LCD.
 printf(write_display,"\n%02d:%02d:%02d",hr,min,sec); //Mostra a hora no
        //LCD

  if (!input(PIN_B2)) //Se o botão INT2/RB2 for pressionado,
  {
   hr++; //Incrementa hora
   if (hr>23) hr = 0; //Se hora > 23, faz hora igual a 0.
   ds1307_set_date_time(day,mth,yr,dow,hr,min,sec); //Ajusta o novo valor.
   delay_ms(300); //Tempo de atraso para permitir o ajuste mais fácil da hora.
  }
  if (!input(PIN_B3)) //Se o botão *, 0, # ou D, for pressionado,
  {
   min++; //incrementa minuto.
   if (min>59) min = 0; //Se minuto > 59, faz minuto igual a 0.
   ds1307_set_date_time(day,mth,yr,dow,hr,min,sec); //Ajusta o novo valor.
   delay_ms(300); //Tempo de atraso para permitir o ajuste mais fácil dos
        //minutos.
  }
  delay_ms(1000); //Atualiza as informações no display a cada segundo.
 }
}
```

Circuito

A figura 16.2, abaixo, mostra o circuito 'montado' no simulador VSM do PROTEUS para o programa 'rtc1_4550', do exemplo 16.2.

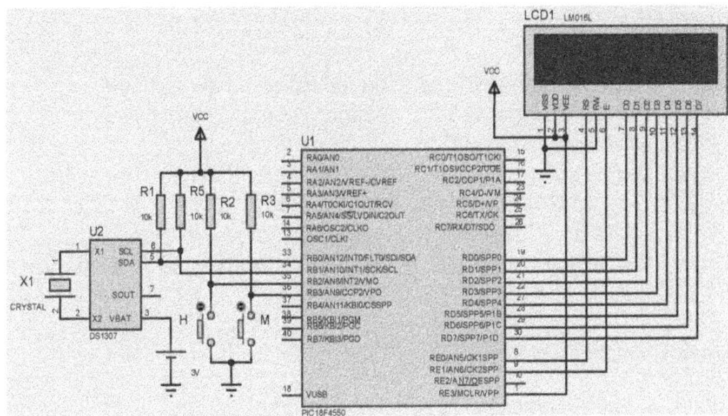

Fig. 16.2 – Circuito para o exemplo 16.2, 'rtc1_4550'

No exemplo 16.2, 'rtc1_4550', só é possível ajustar o dia, o mês e o ano se alterarmos o trecho correspondente do programa.

Veremos a seguir um passo complementar para permitir a visualização do dia da semana no display, ainda com o microcontrolador apenas funcionando com o relógio de tempo real, portanto um programa ainda sem muito interesse do ponto de vista prático. O objetivo desta alteração é apenas apresentar uma forma de mostrar o dia da semana.

Para testes do projeto com a placa de desenvolvimento PRO V2.1, os ajustes de dia, hora e minuto, foram feitos com os seguintes botões do kit:

Dia – botão INT0/RB0;
Hora – botão INT1/RB1;
Minuto – botão INT2/RB2.

Neste exemplo, 16.3, 'rtc2_4520', o ano, o mês e o dia da semana só podem ser alterados no programa, uma vez que não há botões disponíveis para seus ajustes.

Exemplo 16.3: rtc2_4520

```
/*O programa abaixo permite o ajuste de dia, hora e minuto, além de mostrar
o dia da semana.*/

#include<18F4520.h> //Inclusão do header (*.h) para o microcontrolador
          //utilizado
#use delay (clock=8MHz) /*Definição da frequência de operação para cálculo
          dos delays*/
#fuses hs, nowdt, put, brownout, nolvp //Bits de configuração
#include "C:\Curso 18F\ds1307.c" //Inclusão do arquivo 'ds1307.c' no
          //programa
#include "C:\Curso 18F\display_8bits.c" /*Inclusão do arquivo 'display_8bits.c'
```

```
no programa.*/

byte sec; //Declara a variável 'sec' (segundos) como do tipo byte.
byte min; //Declara a variável 'min' (minutos) como do tipo byte.
byte hr; //Declara a variável 'hr' (horas) como do tipo byte.
byte day; //Declara a variável 'day' (dias) como do tipo byte.
byte mth; //Declara a variável 'mth' (mês) como do tipo byte.
byte yr; //Declara a variável 'yr' (year - ano) como do tipo byte.
byte dow; /*Declara a variável 'dow' (day of the week – dia da semana) como
        sendo do tipo byte.*/

void main() //Função principal
{
set_tris_b(0x0f); /*Configura os 4 bits menos significativos do portB como
        entradas e os demais como saídas.*/
ds1307_init(); //Inicializa a comunicação com o DS1307 pelo protocolo I2C.
ds1307_set_date_time(29,3,19,6,19,28,00); /*Ajusta a data em '29 de março
        de 2019, sexta-feira e a hora em 19:28:00'.*/
display_ini(); //Inicializa o LCD.

while(true) //Laço infinito
{
ds1307_get_date(day,mth,yr,dow); /*Recebe dia, mês, ano e dia da semana
        do DS1307.*/
ds1307_get_time(hr,min,sec); //Recebe hora, minuto e segundo do
        //DS1307.
printf(write_display,"\f%02d/%02d/%02d",day,mth,yr); //Mostra a data no
        //LCD.
printf(write_display,"\n%02d:%02d:%02d",hr,min,sec); //Mostra a hora no
        //LCD.
display_pos_xy(10,1); //Coloca o cursor na coluna 10 da linha 1.

switch(dow) //Declaração de controle switch-case, para testar a variável dow.
{
case 1:printf(write_display,"Dom"); //Se dow = 1, escreve 'Dom'.
break; //Não testa mais nada pois a condição já foi atendida.
case 2:printf(write_display,"Seg"); //Se dow = 2, escreve 'Seg'.
break; //Não testa mais nada pois a condição já foi atendida.
case 3:printf(write_display,"Ter"); //Se dow = 3, escreve 'Ter'.
break; //Não testa mais nada pois a condição já foi atendida.
case 4:printf(write_display,"Qua"); //Se dow = 4, escreve 'Qua'.
break; //Não testa mais nada pois a condição já foi atendida.
case 5:printf(write_display,"Qui"); //Se dow = 5, escreve 'Qui'.
break; //Não testa mais nada pois a condição já foi atendida.
case 6:printf(write_display,"Sex"); //Se dow = 6, escreve 'Sex'.
break; //Não testa mais nada pois a condição já foi atendida.
case 7:printf(write_display,"Sab"); //Se dow = 7, escreve 'Sab'.
break; //Não testa mais nada pois a condição já foi atendida.
default:printf(write_display,"Err"); /*Se dow não for nenhum dos casos
```

```
            anteriores, escreve Err.*/
 }

  if (!input(PIN_B0)) //Se botão INT0/RB0 for pressionado,
  {
   day++; //incrementa o dia.
   if (day>31) day = 1; //Se dia > 31, faz dia igual a 1.
   ds1307_set_date_time(day,mth,yr,dow,hr,min,sec); //Ajusta o novo valor.
   delay_ms(300); //Tempo de atraso para permitir o ajuste mais fácil do dia.
  }

  if (!input(PIN_B1)) //Se o botão INT1/RB1 for pressionado,
  {
   hr++; //incrementa a hora.
   if (hr>23) hr = 0; //Se hora > 23, faz hora igual a 0.
   ds1307_set_date_time(day,mth,yr,dow,hr,min,sec); //Ajusta o novo valor.
   delay_ms(300); //Tempo de atraso para permitir o ajuste mais fácil da hora.
  }

  if (!input(PIN_B2)) //Se o botão INT2/RB2 for pressionado,
  {
   min++; //incrementa minuto.
   if (min>59) min = 0; //Se minuto > 59, faz minuto igual a 0.
   ds1307_set_date_time(day,mth,yr,dow,hr,min,sec); //Ajusta o novo valor.
   delay_ms(300); //Tempo de atraso para permitir o ajuste mais fácil dos
            //minutos.
  }
 delay_ms(1000); //Atualiza as informações no display a cada segundo.
 }
}
```

Com este programa é possível mostrar o dia da semana a partir da décima coluna da primeira linha do display de LCD, no entanto ele continua não sendo muito útil, pois o programa só apresenta a função relógio.

Na prática, deseja-se registrar o momento exato, em termos de data (dia do mês), mês e ano, hora, minuto e segundo em que um determinado evento ocorreu.

Vemos que, no caso deste exemplo, a data inicial a ser carregada no RTC deve ser colocada em seus registradores no momento da gravação do programa. Portanto, para minimizar a quantidade de ajustes a serem feitos, a data colocada no programa (day, month, yr, dow – dia, mês, ano, dia da semana, quando do uso da instrução ***ds1307_set_date_time(day, mth, yr, dow, hr, min, sec);***) que será salva nos registradores internos do RTC deverá ser a do dia em que estivermos realizando a gravação.

Circuito

A figura 16.3, abaixo, mostra o circuito para o exemplo 16.3, 'rtc2_4520'.

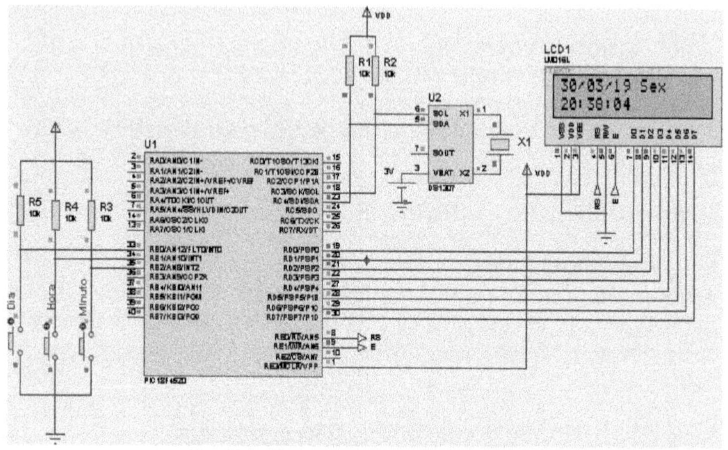

Fig. 16.3 – Circuito para o exemplo 'rtc2_4520'

No próximo exemplo, 16.4, 'rtc3_4520', apresentaremos um conversor A/D que converte uma tensão contínua a qual pode ser ajustada entre 0 e +24V, cujo valor será mostrado no display de cristal líquido e o RTC indicará o horário em que essa tensão apresenta o valor mostrado.

No caso de se utilizar o RTC para informar o horário de ocorrência de um evento (mudança no valor de uma tensão, temperatura, corrente etc.), sugere-se que as informações a serem guardadas sejam salvas na memória EEPROM interna ou externa sequencialmente e lá permaneçam até que se queira recuperá-las através do uso de um computador.

Nesse caso, será necessário utilizar um recurso de comunicação com o ambiente externo, além de salvar as informações na EEPROM por ocorrência dos eventos, de forma organizada. Utilizaremos a USART ou a USB (a ser estudada no capítulo 20) para a comunicação serial e usaremos o software RComSerial, o HyperTerminal, o PuTTY, ou um recurso equivalente que funcione como interface de comunicação com o microcomputador, que pode ser um desktop, um notebook ou um tablet, por exemplo.

Exemplo 16.4: rtc3_4520

```
/*Este programa permite ajustar e fazer funcionar o relógio de tempo real,
RTC, e um conversor AD com tensão ajustável entre 0 e +24V. Tanto data e
hora quanto a tensão são mostradas no display.*/

#include<18F4520.h> //Inclusão do header (*.h)  para o microcontrolador
                    //utilizado
```

```
#device adc=10 //Seleciona conversão AD em 10 bits.
#use delay (clock=8MHz) /*Definição da frequência de operação para o
        cálculo dos delays*/
#fuses hs, nowdt, put, brownout, nolvp //Configuração dos fusíveis
#include "C:\Curso 18F\ds1307.c" //Inclui o driver 'ds1307.c' no programa.
#include "C:\Curso 18F\display_8bits.c" /*Inclui o arquivo 'display_8bits.c' no
        programa.*/

byte sec; //Declara a variável 'sec' (segundos) como do tipo byte.
byte min; //Declara a variável 'min' (minutos) como do tipo byte.
byte hr; //Declara a variável 'hr' (hours – horas) como do tipo byte.
byte day; //Declara a variável 'day' (dia) como do tipo byte.
byte mth; //Declara a variável 'mth' (month – mês) como do tipo byte.
byte yr; //Declara a variável 'yr' (year – ano) como do tipo byte.
byte dow; /*Declara a variável 'dow' (day of the week - dia da semana) como
        sendo do tipo byte.*/
float ad; //Declara a variável 'ad' como do tipo float.

void main() //Função principal
{
port_b_pullups(true); //Habilita os resistores de pullup do portB.
set_tris_b(0x0f); /*Configura os 4 bits menos significativos do portB como
        entradas e os demais saídas.*/
output_b(0x0f); /*Coloca as saídas 4 a 7 do portB em nível baixo, ou seja,
        aterra essas saídas, para que o teclado do kit possa ser usado para
        ajustar o relógio.*/
ds1307_init(); //Inicializa a comunicação com o DS1307 pelo protocolo I2C.
display_ini(); //Inicializa o display.
setup_adc_ports(an0); //Apenas AN0 é configurada como entrada analógica.
setup_adc(adc_clock_internal); /*É informado que o conversor AD usará o
        clock interno.*/
set_adc_channel(0); //Configura o canal 0 para a leitura da tensão.

 while(true) //Laço infinito
 {
 ds1307_get_date(day,mth,yr,dow); /*Recebe dia, mês, ano e dia da semana
        do ds1307.*/
 ds1307_get_time(hr,min,sec); //Recebe hora, minutos e segundos do
        //ds1307.
 printf(write_display,"\f%02d/%02d/%02d",day,mth,yr); //Mostra a data no
        //LCD.
 printf(write_display,"\n%02d:%02d:%02d",hr,min,sec); //Mostra a hora no
        //LCD.
 ad = read_adc(); //Faz a conversão AD e salva o resultado na variável 'ad'.
 display_pos_xy(11,1); //Posiciona o cursor na 11ª coluna da 1ª linha do
        //display.
 printf(write_display,"\%2.1fV",(24*ad)/1023); /*Mostra a tensão com até duas
        casas antes do ponto e uma depois do ponto, com a unidade de
        medida correta, 'V'.*/
```

```
if(!input(pin_b0)) /*Se o botão INT0/RB0, 1, 2, 3 ou A for pressionado,
        habilita os ajustes do relógio.*/
{
if (!input(PIN_B3)) //Se o botão *, 0, # ou D for pressionado,
{
day++; //incrementa dia.
 if (day>31) day = 1; //Se dia > 31, faz dia igual a 1.
 ds1307_set_date_time(day,mth,yr,dow,hr,min,sec); //Ajusta o novo valor.
 delay_ms(300); /*Atraso de 300ms. Esse atraso é necessário para que seja
         possível o ajuste do dia, caso contrário o incremento seria muito
         rápido, tornando o ajuste impraticável.*/
}
if (!input(PIN_B1)) //Se o botão INT1/RB1, 4, 5, 6 ou B for pressionado,
{
hr++; //incrementa hora.
 if (hr>23) hr = 0; //Se hora > 23, faz hora igual a 0
 ds1307_set_date_time(day,mth,yr,dow,hr,min,sec); //e ajusta o novo
         //valor.
 delay_ms(300); /*Atraso de 300ms. Esse atraso é necessário para que
         seja possível o ajuste das horas, caso contrário o incremento seria
         muito rápido, tornando o ajuste impraticável.*/
}
if (!input(PIN_B2)) //Se o botão INT2/RB2, 7, 8, 9 ou C for pressionado,
{
min++; //incrementa minuto.
 if (min>59) min = 0; //Se minuto > 59, faz minuto igual a 0,
 ds1307_set_date_time(day,mth,yr,dow,hr,min,sec); //ajusta o novo valor.
 delay_ms(300); /*Atraso de 300ms. Esse atraso é necessário para que seja
         possível o ajuste dos minutos, caso contrário o incremento seria
         muito rápido, tornando o ajuste impraticável.*/
}
}
delay_ms(1000); //Atualiza as informações no display a cada segundo.
}
}
```

Descrição e funcionamento do programa e do circuito:

O começo do programa até o início da função principal (main) não apresenta novidades, mas a partir daí é interessante que sejam analisadas três instruções:

port_b_pullups(true); //Habilita os resistors de pullup do portb

Essa instrução tem por finalidade preparar o microcontrolador para as duas instruções que vem a seguir; 'set_tris_b(0x0f);' e 'output_b(0x0f);'.

Como vamos usar o teclado do kit de desenvolvimento e nas instruções para o ajuste do tempo e da hora no RTC, dia, hora e minuto serão incrementados toda vez que as entradas forem para nível baixo, isso significa que essas entradas devem estar normalmente em nível alto, +5V (quando não acionadas).

Então, é necessário assegurar que essa tensão, +5V, esteja presente nessas entradas, b0, b1, b2 e b3, durante todo o tempo em que os botões do teclado conectados a essas entradas não forem pressionados.

Assim, 'port_b_pullups(true);' garante que teremos +5V nas entradas b0, b1, b2 e b3 constantemente, a não ser quando pressionarmos um desses botões, o que fará a tensão cair para 0V (ou quase zero), o que corresponde ao nível lógico 0.

set_tris_b(0x0f); /*Configura os 4 bits menos significativos do portB como entradas e os demais como saídas.*/

Essa instrução coloca os 4 bits menos significativos do registrador TRISB em nível alto e os 4 mais significativos em nível baixo, que resulta no que é visto no comentário dessa instrução. Os bits menos significativos serão usados como entradas para os botões b0, b1, b2 e b3 do teclado, as quais, como vimos acima estarão normalmente em nível lógico alto e ao ocorrer o pressionamento de um desses botões, a entrada correspondente irá para nível baixo. Observe-se que essas entradas só vão para nível baixo ao se pressionar um dos botões mencionados, devido ao que faz a instrução que vamos analisar a seguir:

output_b(0x0f); /*Coloca as saídas 4 a 7 do portB em nível baixo, ou seja, aterra essas saídas, para que o teclado do kit possa ser usado para ajustar o relógio.*/

O comentário dessa instrução já informa o que ela faz. Vejamos, no entanto, sua função em mais detalhes, com a ajuda da figura 16.4, a seguir.

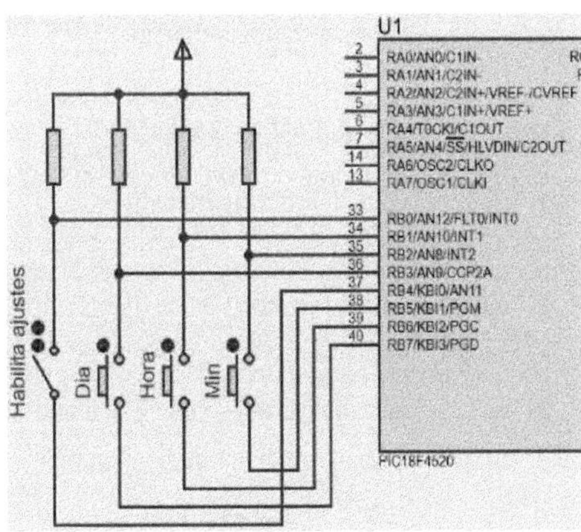

Fig. 16.4 – Explicando o funcionamento das teclas com o uso da instrução 'output_b(0x0f);'.

A figura 16.4, acima, mostra apenas a parte que nos interessa do circuito utilizado com o programa do exemplo 16.4: 'rtc3_4520', referente à instrução 'output_b(0x0f);'. Para facilitar a compreensão, nessa figura o teclado do kit não está representado com a complexidade que ele realmente tem.

Circuito

O circuito para o programa do exemplo 16.4, 'rtc3_4520' é mostrado na figura 16.5, abaixo.

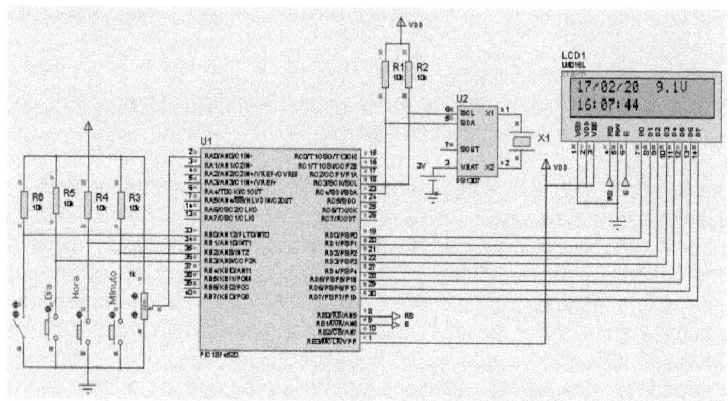

Fig. 16.5 – Circuito para o exemplo 'rtc3_4520'

Observe-se que o comando 'output_b(0x0f);' coloca os pinos RB4, RB5, RB6 e RB7 em nível lógico 0, o que corresponde à tensão do comum da fonte de alimentação.

Os quatro resistores de pullup mostrados na figura 16.4, conectados às entradas RB0, RB1, RB2 e RB3, só estão aí para facilitar a compreensão, pois não são necessários no caso deste programa, uma vez que a instrução '*port_b_pullups(true);*' os insere automaticamente internamente ao PIC 18F4520, utilizado aqui.

É importante observar que o comando '\f' na instrução:

'printf(write_display,"**\f**%02d/%02d/%02d",day,mth,yr);'

faz a limpeza do display de cristal líquido e automaticamente posiciona o cursor na primeira coluna da primeira linha. Com isso não é necessário o comando 'display_pos_xy(1,1);'. O uso do comando '\f' evita que se precise usar outros recursos para impedir o surgimento de efeitos indesejáveis na tela do display, como os mostrados nas figuras16.6 e 16.7 a seguir.

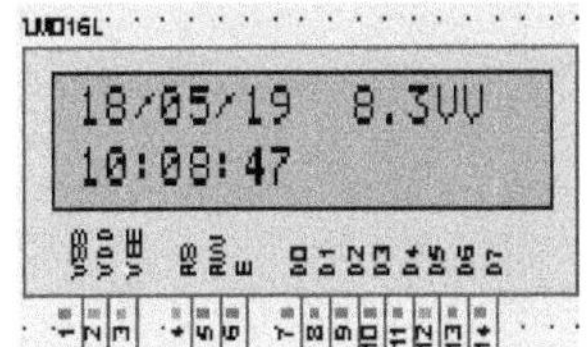

Fig. 16.6 – Apresentação da tensão sem o comando '\f' na instrução printf

Fig. 16.7 – Aparência do display sem o comando '\f' na instrução printf

O efeito visto na figura 16.7 só aparece no display de cristal líquido real. Tanto o problema visto na figura 16.6 quanto o que se vê na 16.7 se devem à não limpeza do display a cada segundo quando ocorre nova escrita.

No caso da figura 16.6, quando a tensão cai abaixo de 10V, uma das casas que mostra esse valor deixa de existir e o valor recua uma casa para a esquerda, sem apagar a unidade, 'V', que estava na última coluna.

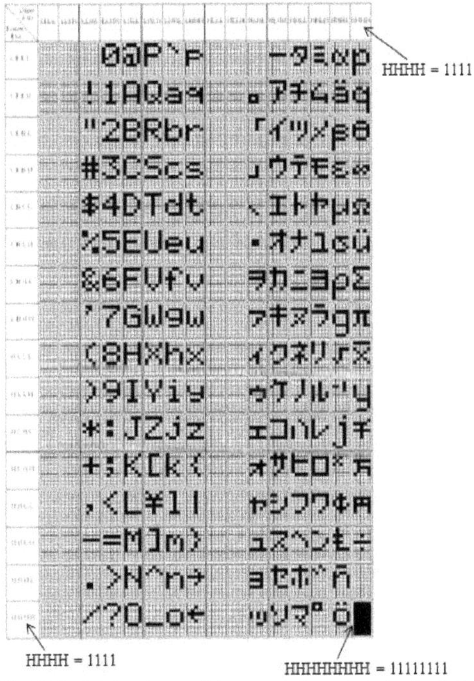

Fig. 16.8 – Página da memória eeprom do controlador do display

Já na figura 16.7, os retângulos pretos se devem ao fato de que nessas posições do display nada foi escrito e assim o que é visto é o caractere que corresponde à posição 255 da memória CGROM do display.

A figura 16.8, acima, mostra os caracteres na memória interna do display de cristal líquido, com destaque para a posição 11111111 em binário, que é o mesmo que 255 em decimal.

Percebe-se, então, que se nada for escrito em uma determinada posição, o que teremos é um retângulo preto, que corresponde a uma posição em que nada foi gravado. A limpeza completa do display a cada segundo, por meio do comando '\f', elimina este problema, fazendo com que tanto o 'V' adicional à direita da tensão lida do conversor AD, quanto os retângulos pretos sejam eliminados. Esta é a solução mais simples para estes problemas.

O exemplo 16.5, a seguir, mostra data, hora e uma tensão ajustável entre 0 e +12V.

Exemplo 16.5: rtc4_4520

```
/*Este programa permite ajustar e fazer funcionar o relógio de tempo real,
RTC, e um conversor AD com tensão ajustável entre 0 e +12V. Tanto data e
hora quanto a tensão são mostradas no display.*/

#include<18F4520.h> //Inclusão do header (*.h) para o microcontrolador
        //utilizado
#device adc=10 //Define que a conversão será feita em 10 bits.
#use delay (clock=8MHz) /*Definição da frequência de operação para cálculo
        dos delays*/
#fuses hs, nowdt, put, brownout, nolvp //Configuração dos fusíveis
#include "C:\Curso 18F\ds1307.c" //Inclui o arquivo 'ds1307.c' no programa.
        #include "C:\Curso 18F\display_8bits.c" /*Inclui o arquivo
        'display_8bits.c' no programa.*/

byte sec; //Declara a variável 'sec' (segundos) como do tipo byte.
byte min; //Declara a variável 'min' (minutos) como do tipo byte.
byte hr; //Declara a variável 'hr' (horas) como do tipo byte.
byte day; //Declara a variável 'day' (dia) como do tipo byte.
byte mth; //Declara a variável 'mth' (mês) como do tipo byte.
byte yr; //Declara a variável 'yr' (year - ano) como do tipo byte.
byte dow; /*Declara a variável 'dow' (day of the week - dia da semana) como
        sendo do tipo byte.*/
float ad; //Declara a variável 'ad' como do tipo float.

void main() //Função principal
{
port_b_pullups(true); //Habilita os resistores de pullup do portB.
set_tris_b(0x0f); /*Configura os 4 bits menos significativos do portB como
        entradas e os demais como saídas.*/
```

```
output_b(0x0f); /*Coloca as saídas 4 a 7 do portB em nível baixo, ou seja,
        aterra essas saídas, para que o teclado do kit possa ser usado para
        ajustar o relógio.*/
ds1307_init(); //Inicializa a comunicação com o DS1307 pelo protocolo I2C.
display_ini(); //Inicializa o display.
setup_adc_ports(an0); //Apenas AN0 é configurado como entrada analógica.
setup_adc(adc_clock_internal); /*É informado que o conversor AD usará o
        clock interno.*/
set_adc_channel(0); //Configura o canal 0 para a leitura da tensão.

while(true) //Laço infinito
{
ds1307_get_date(day,mth,yr,dow); /*Recebe dia, mês, ano e dia da semana
        do ds1307.*/
ds1307_get_time(hr,min,sec); //Recebe hora, minuto e segundo do ds1307.
printf(write_display,"\f%02d/%02d/%02d",day,mth,yr); //Mostra a data no
        //LCD.
printf(write_display,"\n%02d:%02d:%02d",hr,min,sec); //Mostra a hora no
        //LCD.
ad = read_adc( ); //Faz a conversão AD e salva o resultado na variável 'ad'.
display_pos_xy(11,1); //Posiciona o cursor na 11ª coluna da 1ª linha do
        //display.
printf(write_display,"\%2.1fV",(12*ad)/1023); /*Mostra a tensão com até duas
        casas antes do ponto e uma depois do ponto, com a unidade de
        medida correta, 'V'.*/

 if(!input(pin_b0)) /*Se o botão INT0/RB0, 1, 2, 3 ou A for pressionado, habilita
        os ajustes do relógio.*/
 {
  if (!input(PIN_A2)) //Se o bit 2 do portA for para nível baixo,
  {
  yr++; //incrementa ano.
  if (yr>99) yr = 0; //Se ano > 99, faz ano igual a 0.
  ds1307_set_date_time(day,mth,yr,dow,hr,min,sec); //Ajusta o novo valor.
  delay_ms(300); /*Atraso de 300ms. Esse atraso é necessário para que seja
          possível o ajuste do ano, caso contrário o incremento seria muito
          rápido, tornando o ajuste impraticável.*/
  }
  if (!input(PIN_A3)) //Se o bit 3 do portA for para nível baixo,
  {
  mth++; //incrementa mês
  if (mth>12) mth = 1; //Se mês > 12, faz mês igual a 1.
  ds1307_set_date_time(day,mth,yr,dow,hr,min,sec); //Ajusta o novo valor.
  delay_ms(300); /*Atraso de 300ms. Esse atraso é necessário para que seja
          possível o ajuste do mês, caso contrário o incremento seria muito
          rápido, tornando o ajuste impraticável.*/
  }
   if (!input(PIN_B3)) //Se o botão *, 0, # ou D for pressionado,
```

```
  {
  day++; //incrementa dia
   if (day>31) day = 1; //Se dia > 31, faz dia igual a 1.
   ds1307_set_date_time(day,mth,yr,dow,hr,min,sec); //Ajusta o novo valor.
   delay_ms(300); /*Atraso de 300ms. Esse atraso é necessário para que seja
          possível o ajuste do dia, caso contrário o incremento seria muito
          rápido, tornando o ajuste impraticável.*/
  }
  if (!input(PIN_B1)) //Se o botão INT1/RB1, 4, 5, 6 ou B for pressionado,
  {
  hr++; //incrementa hora.
   if (hr>23) hr = 0; //Se hora > 23, faz hora igual a 0.
   ds1307_set_date_time(day,mth,yr,dow,hr,min,sec); //Ajusta o novo valor.
          delay_ms(300); /*Atraso de 300ms. Esse atraso é necessário para
          que sejapossível o ajuste da hora, caso contrário o incremento
          seria muito rápido, tornando o ajuste impraticável.*/
  }
  if (!input(PIN_B2)) //Se o botão INT2/RB2, 7, 8, 9 ou C for pressionado,
  {
  min++; //incrementa minuto.
   if (min>59) min = 0; //Se minuto > 59, faz minuto igual a 0.
   ds1307_set_date_time(day,mth,yr,dow,hr,min,sec); //Ajusta o novo valor.
   delay_ms(300); /*Atraso de 300ms. Esse atraso é necessário para que seja
          possível o ajuste dos minutos, caso contrário o incremento seria
          muito rápido, tornando o ajuste impraticável.*/
  }
 }
 delay_ms(1000); //Atualiza as informações no display a cada segundo.
 }
}
```

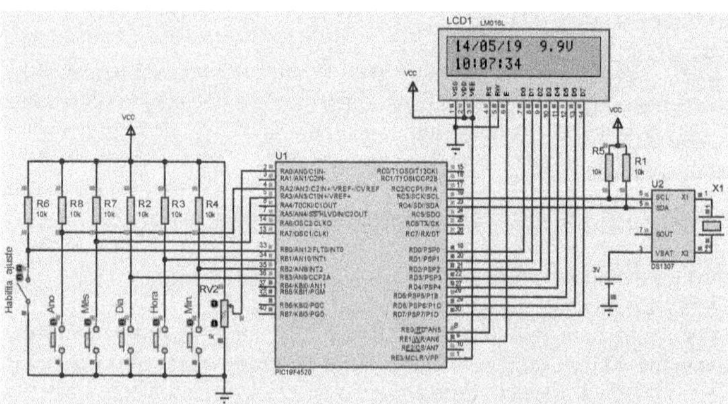

Fig. 16.9 – Circuito para o exemplo 'rtc4_4520'

Circuito

O circuito utilizado no exemplo 16.5, 'rtc4_4520', é mostrado na figura 16.9, acima.

Descrição do funcionamento do programa e do circuito:

Este programa e seu circuito nada tem de excepcional em relação ao anterior, mas apresenta um número maior de chaves, para permitir o ajuste tanto da data quanto do horário, o que resulta em um maior número de linhas de programa. Devido a não estarem disponíveis tantos botões nos kits de desenvolvimento aqui utilizados, os testes ficaram restritos aos realizados no simulador VSM, do PROTEUS.

O programa do *exemplo 16.6, 'rtc5_4520'*, a seguir, faz com que, no caso da tensão cair abaixo de um determinado valor escolhido por nós, tanto esse valor quanto o horário exato em que esse evento ocorreu, sejam registrados na memória EEPROM de dados interna.

Como a quantidade de botões é insuficiente, utilizou-se uma variável criada especialmente para esse fim ('seleciona'). Quando esta variável assume o valor 1, pode-se ajustar o relógio e quando seu valor muda para 2, podem ser visualizados os registros feitos por ocasião da ocorrência da queda de tensão aplicada à entrada AN0.

Assim como o programa foi feito para registrar uma subtensão, ele poderia ter sido criado para registrar sobretensão ou outros eventos de interesse. Quaisquer grandezas analógicas, sejam elas correntes elétricas ou temperaturas, entre outras, que possam ser convertidas em tensões por um transdutor, poderiam ser medidas e ter seus valores mínimos e/ou máximos registrados, junto com os horários em que esses eventos ocorreram. Isso só depende da criatividade do programador.

Para este exemplo, que apresenta uma complexidade um pouco maior, segue a explicação passo a passo de como tudo funciona.

Para ajustar horas e minutos:

1. Pressionar e manter pressionado o botão *, 0, # ou D (no kit); ou fechar a chave 'Habilita Ajuste' no simulador VSM;
2. Pressionar o botão 4, 5, 6 ou B (no kit); ou 'Hora' no simulador, em pressionamentos seguidos, ou mantê-lo pressionado, até chegar ao valor de hora desejado;
3. Pressionar o botão 7, 8, 9 ou C (no kit); ou 'Minuto' no simulador, em pressionamentos sucessivos ou mantê-lo pressionado até chegar ao valor de minutos desejado;
4. Soltar o botão *, 0, # ou D (no kit); ou abrir a chave 'Habilita Ajuste' no simulador, para fazer o relógio começar a funcionar com o horário ajustado.

Se o botão 1, 2, 3, A ou INT0/RB0 (no kit); ou a chave 'Seleciona' no simulador permanecer aberta, irão aparecer sucessivamente no display, o valor da subtensão na primeira linha e o horário em que ela ocorreu na segunda linha,e depois de alguns segundos, aparecerão o horário atual na primeira linha e a tensão atual na segunda linha.

Caso pressionemos e mantenhamos pressionado o botão 1, 2, 3 ou A, ou INT0/RB0 (no kit); ou a chave 'Seleciona' no simulador seja fechada, irão aparecer somente o horário presente na primeira linha e o valor atual da tensão na segunda linha do display.

Para testar o funcionamento do projeto, recomenda-se seguir o procedimento abaixo:

Ajustar o potenciômetro ADC1 no kit ou pressionar o pequeno ícone vermelho circular superior do lado esquerdo do potenciômetro no simulador, de modo que a tensão mostrada no display seja superior a 123,5V (por exemplo: 135V).

Para fazer com que ocorra a gravação do evento de subtensão na EEPROM e sua reprodução no display:

1. Ajustar o potenciômetro ADC1 no kit ou pressionar o pequeno ícone vermelho circular inferior do lado esquerdo do potenciômetro RV4 no simulador, para que a tensão no display caia abaixo de 123,5V.
2. Em seguida, voltar a aumentar a tensão mostrada no display, de modo que alcance novamente valor superior a 123,5V.

Para este teste é preferível ajustar a tensão atual para um valor um pouco superior ao de atuação do sensor de subtensão (123,5V), desligar o kit e girar o potenciômetro no sentido de fazer cair a tensão abaixo desse valor. Depois disso, liga-se novamente a alimentação do kit. Se ajustarmos a subtensão com o kit ligado, ao girar o cursor do potenciômetro o sensor atuará quando a tensão passar por 123,5V, obtendo-se, provavelmente, sempre o mesmo valor no display.

Se fizermos o ajuste do potenciômetro com o kit desligado poderemos obter qualquer valor abaixo de 123,5V, pois o circuito estará desligado e o sensor estará desabilitado. Assim, o sensor voltará a operar somente após o retorno da alimentação, permitindo uma visualização melhor do funcionamento do projeto.

Circuito

Para facilitar a compreensão, as figuras 16.10 e 16.11, abaixo, mostram o circuito utilizado para o exemplo 'rtc5_4520' na condição da tensão e do horário atuais e na da subtensão e do horário em que ela ocorreu, respectivamente.

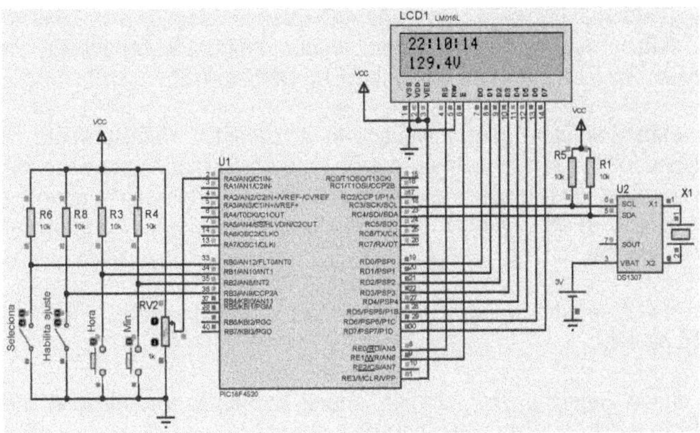

Fig. 16.10 – Circuito para o exemplo 'rtc5_4520', hora e tensão atuais

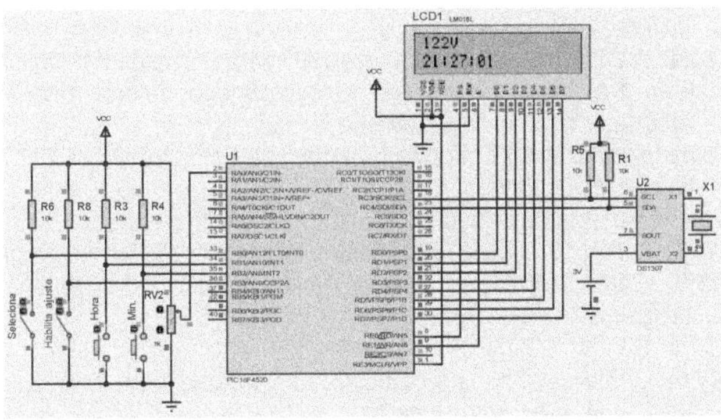

Fig. 16.11 – Circuito para o exemplo 'rtc5_4520', subtensão e horário da ocorrência

A tensão (subtensão) aparecerá no canto superior esquerdo da tela do display e o horário em que a subtensão ocorreu estará no canto inferior esquerdo do display como mostrado na figura 16.11 acima.

Após alguns instantes o display voltará automaticamente a mostrar o horário atual e a tensão atual ajustada pelo potenciômetro. Depois disso, serão mostradas novamente a subtensão e o horário em que ela ocorreu e assim sucessivamente, a intervalos de alguns segundos.

Exemplo 16.6: rtc5_4520

/*Programa para ajustar e fazer funcionar o relógio de tempo real. Foi configurado um conversor AD para tensões entre 0 e +150V, que funciona ao mesmo tempo que o relógio.

Com este programa são apresentados somente horas, minutos e segundos no display. Se a tensão cair abaixo de 123,5V [123,5V = (210x150/255), onde

210 é o valor resultante da conversão A/D, que corresponde a 123,5V], o valor convertido correspondente a essa subtensão e o horário em que ela ocorreu serão escritos nas posições 0 a 3 da EEPROM interna.

Se o botão 'Seleciona' for mantido aberto, ao clicar em 'Habilita ajuste' podem ser ajustados horas e minutos pressionando-se os botões correspondentes. Após ser ajustado o horário, se a chave 'Seleciona' for mantida aberta, serão vistos os valores da subtensão, caso ela tenha ocorrido, e o horário exato em que ela ocorreu.

Cerca de 2 segundos depois será mostrado, rapidamente, o horário e a tensão atuais.

Se a chave 'Seleciona' for fechada, depois de alguns instantes (no máximo 2s) serão mostrados apenas o horário e a tensão atuais.*/

```
#include<18F4520.h> //Inclusão do header (*.h) para o microcontrolador
        //utilizado
#device adc=8 /*Informa que a conversão AD será realizada em 8 bits (como
        é em 8 bits isto não precisaria ser informado, ou seja, esta linha do
        programa não precisaria existir).*/
#use delay (clock=8MHz) /*Informa a frequência de operação do PIC para o
        cálculo dos delays.*/
#fuses hs, nowdt, put, brownout, nolvp //Bits de configuração do PIC
#include "C:\Curso 18F\ds1307.c" //Inclui o arquivo 'ds1307.c' no programa.
#include "C:\Curso 18F\display_8bits.c" /*Inclui o arquivo 'display_8bits.c' no
        programa.*/

byte day,mth,yr,dow,sec,min,hr; /*Declara as variáveis 'day', 'mth', 'yr', 'dow',
        'sec', 'min' e 'hr' como byte.*/
float ad; //Declara a variável 'ad' como float.
int b=0; //Declara a variável 'b' como int e a inicializa em 0.
int seleciona=0; //Declara a variável 'seleciona' como int e a inicializa em 0.
long a; /*Declara a variável 'a' como long int. Esta variável tem que ser do
        tipolong int e não int, pois ao escrever o valor da tensão em Volts,
        resultado da expressão (a*150)/255, o valor resultante poderia
        ultrapassar a capacidade de armazenamento de uma variável int
        (255), o que geraria erro no resultado apresentado no display.*/

void main() //Função principal
{
set_tris_b(0x0f); /*Configura os 4 bits menos significativos do portB como
        entradas e os demais como saídas.*/
port_b_pullups(true); //Habilita os resistores de pullup do portB.
output_b(0x0f); /*Coloca em nível baixo os bits 4 a 7 do portB, para permitir o
        uso do teclado do kit de desenvolvimento para o ajuste do horário.*/
ds1307_init(); //Inicializa a comunicação com o DS1307 pelo protocolo I2C.
display_ini(); //Inicializa o LCD.
```

```
setup_adc_ports(an0); //Somente AN0 é configurada como entrada
        //analógica.
setup_adc(adc_clock_internal); //Informa que o conversor AD usará o clock
        //interno.
set_adc_channel(0); //Configura o canal 0 para a leitura da tensão.

while(true) //Laço infinito
{
ad = read_adc(); //Faz a conversão AD e salva o resultado na variável 'ad'.
printf(write_display,"\n%3.1fV",(150*ad)/255); /*Mostra a tensão, já no
        formato correto e com o símbolo da grandeza medida, 'V'.*/
delay_ms(500); /*Atraso de 500 milissegundos. É necessário que haja um
        tempo de pelo menos algumas dezenas de milissegundos para que
        se possa ver a tensão atual. Por outro lado, não deve ser superior a
        1 segundo, pois a atualização dos segundos no display passaria a
        ocorrer a intervalos maiores do que esse tempo.*/

if((ad<210)&&b<1) /*Se a tensão na entrada AN0 for menor do que 123,5V
        (210x150/255) e 'b' for menor do que 1, executa as instruções a
        seguir.*/
{
a=read_adc(); //Lê o resultado da conversão A/D e guarda na variável 'a',
write_eeprom(0,a); //escreve o conteúdo da variável 'a' na posição 0 da
        //memória eeprom interna,
ds1307_get_time(hr,min,sec); /*obtém horas, minutos e segundos do relógio
        de tempo real,*/
write_eeprom(1,hr); //escreve as horas na posição 1 da memória eeprom
        //interna,
write_eeprom(2,min); //escreve os minutos na posição 2 da memória eeprom
        //interna
write_eeprom(3,sec); /*e escreve os segundos na posição 3 da memória
        eeprom interna.*/
b++; /*Incrementa a variável 'b', para que não continue executando
        indefinidamente o que está dentro do bloco do if.*/
}
if(input(pin_b0)) //Se o nível lógico do bit 0 do portB estiver em nível alto,
{
seleciona++; //Incrementa a variável 'seleciona'.

 switch(seleciona) //Declaração de controle do tipo switch-case
 {
 case 1: //Se 'seleciona' for igual a 1,
 {
  while(!input(pin_b3)) //enquanto o bit 3 do portB estiver em nível baixo,
  {
   ds1307_get_time(hr,min,sec); //recebe hora, minuto e segundo do
        //DS1307,
   printf(write_display,"\f%02d:%02d:%02d",hr,min,sec); /*e mostra o horário
        recebido do DS1307 no LCD.*/
```

```
delay_ms(300); /*Retardo para permitir um ajuste mais fácil do horário.
      Caso esta temporização não exista, ao se pressionar o botão *, 0, #
      ou D, a apresentação no display fica instável e muito difícil de ler.*/

 if (!input(PIN_b1)) //Se o botão B1 for pressionado,
 {
 hr++; //incrementa hora.
  if (hr>23) hr = 0; //Se hora > 23, faz hora igual a 0.
  ds1307_set_date_time(day,mth,yr,dow,hr,min,00);     //Ajusta  o  novo
       //valor.
  delay_ms(300); /*Atraso de 300ms. Esse atraso é necessário para que
       seja possível o ajuste das horas, caso contrário o incremento seria
       muito rápido, tornando o ajuste quase impossível.*/
 }
  if (!input(PIN_B2)) //Se o botão B2 for pressionado,
  {
   min++; //incrementa minuto.
  if (min>59) min = 0; //Se minuto > 59, faz minuto igual a 0.
  ds1307_set_date_time(day,mth,yr,dow,hr,min,00);     //Ajusta  o  novo
        //valor.
  delay_ms(300); /*Atraso de 300ms. Esse atraso é necessário para que
       seja possível o ajuste dos minutos, caso contrário o incremento seria
       muito rápido, tornando o ajuste quase impossível.*/
  }
 }
break; //Não faz mais nenhum teste, pois a opção correta já foi encontrada.
}
case 2: //Se 'seleciona' for igual a 2,
{
a=read_eeprom(0); /*Lê o conteúdo da posição 0 da eeprom interna e o
       guarda na variável 'a'.*/
printf(write_display,"\f%luV",a*150/255); /*Limpa o display e escreve o
       conteúdo da variável 'a' a partir da 1ª coluna da 1ª linha.*/
hr=read_eeprom(1); /*Lê o conteúdo da posição 1 da eeprom interna e o
       guarda na variável 'hr'.*/
printf(write_display,"\n%02u:",hr); /*Escreve o conteúdo da variável 'hr'
       (horas) e ':' a partir da 1ª coluna da 2ª linha.*/
min=read_eeprom(2); /*Lê o conteúdo da posição 2 da eeprom interna e o
       guarda na variável 'min' (minutos).*/
display_pos_xy(4,2); //Posiciona o cursor na 4ª coluna da 2ª linha do
       //display.
printf(write_display,"%02u:",min); /*Escreve o conteúdo da variável 'min' e
       ':' a partir da 4ª coluna da 2ª linha.*/
sec=read_eeprom(3); /*Lê o conteúdo da posição 3 da eeprom interna e o
       guarda na variável 'sec' (segundos).*/
display_pos_xy(7,2); //Posiciona o cursor na coluna 7 da linha 2 do display.
printf(write_display,"%02u",sec); /*Escreve o conteúdo da variável 'sec' a
       partir da 7ª coluna da linha 2.*/
delay_ms(1000); //Retardo de 1 segundo
```

```
    break; //Não faz mais nenhum teste pois a opção correta já foi encontrada.
    }
   default: seleciona=0; //Se nenhuma das opções for encontrada faz
           //'seleciona'=0.
  }
  }
 ds1307_get_time(hr,min,sec); //Obtém horas, minutos e segundos do
           //DS1307.
 printf(write_display,"\f%02d:%02d:%02d",hr,min,sec); //Escreve a hora no
           //LCD.
 delay_ms(1000); //Atualiza as informações no display a cada segundo.
 }
}
```

Descrição do funcionamento do programa e do circuito:

Abordaremos aqui apenas os pontos principais relativos a este programa, que não tenham sido cobertos em programas deste capítulo ou de capítulos anteriores.

Após o comentário inicial (bastante longo e detalhado), que informa em linhas gerais o que o programa faz, vemos as diretivas.

Observe-se que nas diretivas, não precisaria ser informado que a conversão AD é feita em 8 bits, podendo-se dispensar essa linha, '#device adc=8'.

Note-se que ao informar a frequência do clock utilizou-se '#use delay (clock=8MHz)' ao invés de '#use delay (clock = 8000000)'. Ambas as formas são aceitas.

As inclusões dos drivers 'ds1307.c' e 'display_8bits.c' informam que ambos se encontram na mesma pasta onde colocamos nossos programas: 'C:\Curso 18F'.

Em seguida vem a declaração das variáveis em que chamamos a atenção para a variável 'seleciona', que é utilizada para escolher o que será feito; se vamos habilitar os ajustes (seleciona = 1, chave aberta), quando o botão correspondente ao bit 3 do portB estiver pressionado (chave 'Habilita Ajuste' fechada) ou se apenas vamos permitir a visualização da hora e da tensão atuais (seleciona = 0, chave fechada).

Se a variável 'b' for igual a 1, sairemos do bloco do 'if' em que é feita a escrita do valor da subtensão e do horário correspondente na EEPROM e posteriormente no display.

Na função principal, a configuração dos 4 bits menos significativos do portB como entradas (bits em nível 1) e os mais significativos como saídas, com a colocação dos 4 bits em nível zero, tem como objetivo permitir o uso do teclado do kit de desenvolvimento para o ajuste do horário do RTC. Se isso não for feito, os botões não funcionam. *Para o simulador, isso não é necessário, pois, no diagrama, a parte inferior dos botões foi aterrada (ver figuras 16.10 e 16.11 à página 515.*

Observe-se que após a escrita da tensão atual no display há um atraso de meio segundo (500ms) antes da execução da próxima instrução. Caso esse atraso não existisse ou se ele fosse muito pequeno, menor do que algumas dezenas de milissegundos, não conseguiríamos ver o valor da tensão, pois ele estaria presente no display por um tempo tão curto que nossos olhos não conseguiriam visualizá-lo.

Depois disso temos a verificação do valor convertido, que, se corresponder a um valor inferior ao da subtensão escolhida por nós e se 'b' for igual a zero, o resultado da conversão será escrito na posição zero da memória EEPROM interna e em seguida serão escritos 'hora', 'minuto' e 'segundo' nas posições 1, 2 e 3, respectivamente.

A seguir vem o teste do estado do bit0 do portB, que depende da posição da chave 'Seleciona'. Se a chave estiver fechada, ou seja, com o bit0 em nível baixo, o programa não entra no bloco do 'if' e apenas o horário atual é escrito na primeira linha do display. Observe-se que o valor da tensão atual já havia sido escrito na segunda linha. Assim teremos a hora atual e o valor da tensão atuais, escritos no display.

Se, no entanto, a chave 'Seleciona' estiver aberta, tanto podemos ajustar o relógio, caso a chave que aterra o pino 3 do portB esteja fechada, quanto teremos a subtensão escrita na primeira linha e a hora, minutos e segundos em que isso ocorreu, escritos na segunda linha e alguns segundos depois, hora, minutos e segundos atuais escritos na primeira linha e a tensão atual escrita na segunda.

Caso não tenha ocorrido nenhuma subtensão e a chave 'Seleciona' esteja aberta, ao invés de termos o valor da subtensão e o horário em que ela ocorreu escritos no display, teremos 255, escrito na primeira linha e 255255255 escrito na segunda linha. Isso se deve ao fato de que logo após ligar a alimentação do sistema, todas posições de memória eeprom estarão apagadas, ou seja, preenchidas com 255 em decimal, que é o mesmo que ff em hexadecimal, ou ainda 1111 1111 em binário.

Para simular uma subtensão e testar o programa utilizando-se o kit, um procedimento que dá bons resultados é (com a alimentação do kit ligada) girar o potenciômetro para se obter a tensão máxima no display, que no caso do programa presente é 150V. Então, se desliga a alimentação e se gira o cursor do potenciômetro no sentido de reduzir a tensão (note-se que com o kit desligado não vemos esse valor, então será uma tentativa). Religa-se a alimentação e se observa se ocorreu a subtensão ou não. Se tiver ocorrido, seu valor e o horário em que ela ocorreu estarão registrados e aparecerão no display. Isso deve ser feito após termos ajustado o relógio de acordo com um relógio de pulso, por exemplo, para aferição posterior.

Caso a subtensão não tenha ocorrido, os valores 255 na 1ª linha e 255255255 na 2ª linha ainda estarão presentes no display. Neste caso, o procedimento de redução da tensão deve ser repetido em nova tentativa com a alimentação desligada. Isso deve ser feito até que se obtenha a leitura da subtensão no display.

Após termos gerado a subtensão, que pode ter qualquer valor entre 0 e 123,5V, deve-se ajustar o valor da tensão atual girando-se o cursor do potenciômetro do kit de modo a se obter um valor superior a 123,5V. Isso deve ser feito para que, ao religarmos a alimentação após um novo desligamento, o valor da subtensão gerada inicialmente, bem como o horário em que ela ocorreu, permaneçam no display, juntamente com o horário e a tensão atuais. Se isso não for feito e a tensão atual estiver abaixo do valor programado como subtensão, toda vez que a alimentação for religada após um desligamento, surgirá no display o mesmo valor de subtensão, mas a cada vez com um novo horário de ocorrência.

Caso se desejasse registrar mais de um valor de subtensão e seus respectivos horários, bastaria criar um laço dentro do 'if((ad<210)&&b<1)' de modo que a variável 'b' fosse incrementada somente após ter ocorrido o número de passagens que quiséssemos por esse laço, de modo a sair do 'if'. O número de passagens pelo laço corresponderia ao número de registros de subtensões e seus horários respectivos. Deve-se, no entanto, lembrar alguns aspectos. Para se poder registrar um número maior de subtensões seria necessário utilizar uma porta serial, RS232 ou USB, por exemplo, uma vez que não é possível escrever no display mais do que as informações obtidas com o programa acima. Isso só seria possível caso se fizesse a multiplexação das leituras no display, o que tornaria o programa mais complexo.

Por outro lado, ainda temos que considerar a capacidade das memórias eeprom internas.

Tanto o 18F4520 quanto o 18F4550 possuem memórias eeprom de 256 bytes. Portanto, como o registro de uma subtensão e seu horário ocupam 4 bytes, como visto acima, teríamos a possibilidade de registrar até 64 subtensões, com seus respectivos horários de ocorrência.

Para a comunicação com um computador, para recuperar as informações registradas na memória do PIC, ***caso se utilize a comunicação via USB, devemos lembrar que se deve empregar o PIC18F4550***, uma vez que o PIC18F4520 não dispõe desse recurso. Isso será abordado no capítulo 20 deste livro. Se, porventura, for utilizado o 18F4550, também devemos ter em mente que os pinos scl e sda não são os mesmos que no 18F4520, para o uso do protocolo i2c na comunicação com o RTC.

O programa a seguir apresenta o resultado da conversão AD, bem como a data e a hora, não apenas no display de cristal líquido, mas também na tela de um computador, caso seja utilizado um terminal para a comunicação serial.

Exemplo 16.7: rtc6_4520

```
/*Este programa permite ajustar e fazer funcionar o relógio de tempo real,
RTC, e um conversor AD com tensão ajustável entre 0 e +24V. Tanto data e
hora quanto a tensão são mostradas no display e também podem ser
visualizados na tela de um computador através de um cabo USB/RS232,
interligando o conector USB do computador com o conector DB9 (RS232) do
kit ou do equipamento. Pode ser utilizado qualquer terminal para
comunicação serial, tal como o HyperTerminal, o RComSerial ou o PuTTY.*/

#include <18F4520.h> /*Inclusão do header (.h) para o microcontrolador
        utilizado*/
#device adc=10 //Informa que a conversão AD será feita em 10 bits.
#fuses hs, nowdt, put, brownout, nolvp //Bits de configuração do PIC
#use delay(clock=8MHz) /*Informa a frequência de operação do PIC, para o
        funcionamento correto dos delays.*/
#use rs232(baud=9600, xmit=pin_c6, rcv=pin_c7) /*Configuração para a
        comunicação serial RS232*/
#include <C:\Curso 18f\display_8bits.c> /*Inclusão do driver do display de
        cristal líquido no programa*/
#include <C:\Curso 18f\ds1307.c> /*Inclusão do driver do RTC DS1307 no
        programa*/

float ad; /*Declara que a variável 'ad', que guardará o resultado da conversão
        AD, é do tipo float (ponto flutuante).*/
int sec; //Declara que a variável 'sec' (segundos) é do tipo inteiro.
int min; //Declara que a variável 'min' (minutos) é do tipo inteiro.
int hr; //Declara que a variável 'hr' (hours – horas) é do tipo inteiro.
int day; //Declara que a variável 'day' (dia) é do tipo inteiro.
int mth; //Declara que a variável 'mth' (month – mês) é do tipo inteiro.
int yr; //Declara que a variável 'yr' (year – ano) é do tipo inteiro.
int dow; /*Declara que a variável 'dow' (day of the week – dia da semana) é
        do tipo inteiro.*/

void main() //Função principal
{
  port_b_pullups(true); //Habilita os resistores de pullup do portB.
  set_tris_b(0x0f); /*Configura os 4 bits menos significativos do portB como
        entradas e os demais saídas.*/
  output_b(0x0f); /*Coloca as saídas 4 a 7 do portB em nível baixo, ou seja,
        aterra essas saídas, para que o teclado do kit possa ser usado para
        ajustar o relógio.*/

  setup_adc_ports(an0); /*Faz com que somente o canal analógico 0 (zero)
        seja usado como entrada para a conversão analógico/digital.*/
  setup_adc(adc_clock_internal); /*Define que o conversor AD usará o clock
        interno.*/
  set_adc_channel(0); //Configura o canal 0 para a leitura da tensão.
  ds1307_init(); //Inicializa o RTC DS1307.
```

```
display_ini(); //Inicializa o display de cristal líquido.

//Ajusta data em → 14 Fevereiro 2021 Domingo
//Ajusta hora em → 12:10:00
ds1307_set_date_time(14,2,21,0,12,10,00); /*Grava no RTC o dia do mês,
        14, o mês, fevereiro (2), o ano, 2021, o dia da semana, domingo (0),
        a hora, 12, os minutos, 10, e os segundos, 00.*/

while(true) //Laço infinito
{
 ad = read_adc(); /*Lê o resultado da conversão AD e o salva na variável
        'ad'.*/
 ds1307_get_date(day,mth,yr,dow); /*Obtém dia, mês, ano e dia da semana
        do RTC.*/
 ds1307_get_time(hr,min,sec); //Obtém hora, minutos e segundos do RTC
 printf("%02d/%02d/%02d\r\n",day,mth,yr); /*Escreve dia, mês e ano no
        terminal serial escolhido (RComSerial, HyperTerminal, PuTTY, etc.)
        na primeira linha.*/
 printf("%02d:%02d:%02d\r\n",hr,min,sec); /*Escreve hora, minutos e
        segundos na segunda linha do terminal serial utilizado.*/
 printf("%2.1fV\r\n",(24*ad)/1023); /*Escreve o resultado da conversão, já
        no formato correto, em Volts, com duas casas antes e uma depois
        do ponto.*/
 printf(write_display,"\f%02d/%02d/%02d",day,mth,yr); /*Mostra a data no
        display de cristal líquido, a partir da primeira coluna da primeira linha,
        após ter limpado sua tela (comando \f).*/
 printf(write_display,"\n%2d:%02d:%02d",hr,min,sec); /*Mostra a hora no
        display de cristal líquido a partir da primeira coluna da segunda linha
        (comando \n).*/
 display_pos_xy(11,1); /*Posiciona o cursor do display de cristal líquido na
        décima primeira coluna da primeira linha.*/
 printf(write_display,"%2.1fV",(24*ad)/1023); /*Escreve o resultado da
        conversão em Volts, com duas casas antes (caso a tensão seja igual
        ou maior do que 10V) e uma depois do ponto.*/

 if(!input(pin_b0)) /*Se o botão 1, 2, 3 ou A do kit for pressionado, habilita os
        ajustes do relógio.*/
 {
 if (!input(PIN_B3)) //Se o botão *, 0, # ou D do kit for pressionado,
 {
 day++; //incrementa dia.
 if (day>31) day= 1; //Se dia > 31, faz dia igual a 1.
 ds1307_set_date_time(day,mth,yr,dow,hr,min,sec); //Ajusta o novo valor.
 delay_ms(300); /*Atraso de 300ms. Esse atraso é necessário para que seja
          possível o ajuste dos dias, caso contrário o incremento seria muito
          rápido, tornando o ajuste impraticável.*/
 }
 if (!input(PIN_B1)) //Se o botão 4, 5, 6 ou B do kit for pressionado,
 {
```

```
    hr++; //incrementa hora.
    if (hr>23) hr = 0; //Se hora > 23, faz hora igual a 0
    ds1307_set_date_time(day,mth,yr,dow,hr,min,sec); //e ajusta o novo
          //valor.
    delay_ms(300);/*Atraso de 300ms. Esse atraso é necessário para que seja
          possível o ajuste das horas, caso contrário o incremento seria muito
          rápido, tornando o ajuste impraticável.*/
    }
    if (!input(PIN_B2)) //Se o botão 7, 8, 9 ou C do kit for pressionado,
    {
    min++; //incrementa minuto.
    if (min>59) min = 0; //Se minuto > 59, faz minuto igual a 0,
    ds1307_set_date_time(day,mth,yr,dow,hr,min,sec); //ajusta o novo valor.
    delay_ms(300); /*Atraso de 300ms. Esse atraso é necessário para que seja
          possível o ajuste dos minutos, caso contrário o incremento seria
          muito rápido, tornando o ajuste impraticável.*/
    }
   }
  delay_ms(500); //Atualiza o display a cada 500 milissegundos.
  }
}
```

A vantagem do programa do exemplo 16.7, é que ele permite que além da visualização no local, através da leitura do LCD, essa leitura também possa ser feita à distância, via rádio, caso o terminal serial seja acoplado a um transmissor e na outra ponta se disponha de um receptor para receber esse sinal. A parte da comunicação via rádio, tanto a transmissão quanto a recepção fogem do escopo deste livro, tendo a sua citação servido apenas como uma ideia a ser explorada pelos interessados.

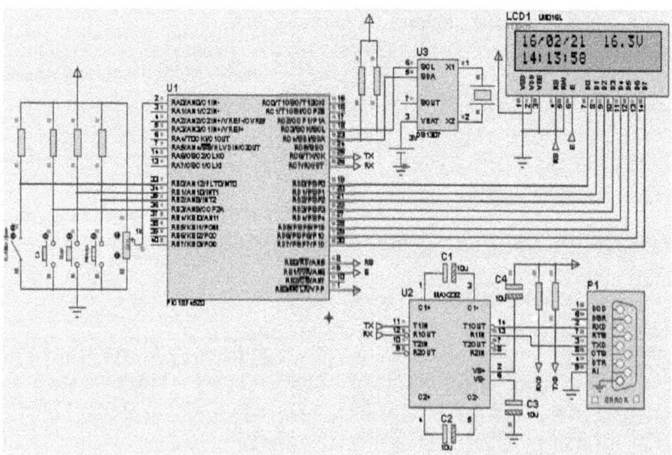

Fig. 16.12 – Circuito usado com o exemplo 16.7, 'rtc6_4520'

Circuito

O circuito utilizado com o exemplo 16.7, rtc6_4520, pode ser visto acima, na figura 16.12.

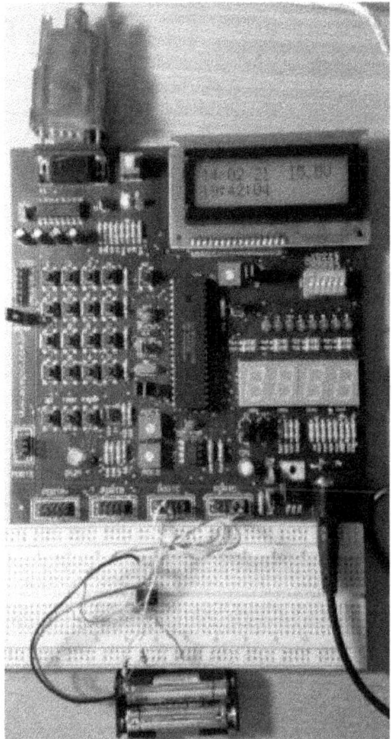

Fig. 16.13 – Circuito usado com o exemplo 16.7, 'rtc6_4520' – kit e protoboard

Fig. 16.14– Circuito usado com o exemplo 16.7, 'rtc6_4520' – parte da tela do HyperTerminal

A figura 16.13, acima, mostra a foto do kit ACEPIC 40 V2.0 e do circuito com o DS1307 montado em um protoboard (com as pilhas para que a data e a hora não se percam ao desligar o equipamento). A figura 16.14 mostra a tela do HyperTerminal vista em um computador.

É bom lembrar que, no circuito real, para uma tensão de entrada que varie entre 0 e +24V, ao contrário do mostrado na figura 16.12, deve-se utilizar um divisor de tensão de precisão, como o próprio R6 e um resistor fixo em lugar de RV1. Ambos os resistores devem ser de 1% ou de precisão ainda melhor. Os valores são apenas sugeridos, devendo, no entanto, ser mantida a relação entre eles, de modo que, para 24V na entrada, se tenha 5V na saída (ligada à entrada analógica AN0 do conversor AD).

Outro aspecto importante é que se deve gravar o programa no PIC conforme ele se apresenta e após tê-lo salvo e se ter ajustado dia, hora e minutos, deve-se comentar o trecho sombreado abaixo, compilar mais uma vez e salvá-lo novamente no PIC. Isso evitará que toda vez que a alimentação for desligada, ao religá-la, o RTC seja carregado com os valores informados no programa, ao invés de continuar a partir do horário que já está salvo nele.

Deve-se lembrar que, como o RTC está sendo alimentado pela bateria (pilhas no caso do kit do autor) a data e o horário continuam sendo atualizados a cada segundo, mesmo com a alimentação desligada da rede pública.

```
//Ajusta data em → 14 Fevereiro 2021 Domingo
//Ajusta hora em → 12:10:00
ds1307_set_date_time(14,2,21,0,12,10,00); /*Grava no RTC o dia do mês,
        14, o mês, fevereiro (2), o ano, 2021, o dia da semana, domingo (0),
        a hora, 12, os minutos, 10, e os segundos, 00.*/
```

Trecho comentado do programa a recompilar e salvar novamente no PIC:

```
//Ajusta data em → 14 Fevereiro 2021 Domingo
//Ajusta hora em → 12:10:00
//ds1307_set_date_time(14,2,21,0,12,10,00); /*Grava no RTC o dia do mês,
        //14, o mês, fevereiro (2), o ano, 21 (2021), o dia da semana,
        //domingo (0), a hora, 12, os minutos, 10, e os segundos, 00.*/
```

16.6 – Saída SQW/OUT

Eventualmente podemos ter interesse em utilizar uma onda quadrada para, por exemplo, acionar um timer, que poderia funcionar como um temporizador, o qual acionaria um dispositivo qualquer, tal como um relé, ao final da contagem de um número de pulsos pré-estabelecido. O DS1307 pode nos fornecer esse sinal na forma de uma onda quadrada, sendo que podemos escolher uma das quatro frequências disponíveis.

O sinal SQW/OUT de saída do DS1307, em seu pino 7, pode ser utilizado para fornecer uma onda quadrada de 1Hz, 4.096Hz, 8.192Hz ou 32.768Hz. Caso se queira utilizar esse sinal, deve-se ter certeza de que ele esteja habilitado. Para isso, o registrador 7, o registrador de controle do DS1307, deve ser configurado corretamente. A fim de que esse sinal seja gerado, o bit 4, SQWE (**SQ**uare **W**ave **E**nable – habilitação da onda quadrada), desse registrador, deve estar em nível lógico 1.

A tabela 16.2, a seguir, mostra como devem ser configurados os bits 4 (SQWE), 1 (RS1) e 0 (RS0) para a obtenção da frequência desejada.

SQWE	RS1	RS0	Frequência (Hz)
1	0	0	1
1	0	1	4.096
1	1	0	8.192
1	1	1	32.768

Tabela 16.2 – Configuração dos bits RS1 e RS0

Caso se deseje uma frequência de 1Hz os bits 0 e 1, RS0 e RS1, desse registrador, devem estar em nível lógico 0. Estas condições podem ser verificadas analisando-se o arquivo 'ds1307.c', visto no item 16.1 no início deste capítulo.

Observe-se que as linhas sombreadas no arquivo driver do DS1307 (pg.490) configuram a frequência de saída do sinal SQW/OUT em 1Hz. O comando 'i2c_write(0xD0);' indica que está sendo selecionando o relógio de tempo real, pois o código para este componente, no protocolo i2c, é 0xd0. Em seguida vem o comando 'i2c_write(0x07);' que indica que se seleciona o registrador 7 do DS1307, que é o registrador de controle. Logo após vem o comando 'i2c_write(0x10);' que indica que se escreve '0x10' nesse registrador, ou seja, 00010000 em binário. Isso faz com que se habilite o sinal de saída SQW/OUT com frequência de 1Hz (RS0 = 0 e RS1 = 0).

Observações:

1. É necessário que sejam colocados resistores de pullup entre cada uma das saídas, SQW/OUT, scl e sda do DS1307 e os +5V, pois essas saídas são do tipo open drain (dreno aberto), uma vez que, se isso não for feito, elas não funcionarão.
2. É possível que, mesmo habilitando os resistores de pullup, a saída do RTC não forneça o sinal de onda quadrada, apesar de ter sido escrito 00010000 no registrador de controle. Isso se deve ao fato de que, *talvez, o bit 7 do registrador 0 (segundos) do DS1307 esteja em nível alto*. Esse é o bit CH (**C**lock **H**alt – parada do clock), que quando está em nível alto desabilita o clock, ou seja, a saída em onda quadrada SQW/OUT (**SQ**ware **W**ave – onda quadrada). Isso ocorre porque, ao ligar a alimentação pela primeira vez, os estados de todos os bits do registrador de segundos (registrador 0) são indefinidos. Para evitar esse problema é necessário preencher esse registrador com zeros, o que é feito alterando-se o arquivo driver do DS1307.

Abaixo, é mostrado o procedimento para a alteração do bit 7 do registrador zero do DS1307:

É mostrada parte da função de inicialização do DS1307 e o que se deve fazer para alterar o estado do bit 7 do registrador zero (segundos):

```
void ds1307_init(void) //Função de inicialização do RTC DS1307
{
int seconds = 0;
```

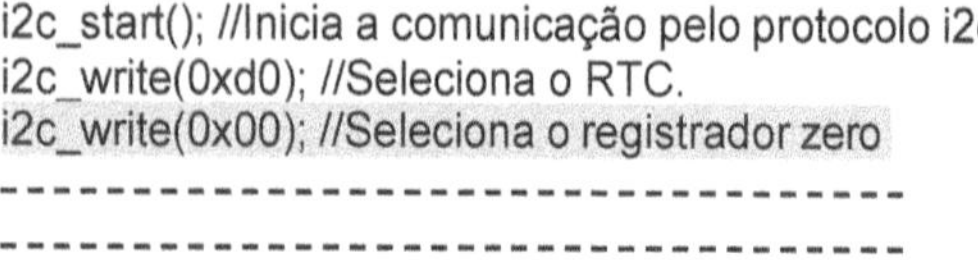

```
i2c_start(); //Inicia a comunicação pelo protocolo i2c.
i2c_write(0xd0); //Seleciona o RTC.
i2c_write(0x00); //Seleciona o registrador zero
-----------------------------------
-----------------------------------
```

Logo após a linha destacada em cinza, que seleciona o registrador 0, acrescenta-se uma linha semelhante, *mas que **desta vez***, serve para zerar todos os bits do registrador zero.

Então, essa mesma parte da função de inicialização do DS1307 fica como mostrado abaixo:

```
void ds1307_init(void) //Função de inicialização do RTC DS1307
{
int seconds = 0;
i2c_start(); //Inicia a comunicação pelo protocolo i2c.
i2c_write(0xd0); //Seleciona o RTC.
i2c_write(0x00); //Seleciona o registrador zero.
i2c_write(0x00); //Preenche o registrador zero com zeros.
-----------------------------------
-----------------------------------
```

Feito isso, salva-se o arquivo driver. Assim, o bit 7 do registrador zero estará agora em nível 0, permitindo o funcionamento do oscilador do DS1307 e habilitando a saída SQW/OUT. Depois disso, deve-se abrir novamente o arquivo driver e apagar a linha que foi acrescentada. O objetivo do acréscimo dessa linha era simplesmente zerar o bit 7 do registrador zero, o que já foi feito. Uma vez alterado o nível desse bit (*garantido que ele está em nível zero*), ele irá permanecer assim indefinidamente, *então **deve-se apagar a linha acrescentada***, caso contrário o DS1307 não funcionará corretamente.

Apenas para reforçar o que foi dito e para não deixar qualquer dúvida, mostra-se abaixo, como fica o início da função de inicialização, após termos executado todo o procedimento acima:

```
void ds1307_init(void) //Função de inicialização do RTC DS1307
{
int seconds = 0;

i2c_start(); //Inicia a comunicação pelo protocolo i2c.
i2c_write(0xd0); //Seleciona o RTC.
i2c_write(0x00); //Seleciona o registrador zero
-----------------------------------
-----------------------------------
```

Em outras palavras, em termos de arquivo driver, tudo está, *aparentemente*, como antes, porém agora o bit 7 do registrador zero está, em nível baixo *(garantido)* e a saída SQW/OUT já pode fornecer a onda quadrada na frequência escolhida, como desejado.

Observações:

1. Para que o RTC possa continuar operando mesmo após a desconexão da fonte de alimentação do kit de desenvolvimento, e o horário esteja atualizado quando essa alimentação retornar é necessário que a pequena bateria de 3V esteja carregada. Então, como informado acima, se a bateria de 3V estiver descarregada, ou seja, se sua tensão estiver abaixo de 2V, o horário já não estará correto após a alimentação ser religada.
2. A exatidão do relógio de tempo real depende da qualidade do cristal oscilador de 32.768Hz utilizado por ele. Dependendo do cristal utilizado, grandes variações de temperatura podem provocar algum desvio com relação à indicação correta do horário.

Nota: o funcionamento do programa no simulador VSM, do Proteus na versão utilizada na preparação deste livro, pode apresentar, dependendo do programa, atrasos relativamente elevados no relógio, com a mudança dos segundos ocorrendo de forma relativamente lenta, fazendo pensar que o relógio não está funcionando corretamente, porém no kit ele funciona de modo preciso. *Como o simulador é um software, seu funcionamento envolve tempos de processamento, o que talvez seja a causa das diferenças observadas.*

17.1 – Relógio de tempo real PCF8583

O PCF8583 é um relógio de tempo real desenvolvido pela Philips Semiconductors, que funciona como relógio e calendário e possui uma memória RAM de 240 bytes. Este RTC utiliza o protocolo I2C para a comunicação serial (desenvolvido pela Philips).

A figura 17.1, abaixo, mostra a distribuição dos pinos no encapsulamento do RTC PCF8583. Observe-se que a alimentação é aplicada entre os pinos 8 (V_{DD}) e 4 (V_{SS}).

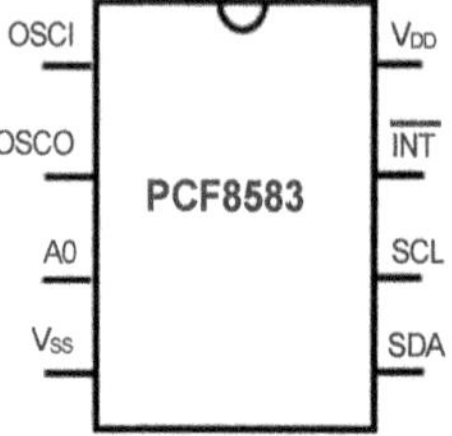

Fig. 17.1 – O encapsulamento e a pinagem do PCF8583

As aplicações deste RTC são as mesmas do DS1307, visto no capítulo anterior. Seu diagrama em blocos pode ser visto na figura 17.2, abaixo.

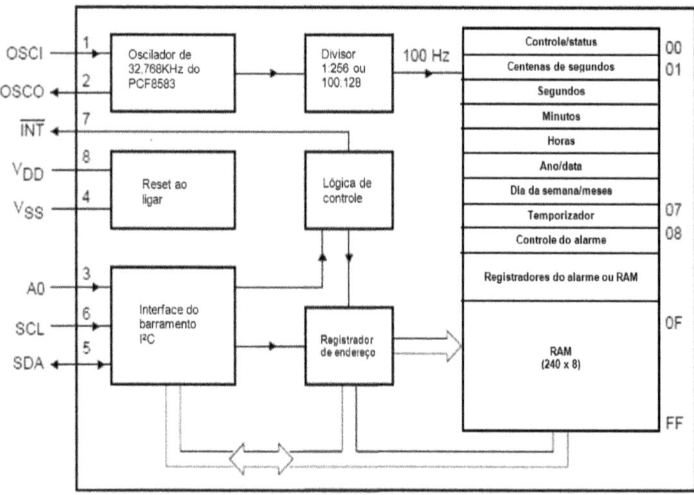

Fig. 17.2 – Diagrama em blocos do PCF8583

A figura 17.3, a seguir, mostra a organização da memória RAM, interna ao PCF8583.

Modos de operação do relógio	Contador de eventos	
controle/status	controle/status	00
centésimos de segundo 1/10 s | 1/100 s	D1 | D0	01
segundos 10 s | 1 s	D3 | D2	02
minutos 10 min | 1 min	D5 | D4	03
horas 10 h | 1 h	livre	04
ano/data 10 dias | 1 dia	livre	05
dia da semana/mês 10 meses | 1 mês	livre	06
timer 10 dias | 1 dia	timer T1 | T0	07
controle do alarme	controle do alarme	08
centésimos de segundo 1/10 s | 1/100 s	alarme D1 | alarme D0	09
segundos do alarme	D3 | D2	0A
minutos do alarme	D5 | D4	0B
horas do alarme	livre	0C
data do alarme	livre	0D
mês do alarme	livre	0E
timer do alarme	timer do alarme	0F
memória RAM disponível	memória RAM disponível	

Modos de operação do relógio — Contador de eventos

Fig. 17.3 – Distribuição dos registradores na memória do PCF8583

17.2 – As conexões do PCF8583

O PCF8583 tem sua pinagem parecida com a do DS1307, mas apresenta algumas diferenças importantes. Uma delas é que ele não possui um pino específico para alimentação por bateria no caso de falta de energia da fonte de alimentação conectada à rede elétrica de corrente alternada.

Então, é necessário que se providencie um circuito com duas pilhas de 1,5V em série ou uma bateria de 3V, como mostrado a seguir, nas figuras 17.4a e b, para garantir a alimentação do relógio, caso a alimentação da rede falhe.

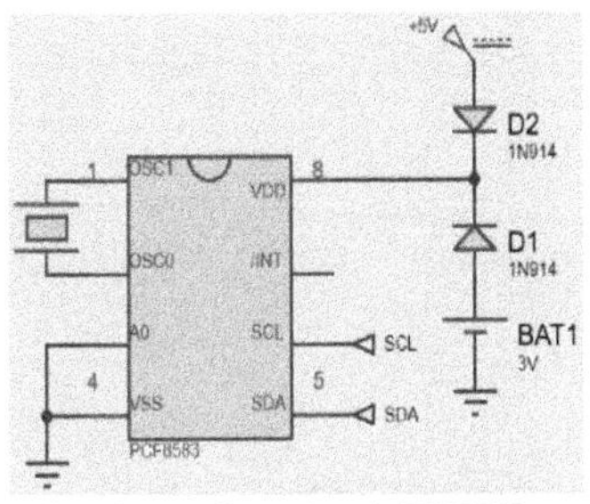

Fig. 17.4a – Conexões do PCF8583

Fig.14.b – Bateria CR2032

Como, de acordo com a folha de dados (datasheet) do PCF8583, data e hora conseguem ser mantidos mesmo que a tensão caia para 1,0V, o circuito mostrado é adequado para esse fim. No circuito mostrado na figura 17.4a, foi utilizada uma bateria CR2032, de 3V, vista na figura 17.4b.

O diodo D2 mostrado no circuito da figura 17.4, serve para fazer com que a bateria ou as pilhas alimentem somente o RTC PCF8583 e o diodo D1 impede que a bateria (ou pilhas) sejam alimentadas pela fonte de alimentação da placa. A queda de tensão nesses diodos é bastante baixa, em torno de 0,5V, o que não prejudica o funcionamento do RTC, pois, em caso de falha na rede de tensão alternada, ainda sobram em torno de 2,5V para alimentá-lo.

Outra diferença na pinagem e nas características do PCF8583 em relação ao DS1307 é que o primeiro apresenta uma entrada A0, para endereçamento via hardware, podendo-se assim utilizar dois componentes desse tipo na mesma placa ou equipamento, usando-se o mesmo barramento para comandá-los. Como estamos utilizando apenas um RTC, conecta-se este pino ao comum da fonte (0V), como visto na figura 17.4a.

A terceira diferença é a saída /INT, do tipo open drain (dreno aberto), ativa em nível baixo quando o alarme do PCF8583 é disparado, caso seja utilizado. Como aqui não utilizaremos esta função, esse pino não será conectado.

Caso se deseje utilizar a função alarme e, por conseguinte, a saída /INT, esta deverá ser conectada ao positivo da alimentação da placa através de um resistor. Um resistor de 10KΩ serviria a esse propósito. A finalidade é evitar que a entrada do PIC que for conectada a esse pino fique flutuando e possa ser acionada indevidamente.

17.3 – O arquivo driver para o PCF8583

O arquivo driver para este RTC foi obtido de um fórum de discussão de usuários de compiladores CCS, no link abaixo:

https://www.ccsinfo.com/forum/viewtopic.php?t=27988

No arquivo do site indicado acima, mostrado a seguir, apenas foram traduzidos os comentários, que descrevem o que o driver faz, bem como os nomes dos dias da semana em forma abreviada. O restante foi mantido como no original.

```
//PCF8583.c

#ifndef PCF8583_SDA
#define PCF8583_SDA PIN_C4
#define PCF8583_SCL PIN_C3
#endif
#use i2c(master, sda=PCF8583_SDA, scl=PCF8583_SCL)
#ifndef PCF8583_WRITE_ADDRESS
```

```
#define PCF8583_WRITE_ADDRESS 0xA0
#define PCF8583_READ_ADDRESS 0xA1
#endif

//Endereços dos registradores
#define PCF8583_CTRL_STATUS_REG 0x00
#define PCF8583_100S_REG        0x01
#define PCF8583_SECONDS_REG 0x02
#define PCF8583_MINUTES_REG  0x03
#define PCF8583_HOURS_REG    0x04
#define PCF8583_DATE_REG     0x05
#define PCF8583_MONTHS_REG  0x06
#define PCF8583_TIMER_REG    0x07

#define PCF8583_ALARM_CONTROL_REG 0x08
#define PCF8583_ALARM_100S_REG   0x09
#define PCF8583_ALARM_SECS_REG  0x0A
#define PCF8583_ALARM_MINS_REG  0x0B
#define PCF8583_ALARM_HOURS_REG  0x0C
#define PCF8583_ALARM_DATE_REG   0x0D
#define PCF8583_ALARM_MONTHS_REG  0x0E
#define PCF8583_ALARM_TIMER_REG   0x0F

//Usa o primeiro endereço da NVRAM para o byte do ano.
#define PCF8583_YEAR_REG 0x10

//Comandos para o registrador de Controle/Status
#define PCF8583_START_COUNTING  0x00
#define PCF8583_STOP_COUNTING   0x80

char const weekday_names[7][10] =
{
{"Dom"},
{"Seg"},
{"Ter"},
{"Qua"},
{"Qui"},
{"Sex"},
{"Sab"}
};

/*Esta estrutura define a data e a hora escolhidas pelo usuário. Os valores são armazenados como inteiros não sinalizados. O usuário deve declarar uma estrutura deste tipo no programa da sua aplicação. Então o endereço deve ser passado para as funções read/write (ler/escrever) do programa neste driver, toda vez que se desejar 'falar' com o chip.*/

typedef struct
{
```

```
int8 seconds; // 0 to 59
int8 minutes; // 0 to 59
int8 hours; // 0 to 23  (24-hour time)
int8 day; // 1 to 31
int8 month; // 1 to 12
int8 year; // 00 to 99
int8 weekday; // 0 = Sunday, 1 = Monday, etc.
}date_time_t;

//- - - - - - - - - - - - - - - - - - - - - - - -
void PCF8583_write_byte(int8 address, int8 data)
{
disable_interrupts(GLOBAL);
i2c_start();
i2c_write(PCF8583_WRITE_ADDRESS);
i2c_write(address);
i2c_write(data);
i2c_stop();
enable_interrupts(GLOBAL);
}

//- - - - - - - - - - - - - - - - - - - - - - - -
int8 PCF8583_read_byte(int8 address)
{
int8 retval;

disable_interrupts(GLOBAL);
i2c_start();
i2c_write(PCF8583_WRITE_ADDRESS);
i2c_write(address);
i2c_start();
i2c_write(PCF8583_READ_ADDRESS);
retval = i2c_read(0);
i2c_stop();
enable_interrupts(GLOBAL);
return(retval);
}

void PCF8583_init(void)
{
PCF8583_write_byte(PCF8583_CTRL_STATUS_REG,
                   PCF8583_START_COUNTING);
}
//- - - - - - - - - - - - - - - - - - - - - - - -

/*Esta função converte um valor binário de 8 bits em um valor BCD de 8 bits.
A faixa de valores permitidos vai de 0 a 99.*/

int8 bin2bcd(int8 value)
```

```
{
char      retval;

retval = 0;

while(1)
 {
  //Obtém o dígito das dezenas subtraindo 10 repetidamente do valor binário.

  if(value >= 10)
   {
    value   -=   10;
    retval += 0x10;
   }
  else //Obtém o dígito das unidades somando o resto.
   {
    retval  +=  value;
    break;
   }
 }

return(retval);
}

//-------------------------
/*Esta função converte um valor BCD de 8 bits em um valor binário de 8 bits.
A faixa de valores permitidos vai de 0 a 99.*/

char bcd2bin(char bcd_value)
{
char temp;

temp = bcd_value;

/*Deslocar o dígito superior uma casa para a direita é o mesmo que multiplicá-
lo por 8.*/

temp >>= 1;

//Isola os bits para o dígito superior.
temp &= 0x78;

//Agora retorna: (Dezenas * 8) + (Dezenas * 2) + Unidades

return(temp + (temp >> 2) + (bcd_value & 0x0f));
}

//-------------------------
void PCF8583_set_datetime(date_time_t *dt)
```

```
{
int8  bcd_sec;
int8  bcd_min;
int8   bcd_hrs;
int8  bcd_day;
int8 bcd_mon;

/*Converte a entrada de data e hora em valores BCD, que são formatados
para os registradores do PCF8583.*/

bcd_sec = bin2bcd(dt->seconds);
bcd_min = bin2bcd(dt->minutes);
bcd_hrs = bin2bcd(dt->hours);
bcd_day  =  bin2bcd(dt->day)  |  (dt->year  <<  6);
bcd_mon = bin2bcd(dt->month) | (dt->weekday << 5);

/*Suspende a contagem do RTC, antes de escrever nos registradores de data
e hora.*/

PCF8583_write_byte(PCF8583_CTRL_STATUS_REG,
                   PCF8583_STOP_COUNTING);

/*Escreve nos registradores de data e hora. Desabilita as interrupções, de
modo que elas não possam atrapalhar as operações i2c.*/

disable_interrupts(GLOBAL);
i2c_start();
i2c_write(PCF8583_WRITE_ADDRESS);
i2c_write(PCF8583_100S_REG);  // Start at 100's reg.
i2c_write(0x00);   //   Set   100's   reg   =   0
i2c_write(bcd_sec);
i2c_write(bcd_min);
i2c_write(bcd_hrs);
i2c_write(bcd_day);
i2c_write(bcd_mon);
i2c_stop();
enable_interrupts(GLOBAL);

/*Escreve o byte do ano na primeira posição da NVRAM. Deixa-o em formato
binário.*/

PCF8583_write_byte(PCF8583_YEAR_REG, dt->year);

//Agora permite que o PCF8583 comece a contar novamente.
PCF8583_write_byte(PCF8583_CTRL_STATUS_REG,
                   PCF8583_START_COUNTING);
}

//------------------------
```

```
/*Lê os registradores de data e hora dos registradores do hardware (o chip PCF8583). Não precisamos desabilitar a contagem durante as operações de leitura porque, de acordo com o datasheet do PCF8583, se qualquer dos registradores inferiores (1 a 7) for lido, todos eles serão carregados em registradores 'captura'. Todas as leituras seguintes dentro daquele ciclo são feitas desses registradores.*/

void PCF8583_read_datetime(date_time_t *dt)
{
int8  year_bits;
int8 year;

int8  bcd_sec;
int8  bcd_min;
int8  bcd_hrs;
int8  bcd_day;
int8 bcd_mon;

//Desabilita as interrupções de modo que elas não atrapalhem o processo i2c.

disable_interrupts(GLOBAL);

//Lê os registradores data/hora dentro do PCF8583.

i2c_start();
i2c_write(PCF8583_WRITE_ADDRESS);
i2c_write(PCF8583_SECONDS_REG);  // Inicia no Segundo registrador.
i2c_start();
i2c_write(PCF8583_READ_ADDRESS);
bcd_sec = i2c_read();
bcd_min    =    i2c_read();
bcd_hrs    =    i2c_read();
bcd_day    =    i2c_read();
bcd_mon    =   i2c_read(0);
i2c_stop();

enable_interrupts(GLOBAL);

/*Converte os valores data e hora de BCD em inteiros não sinalizados. Retira os bits dos registradores do PCF8583 onde for necessário.*/

dt->seconds = bcd2bin(bcd_sec);
dt->minutes = bcd2bin(bcd_min);
dt->hours  = bcd2bin(bcd_hrs & 0x3F);
dt->day   = bcd2bin(bcd_day & 0x3F);
dt->month  = bcd2bin(bcd_mon & 0x1F);
dt->weekday = bcd_mon >> 5;
year_bits  = bcd_day >> 6;
```

```
/*Lê o byte do ano da NVRAM. Esta é uma característica adicional deste driver.*/

year = PCF8583_read_byte(PCF8583_YEAR_REG);

/*Verifica se os dois 'bits do ano' foram incrementados pelo PCF8583. Em caso afirmativo, incrementa o byte do ano (lê da NVRAM) pela mesma quantidade.*/

while(year_bits != (year & 3))
year++;

dt->year = year;

//Agora atualiza o byte do ano na NVRAM dentro do PCF8583.

PCF8583_write_byte(PCF8583_YEAR_REG, year);
}
```

Os algoritmos utilizados para a conversão de números BCD em binários e vice-versa são os mesmos vistos no capítulo anterior, em que estudamos o DS1307.

17.4 – Exemplos de aplicação

O primeiro exemplo de aplicação do PCF8583 utiliza a comunicação serial através do protocolo RS232. Podem ser utilizados quaisquer terminais seriais. Aqui foi utilizado o PuTTY.

Como neste programa não se utilizam botões para ajustar a data ou o horário, sugere-se que ao escrevê-los sejam escolhidas a data e a hora indicadas por nosso relógio de pulso, ou nosso celular, por exemplo.

Ao se adotar essa sugestão, quando se pressionar a tecla do computador para confirmar que se deseja usar data e a hora selecionados no programa, o PCF8583 começará a registrar o horário correto (o atual, indicado por nosso relógio de pulso ou celular).

Observação:

Diferentemente do DS1307, o dia da semana é pré-determinado. O domingo é '0', segunda-feira é '1' e assim por diante.

Exemplo 17.1: rtc1_8583

```
/*O programa a seguir permite que o usuário escolha a data e a hora iniciais a serem gravadas no PCF8583, se desejar, ou obtê-las do próprio RTC e apresentá-las em um terminal serial, como o RComSerial, o PuTTY ou o HyperTerminal, entre outros. A apresentação da data é feita no sistema europeu (dia/mês/ano).*/
```

```
#include <18f4520.H> /*Inclusão do header (*.h) para o microcontrolador
        utilizado*/
#fuses hs, nowdt, noprotect, brownout, put, nolvp /*Bits de configuração*/
#use delay(clock=8MHz) //Frequência de operação do PIC.
#use rs232(baud=9600, xmit=PIN_C6, rcv=PIN_C7) /*Configuração da
        comunicação serial*/
#include <C:\Curso 18F\ctype.h> /*Inclusão da biblioteca ctype.h, que
        contém funções e macros para manipulação de caracteres.*/
#include <C:\Curso 18F\PCF8583.c> //Inclui o driver do PCF8583.

void main() //Função principal
{
char c; //Declara que a variável 'c' é do tipo caractere (char).
char weekday[8]; /*Declara a variável 'weekday' (dia da semana) como uma
        matriz de 7 elementos.*/
date_time_t dt; //Declara a variável 'dt' como data e hora.
PCF8583_init(); //Inicializa o PCF8583.

/*Permite que o usuário escreva data e hora pré-determinados no PCF8583,
se desejado.*/

printf("Quer escrever uma amostra de data e hora\n\r"); /*Escreve 'Quer
        escrever uma amostra de data e hora' na primeira linha do terminal
        utilizado.*/
printf("17/11/23 23:59:50 (Sexta-feira) no PCF8583? (S/N)\n\r"); /*Escreve
        '17/11/23 23:59:50 (Sexta-feira) no PCF8583? (S/N)' na linha
        seguinte.*/

while(true) //Laço infinito
 {
  c = getc(); //Espera o usuário pressionar uma tecla.
  c = toupper(c); //Converte o caractere 'c' minúsculo em maiúsculo.

  if(c == 'S') //Se c = S ou c = s,
   {
    dt.month  = 11; // Novembro
    dt.day    = 17; // 17
    dt.year   = 23; // 2023
    dt.hours  = 23; // 23 horas
    dt.minutes = 59; // 59 minutos
    dt.seconds = 50; // 50 secondos
    dt.weekday = 5; // Sexta-feira (0 = Domingo, 1 = Segunda-feira, etc.)

    PCF8583_set_datetime(&dt); //Ajusta data e hora no PCF8583.
    printf("\n\r"); //Pula para a linha seguinte.
    printf("Nova data e hora escritas no PCF8583.\n\r"); /*Escreve 'Nova data
        e hora escritas no PCF8583.' no terminal escolhido.*/
    printf("Veja ele mudar para Sab, 18.\n\r"); /*Escreve 'Veja ele mudar para
        Sab, 18.' no terminal escolhido.*/
```

```
      break; //Encerra o processo.
    }

    if(c == 'N') //Se c = N ou c = n,
      break; //Encerra o processo.
  }

printf("\n\r"); //Pula para a linha seguinte.
printf("Lendo data e hora do PCF8583:\n\r"); /*Escreve no terminal 'Lendo
        data e hora do PCF8583:*/

/*Lê a data e a hora do PCF8583 e as mostra uma vez a cada segundo no
        terminal serial escolhido.*/

while(true) //Laço infinito
  {
   delay_ms(1000); //Tempo decorrido para a atualização do horário

   PCF8583_read_datetime(&dt); //Lê data e hora do PCF8583.
   strcpy(weekday, weekday_names[dt.weekday]); /*Copia o conteúdo da
        variável dt.weekday na variável weekday.*/
   printf("%s, %u/%u/%02u, %u:%02u:%02u\n\r", weekday, dt.day, dt.month,
        dt.year, dt.hours, dt.minutes, dt.seconds); /*Escreve a data e a hora
        no terminal.*/
  }
}
```

Descrição do funcionamento do programa

A estrutura deste programa é muito semelhante à dos vistos anteriormente, mas é interessante fazer alguns comentários.

O primeiro se refere à instrução 'c = toupper(c);' que converte o caractere 'c' minúsculo em maiúsculo. Isso tem por objetivo permitir que ao se digitar a letra 's', seja ela minúscula ou maiúscula, o programa sempre a verá como maiúscula. Se usássemos 'c = tolower(c);', os caracteres 'c' maiúsculos seriam convertidos em minúsculos.

O segundo comentário é relativo à apresentação da data, que poderia ser no estilo americano, com o mês surgindo antes do dia, ou no europeu, como é feito no Brasil, apresentando primeiro o dia e depois o mês.

A forma de apresentação depende apenas de qual dos dois é escrito antes dentro da instrução printf. Note-se que, como escolhemos o modo europeu, escrevemos a data antes do mês, como pode ser visto na instrução:

printf("%s %u/%u/%02u %u:%02u:%02u\n\r", weekday, ***dt.day***, ***dt.month***, dt.year, dt.hours, dt.minutes, dt.seconds);

COM7 - PuTTY

```
Quer escrever uma amostra de data e hora
17/11/23 23:59:50 (Sexta-feira) no PCF8583? (S/N)

Nova data e hora escritas no PCF8583.
Veja ele mudar para Sab, 18.

Lendo data e hora do PCF8583:
Sex, 17/11/23, 23:59:51
Sex, 17/11/23, 23:59:52
Sex, 17/11/23, 23:59:53
Sex, 17/11/23, 23:59:54
Sex, 17/11/23, 23:59:55
Sex, 17/11/23, 23:59:56
Sex, 17/11/23, 23:59:57
Sex, 17/11/23, 23:59:58
Sex, 17/11/23, 23:59:59
Sab, 18/11/23, 0:00:00
Sab, 18/11/23, 0:00:01
Sab, 18/11/23, 0:00:02
Sab, 18/11/23, 0:00:03
Sab, 18/11/23, 0:00:04
```

Fig. 17.5 – Parte da tela do PuTTY mostrando o programa do exemplo 17.1, 'rtc1_8583', após pressionar a Tecla 's'

Caso se desejasse usar o padrão americano, bastaria inverter as posições de 'dt.day' e 'dt.month'.

A instrução 'strcpy(weekday, weekday_names[dt.weekday]);' surge pela primeira vez neste livro e como é informado no comentário, ela copia o conteúdo da variável dt.weekday na variável weekday.

A diretiva '#include <ctype.h>' inclui a biblioteca ctype.h, que contém funções e macros necessárias à manipulação de caracteres, no programa. Essa biblioteca pode ser copiada da pasta PICC, que se encontra em C:\Arquivos de programas\PICC\Drivers ou em C:\Arquivos de programas(x86), dependendo do sistema operacional utilizado pelo computador que estivermos usando.

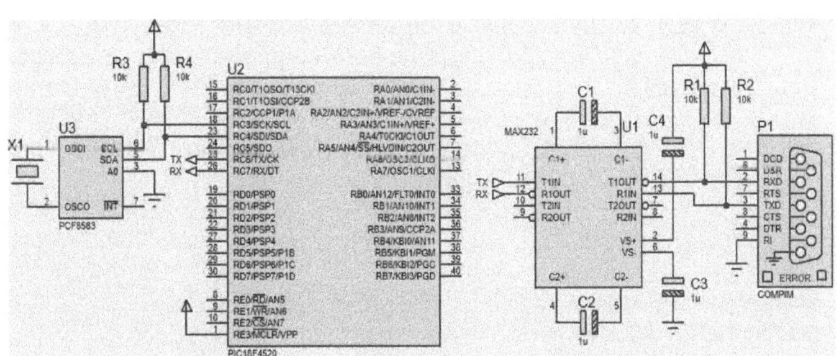

Fig. 17.6 – Circuito utilizado para o exemplo 17.1, 'rtc1_8583'

Importante: ver nota à página 550.

Circuito

As figuras 17.5 e 17.6, acima, mostram a tela do terminal PuTTY após a tecla 's' ter sido pressionada e o circuito utilizado no exemplo 17.1, 'rtc1_8583'.

O exemplo 17.2, a seguir, além de apresentar data e hora no terminal serial, também os apresenta em um display de cristal líquido.

Exemplo 17.2: rtc2_8583

```
#include <18f4520.H> //Header do microcontrolador utilizado
#fuses hs, nowdt, noprotect, brownout, put, nolvp //Bits de configuração
#use delay(clock=8MHz) //Frequência de operação do PIC
#use rs232(baud=9600, xmit=PIN_C6, rcv=PIN_C7) /*Configuração da
        comunicação serial*/
#include <ctype.h> /*Inclusão da biblioteca ctype.h, que contém funções e
        macros para manipulação de caracteres.*/
#include <display_8bits.c> /*Inclusão do driver do display de cristal líquido no
        programa*/
#include <PCF8583.c> //Inclusão do driver do PCF8583 no programa

void main() //Função principal
{
char c; //Declara que a variável 'c' é do tipo char (caractere).
char weekday[8]; /*Declara a variável 'weekday' como uma matriz de
        caracteres de 7 elementos.*/
date_time_t dt; //Declara a variável 'dt', como data e hora.
display_ini(); //Inicializa o display de cristal líquido.
PCF8583_init(); //Inicializa o RTC.

/*Permite que o usuário escreva data e hora pré-estabelecidos no PCF8583,
se ele desejar.*/

printf("Quer escrever uma amostra de data e hora\n\r"); /*Escreve 'Quer
        escrever uma amostra de data e hora' na primeira linha do terminal
        escolhido.*/

printf("Sab 18/11/23 17:35:00 no PCF8583? (S/N)\n\r"); /*Escreve 'Sab
        18/11/23 17:35:00 no PCF8583?' na segunda linha.*/

while(true) //Laço infinito
 {
  c = getc(); // Aguarda até que o usuário pressione uma tecla.
  c = toupper(c); //Converte caracteres minúsculos em maiúsculos.

  if(c == 'S') //Se 'c' for igual a 's' ou 'S', faz
   {
    dt.month = 11; // Novembro
    dt.day = 18; // 18
```

```
      dt.year = 23; // 2023
      dt.hours = 17; // 17 horas
      dt.minutes = 35; // 35 minutos
      dt.seconds = 00; // 00 segundos
      dt.weekday = 6; // Sab (0 = Dom., 1 = Seg. etc.)

      PCF8583_set_datetime(&dt); //Escreve a data e a hora no PCF8583.
      printf("\n\r"); //Pula para a linha seguinte.
      printf("Nova data e hora escritas no PCF8583.\n\r"); /*Escreve 'Nova data
            e hora escritas no PCF8583.' no terminal e pula para a linha
            seguinte.*/

      break; //Encerra o processo.
     }
    if(c == 'N') //Se o caractere for 'n' ou 'N'.
      break; //Encerra o processo.
   }

 printf("\n\r"); //Pula para a linha seguinte.
 printf("Lendo data e hora do PCF8583:\n\r"); /*Escreve 'Lendo data e hora do
            PCF8583:' e pula para a linha seguinte.*/

 //Lê a data e a hora do PCF8583 e as atualiza no display a cada segundo.

 while(true) //Laço infinito
  {
   delay_ms(500); /*Tempo decorrido entre as atualizações de data e hora
            no terminal e no display.*/
   PCF8583_read_datetime(&dt); //Lê data e hora do PCF8583.
   strcpy(weekday, weekday_names[dt.weekday]); /*Copia o conteúdo da
            variável dt.weekday na variável weekday.*/
   printf("%s %u/%u/%02u %u:%02u:%02u\n\r", weekday, dt.day, dt.month,
            dt.year, dt.hours, dt.minutes, dt.seconds); /*Escreve o dia da
            semana, o dia do mês, o mês, o ano, a hora, os minutos e os
            segundos no terminal utilizado.*/
   printf(write_display,"\f%s   %u/%u/%02u",weekday,dt.day,dt.month,dt.year);
            /*Escreve o dia da semana, o dia do mês, o mês e o ano na primeira
            linha do display de cristal líquido.*/
   printf(write_display,"\n%u:%02u:%02u",dt.hours, dt.minutes, dt.seconds);
            /*Escreve horas, minutos e segundos na segunda linha do display.*/
  }
}
```

Circuito

O circuito para o exemplo 17.2, 'rtc2_8583', é visto na figura 17.7, abaixo.

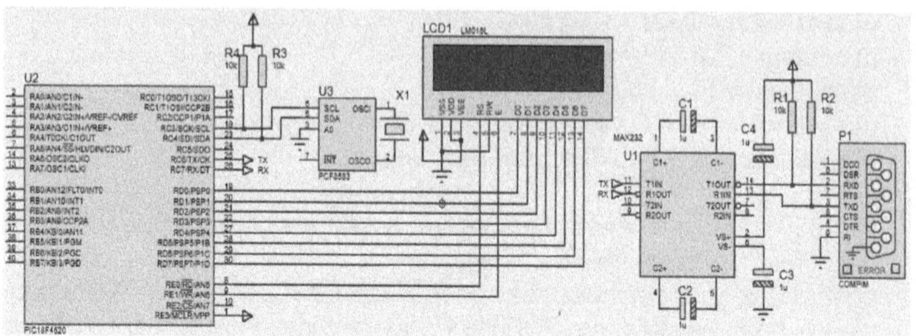

Fig. 17.7 – Circuito utilizado com o exemplo 17.2, 'rtc2_8583'

A única diferença deste programa e do circuito correspondente em relação aos do exemplo 17.1, é o acréscimo do display de cristal líquido.

Como neste programa também não é possível o ajuste do horário e/ou da data por meio de botões ou teclas, deve-se proceder como recomendado no exemplo anterior, programando-se data e hora atuais, a serem salvas no PCF8583 ao se pressionar a tecla 's', de confirmação.

Na figura 17.8 se vê a tela do terminal logo após alimentar o circuito ou pressionar o botão reset e em seguida apertar a tecla 's'.

```
rtc2_8583 - HyperTerminal
Arquivo  Editar  Exibir  Chamar  Transferir  Ajuda

Quer escrever uma amostra de data e hora
Sab 18/11/23 17:35:00 no PCF8583? (S/N)

Nova data e hora escritas no PCF8583.

Lendo data e hora do PCF8583:
Sab 18/11/23 17:35:00
Sab 18/11/23 17:35:01
```

Fig. 17.8 – Tela do terminal serial logo após se alimentar o circuito e pressionar a tecla 's'

A figura 17.9, a seguir, mostra a tela do terminal serial alguns minutos depois de termos pressionado a tecla 's'.

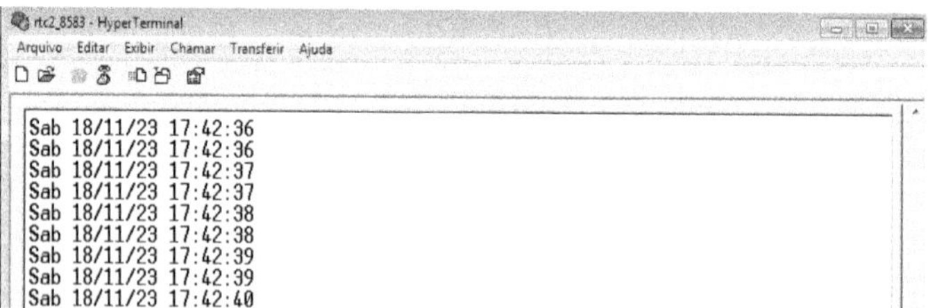

```
rtc2_8583 - HyperTerminal
Arquivo  Editar  Exibir  Chamar  Transferir  Ajuda

Sab 18/11/23 17:42:36
Sab 18/11/23 17:42:36
Sab 18/11/23 17:42:37
Sab 18/11/23 17:42:37
Sab 18/11/23 17:42:38
Sab 18/11/23 17:42:38
Sab 18/11/23 17:42:39
Sab 18/11/23 17:42:39
Sab 18/11/23 17:42:40
```

Fig. 17.9 – Tela do HyperTerminal alguns minutos após a tecla 's' ter sido pressionada

Fig. 17.10 – Tela do display algum tempo depois da tecla 's' ter sido pressionada

A figura 17.10, acima, mostra o display do kit cerca de 30 minutos depois da tecla 's' ter sido pressionada.

O exemplo seguinte permite o ajuste do relógio por meio de botões e apresenta a data e a hora somente em um display de cristal líquido.

Exemplo 17.3: rtc3_8583

```
/*Este programa utiliza o RTC PCF8583 e ajusta o horário por meio de três
botões, um deles habilita os ajustes, o outro permite ajustar horas e o terceiro
permite ajustar minutos.*/

#include <18f4520.H> //Header do microcontrolador utilizado
#fuses hs, nowdt, noprotect, brownout, put, nolvp //Bits de configuração
#use delay(clock=8MHz) //Frequência de operação do PIC
#include <display_8bits.c> /*Inclusão do driver do display de cristal líquido no
          programa*/
#include <PCF8583.c> //Inclusão do driver do PCF8583 no programa

char weekday[8]; /*Declara a variável 'weekday' (dia da semana) como uma
          matriz de caracteres de 7 elementos.*/

void main() //Função principal
{
port_b_pullups(true); //Habilita os resistores de pullup do portB
set_tris_b(0x0f); //Torna os MSBs do portB saídas e os LSBs entradas.
output_b(0x0f); //Coloca as saídas 4 a 7 do portB em nível baixo para
          //permitir o uso do teclado do kit.
date_time_t dt; //Declara a variável 'dt' como data e hora.
display_ini(); //Inicializa o display de cristal líquido.
PCF8583_init(); //Inicializa o rtc.
dt.month = 11; // Novembro
dt.day = 18; // 18
dt.year = 23; // 2023
dt.hours = 18; // 18 horas
dt.minutes = 45; // 45 minutos
dt.seconds = 00; // 00 segundos
dt.weekday = 6; // Sab (0 = Dom., 1 = Seg. etc.)

PCF8583_set_datetime(&dt); //Escreve data e hora escolhidos no PCF8583.

while(true) //Laço infinito
 {
  delay_ms(1000); /*Tempo decorrido entre as atualizações do horário no
          display.*/
  PCF8583_read_datetime(&dt); //Lê data e hora do PCF8583.
  strcpy(weekday, weekday_names[dt.weekday]); /*Copia o conteúdo da
          variável dt.weekday na variável weekday.*/
  printf(write_display,"\f%s  %u/%u/%02u",weekday,dt.day,dt.month,dt.year);
```

```
        /*Limpa o display e escreve o dia da semana, o dia do mês, o mês e
        o ano na primeira linha.*/
printf(write_display,"\n%u:%02u:%02u",dt.hours, dt.minutes, dt.seconds);
        /*Pula para a segunda linha do display e escreve horas,
        minutos e segundos a partir da primeira coluna.*/

if(!input(pin_b0)) //Se o bit 0 do portB estiver em nível baixo,
{
if(!input(pin_b1)) //e se b1 for igual a 1,
{
dt.hours++; //incrementa horas.
if (dt.hours>23) dt.hours = 0; //Se hora > 23, faz hora igual a 0.
PCF8583_set_datetime(&dt); //Escreve a hora no PCF8583.
delay_ms(100); //Tempo de atraso para permitir o ajuste mais fácil da hora.
}
if(!input(pin_b2)) //Se b2 for igual a 1,
{
dt.minutes++; //incrementa minutos.
if (dt.minutes>59) dt.minutes = 0; //Se minuto > 59, faz minuto igual a 0.
PCF8583_set_datetime(&dt); //Escreve os minutos no display.
delay_ms(100); /*Tempo de atraso para permitir o ajuste mais fácil dos
        minutos.*/
}
}
}
}
```

Circuito

As figuras 17.11 e 17.12, abaixo, mostram o circuito utilizado para o programa do exemplo 17.3, 'rtc_8583' e a tela do display do kit, respectivamente.

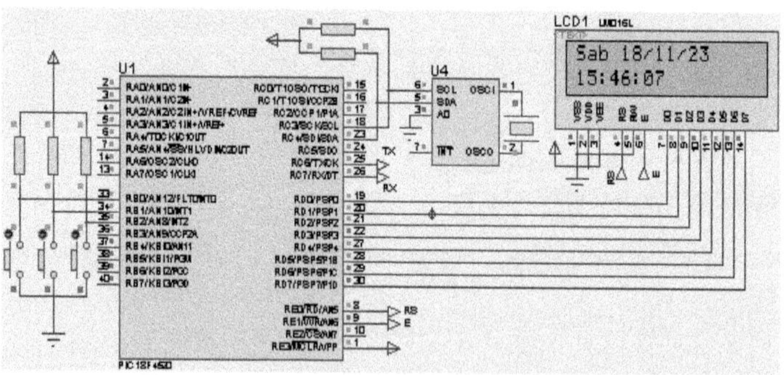

Fig. 17.11 – Circuito utilizado no exemplo 17.3, 'rtc3_8583'

Fig. 17.12 – Tela do display mostrando data e hora com o programa do exemplo 'rtc3_8583'

O exemplo 17.4, a seguir, apresenta um programa que mostra, data, hora e o resultado da conversão de uma tensão contínua que pode ser ajustada entre 0 e +24Vcc, em um terminal serial e em um display de cristal líquido.

Exemplo 17.4: rtc4_8583

```
/*Este programa mostra em um terminal serial e num display de cristal líquido
o resultado da conversão de uma tensão contínua que pode variar entre 0 e
+24V e a data e a hora em que essa tensão tem o valor apresentado. A data
inclui o dia da semana e a apresentação é feita no formato europeu, com o
dia antes do mês.*/

#include <18f4520.H> //Inclusão do header do PIC selecionado.
#device adc=10 //Seleciona conversão AD em 10 bits.
#fuses hs,nowdt,noprotect,brownout,put,nolvp //Bits de configuração do PIC
#use delay(clock=8MHz) //Frequência de operação do microcontrolador
#use rs232(baud=9600, xmit=PIN_C6, rcv=PIN_C7) /*Configuração da
          comunicação serial*/
#include <C:\Curso 18F\ctype.h> /*Inclusão da biblioteca ctype.h, que
          contém funções e macros para manipulação de caracteres.*/
#include <C:\Curso 18F\display_8bits.c> /*Inclusão do driver do display de
          cristal líquido no programa*/
#include <C:\Curso 18F\PCF8583.c> //Inclusão do driver do PCF8583

float ad; //Declara a variável 'ad' como float.

void main() //Função principal
{
char c; //Declara que a variável 'c' é do tipo caractere (char).
char weekday[8]; /*Declara a variável 'weekday' (dia da semana) como uma
          matriz de 8 elementos.*/
date_time_t dt; //Declara a variável 'dt' como data e hora.
display_ini(); //Inicializa o display de cristal líquido.
PCF8583_init(); //Inicializa o PCF8583.

setup_adc_ports(an0); //Apenas AN0 é configurada como entrada analógica.
setup_adc(adc_clock_internal); /*É informado que o conversor AD usará o
          clock interno.*/
set_adc_channel(0); //Configura o canal 0 para a leitura da tensão.

/*Permite que o usuário escreva data e hora pré-estabelecidos no PCF8583,
se ele desejar.*/
```

```
printf("Quer escrever uma amostra de data e hora\n\r"); /*Escreve 'Quer
        escrever uma amostra de data e hora' no terminal e pula para a linha
        seguinte.*/
printf("18/11/23 18:35:00 (Sab) no PCF8583? (S/N)\n\r"); /*Escreve
        '18/11/23 18:35:00 (Sab) no PCF8583? (S/N)' na segunda linha e
        pula para a linha seguinte.*/

while(true) //Laço infinito
 {
  c = getc(); // Aguarda até que o usuário pressione uma tecla.
  c = toupper(c); //Converte letras minúsculas em maiúsculas.
  if(c == 'S') //Se 'c' for igual a 's' ou 'S',
   {
    dt.month = 11; // Novembro
    dt.day = 18; // 18
    dt.year = 23; // 2023
    dt.hours = 18; // 18 horas
    dt.minutes = 35; // 35 minutos
    dt.seconds = 00; // 00 segundos
    dt.weekday = 6; // Sab (0 = Dom., 1 = Seg. etc.)

    pcf8583_set_datetime(&dt); //Escreve data e hora no PCF8583.
    printf("\n\r"); //Pula para a linha seguinte.
    printf("Nova data e hora escritas no PCF8583.\n\r"); /*Escreve 'Nova data
        e hora escritas no PCF8583.' e pula para a linha seguinte.*/

    break; //Encerra o processo.
   }

  if(c == 'N') //Se 'c' for igual 'n' ou 'N',
    break; //Encerra o processo.
 }

printf("\n\r"); //Pula uma linha.
printf("Lendo data e hora do PCF8583:\n\r"); /*Escreve 'Lendo data e hora do
        PCF8583:' e pula uma linha.*/

//Lê a data e a hora do PCF8583 e as atualiza no display a cada segundo.

while(true) //Laço infinito
 {
  delay_ms(500); /*Tempo decorrido entre as atualizações no terminal e no
        display.*/
  ad = read_adc(); //Faz a conversão AD e salva o resultado na variável 'ad'.
  pcf8583_read_datetime(&dt); //Lê data e hora do PCF8583.
  strcpy(weekday, weekday_names[dt.weekday]); /*Copia o conteúdo da
        variável dt.weekday na variável weekday.*/
  printf("%s  %u/%u/%02u  %u:%02u:%02u\n\r",weekday,dt.day,dt.month,
        dt.year, dt.hours, dt.minutes, dt.seconds); /*Escreve data e hora no
```

```
      terminal serial.*/
   printf("%2.1fV \n\r",(24*ad)/1023); /*Escreve o valor da tensão já em seu
      formato correto em Volts, a partir do início da linha seguinte no
      terminal serial.*/
   printf(write_display,"\f%s     %02u/%02u/%02u",weekday,dt.day,dt.month,
      dt.year); /*Limpa o display e escreve dia da semana, dia do mês,
      mês e ano na primeira linha do display a partir da primeira coluna.*/
   printf(write_display,"\n%u:%02u:%02u     %2.1fV",     dt.hours,dt.minutes,
      dt.seconds,(24*ad)/1023); /*Escreve horas, minutos e segundos a
      partir da primeira coluna da segunda linha do display, deixa um
      espaço e escreve o valor da tensão já em seu formato correto em
      Volts.*/
   }
}
```

Circuito

O circuito utilizado para o exemplo 17.4, 'rtc4_8583', é mostrado na figura 17.13, abaixo.

LCD1
R4
R3
R5
U2
U3
X1
RV1
C1
R1
R2
C4
P1
U1
TX
RX
C2
C3

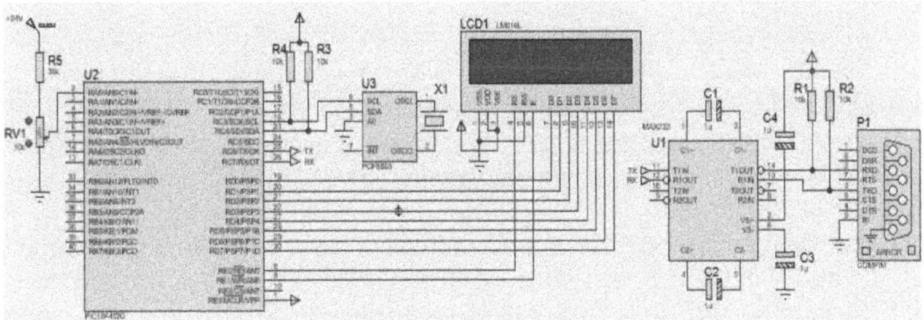

Fig.17.13 – Circuito utilizado com o exemplo 17.4, 'rtc4_8583'

A figura 17.14, abaixo, mostra o display do kit de desenvolvimento com a data, a hora e o valor da tensão convertida. A figura 17.15 apresenta parte da tela do terminal PuTTY correspondente.

Sab 18/11/23
18:38:15 22.9V

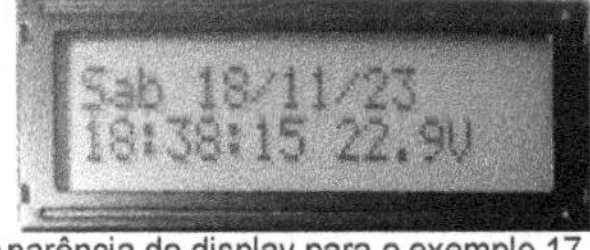

Fig. 17.14 – Aparência do display para o exemplo 17.4, 'rtc4_8583'

COM6 - PuTTY
Sab 18/11/23 18:35:17
23.1V
Sab 18/11/23 18:35:18
22.9V
Sab 18/11/23 18:35:18

Fig.17.15 – Aparência das informações do exemplo 17.4, 'rtc4_8583' no terminal PuTTY

A figura 17.16, a seguir, mostra data, hora e a tensão convertida, como aparecem no HyperTerminal para o exemplo 17.4, 'rtc4_8583'.

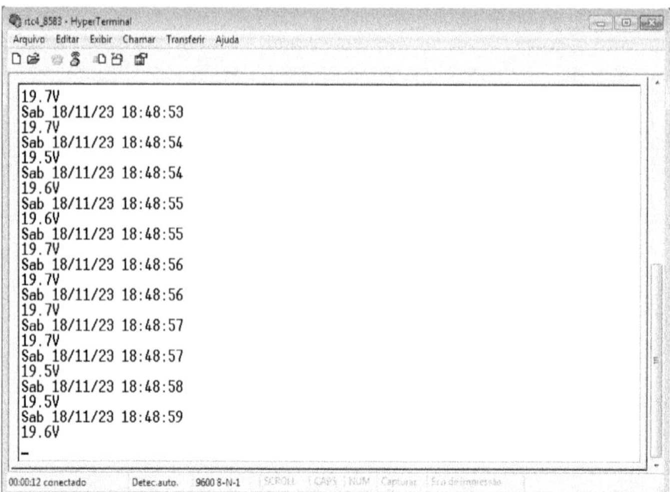

Fig.17.16 – Aparência das informações do exemplo 17.4, 'rtc4_8583' no HyperTerminal

Obs.: Os horários e os valores de tensão nas figuras 17.14, 17.15 e 17.16 são diferentes entre si porque foram obtidos em ocasiões diferentes e com outros ajustes do potenciômetro do kit de desenvolvimento.

Nota: Em todos os programas dos exemplos neste capítulo, com exceção do de número 3, é necessário que após estabelecer a comunicação por meio do terminal escolhido, o circuito ou o kit seja resetado, caso contrário a pergunta com a opção de escolha da data e hora de início do RTC não será mostrada.

De todo modo, se for pressionado 'S' ou 'N' no teclado do computador, mesmo que não se tenha reiniciado ou desligado e religado o circuito após o estabelecimento da comunicação, o relógio será carregado com um valor inicial, e data e hora serão mostrados e atualizados continuamente.

Apenas as informações no display do programa do exemplo 3 podem ser vistas no simulador, uma vez que é necessário estabelecer a comunicação com o kit para que isso seja possível, o que só será estudado no último capítulo deste livro.

Capítulo 18 – Teclado Matricial

18.1 – Introdução

Os teclados matriciais, como se pode imaginar, funcionam usando referências de linhas e colunas, como em um sistema de coordenadas de um mapa, que identificam onde se encontram os caracteres a serem impressos ou transmitidos.

Para facilitar o uso do teclado matricial, será criado um arquivo driver, ao qual daremos o nome '16teclas.c', que funcionará com os programas que envolvem esse tipo de dispositivo.

Observações:

1. Inicialmente deve-se criar o arquivo '16teclas.c', de modo que ele possa ser incluído no projeto. Esse arquivo pode ser copiado daquele que é explicado a seguir e depois colado na área de trabalho do MPLAB ou do MPLAB X, após ter sido escolhida a opção 'File new'. Depois de feita a colagem na área de trabalho, o arquivo '16teclas.c' deve ser salvo (Save file) na pasta em que nossos projetos são guardados (em nosso caso, 'Curso 18F') ou na própria pasta em que está o programa, 'teclado1.c'.
2. Para o exemplo 18.1, é interessante que se copiem os arquivos 'display_8bits.c' e '16teclas.c' para a mesma pasta do projeto ou para a pasta 'Curso 18F', onde estão todos os nossos programas que usam o PIC.

18.2 – O arquivo 16teclas.c

O arquivo '16teclas.c' faz a varredura das teclas. É acionada uma tecla por vez e logo após a ativação de cada vertical, é feita a leitura de cada uma das horizontais e, se uma tecla tiver sido pressionada, o caractere correspondente à tecla pressionada é passado para a variável 'tec' que retorna este valor para a função pela qual foi chamada.

```
//Definições da matriz do teclado

#define hor1 pin_b0 //Informa ao compilador que hor1 é o mesmo que pin_b0.
#define hor2 pin_b1 //Informa ao compilador que hor2 é o mesmo que pin_b1.
#define hor3 pin_b2 //Informa ao compilador que hor3 é o mesmo que pin_b2.
#define hor4 pin_b3 //Informa ao compilador que hor4 é o mesmo que pin_b3.
#define ver1 pin_b4 //Informa ao compilador que ver1 é o mesmo que pin_b4.
#define ver2 pin_b5 //Informa ao compilador que ver2 é o mesmo que pin_b5.
#define ver3 pin_b6 //Informa ao compilador que ver3 é o mesmo que pin_b6.
#define ver4 pin_b7 //Informa ao compilador que ver4 é o mesmo que pin_b7.

char tec; //Declara que a variável 'tec' é do tipo char.
int1 prestec; //Declara a variável 'prestec' como int1 (booleana).
```

```
char scantec(void) /*Função 'scantec', que determina qual foi o botão
        pressionado*/
{
char tec = ' '; //Declara a variável 'tec' como 'char' e a inicializa como ' '.

output_high(ver2); //Desativa a segunda vertical.
output_high(ver3); //Desativa a terceira vertical.
output_high(ver4); //Desativa a quarta vertical.
output_low(ver1); //Ativa a primeira vertical.

if(!input(hor1)) tec = '1'; /*Se o botão da horizontal 1 na primeira vertical for
        pressionado, faz tec = 1.*/
if(!input(hor2)) tec = '4'; /*Se o botão da horizontal 2 na primeira vertical for
        pressionado, faz tec = 4.*/
if(!input(hor3)) tec = '7'; /*Se o botão da horizontal 3 na primeira vertical for
        pressionado, faz tec = 7.*/
if(!input(hor4)) tec = '*'; /*Se o botão da horizontal 4 na primeira vertical for
        pressionado, faz tec = .*/

output_high(ver1); //Desativa a primeira vertical.
output_low(ver2); //Ativa a segunda vertical.
if(!input(hor1)) tec = '2'; /*Se o botão da horizontal 1 na segunda vertical for
        pressionado, faz tec = 2.*/
if(!input(hor2)) tec = '5'; /*Se o botão da horizontal 2 na segunda vertical for
        pressionado, faz tec = 5.*/
if(!input(hor3)) tec = '8'; /*Se o botão da horizontal 3 na segunda vertical for
        pressionado, faz tec = 8.*/
if(!input(hor4)) tec = '0'; /*Se o botão da horizontal 4 na segunda vertical for
        pressionado, faz tec = 0.*/

output_high(ver2); //Desativa a segunda vertical.
output_low(ver3); //Ativa a terceira vertical.

if(!input(hor1)) tec = '3'; /*Se o botão da horizontal 1 na terceira vertical for
        pressionado, faz tec = 3.*/
if(!input(hor2)) tec = '6'; /*Se o botão da horizontal 2 na terceira vertical for
        pressionado, faz tec = 6.*/
if(!input(hor3)) tec = '9'; /*Se o botão da horizontal 3 na terceira vertical for
        pressionado, faz tec = 9.*/
if(!input(hor4)) tec = '#'; /*Se o botão da horizontal 4 na terceira vertical for
        pressionado, faz tec = #.*/

output_high(ver3); //Desativa a terceira vertical.
output_low(ver4); //Ativa a quarta vertical.

if(!input(hor1)) tec = 'A'; /*Se o botão da horizontal 1 na quarta vertical for
        pressionado, faz tec = A.*/
if(!input(hor2)) tec = 'B'; /*Se o botão da horizontal 2 na quarta vertical for
        pressionado, faz tec = B.*/
```

```
if(!input(hor3)) tec = 'C'; /*Se o botão da horizontal 3 na quarta vertical for
        pressionado, faz tec = C.*/
if(!input(hor4)) tec = 'D'; /*Se o botão da horizontal 4 na quarta vertical for
        pressionado, faz tec = D.*/

output_high(ver4); //Desativa a quarta vertical.
return(tec); //Retorna o valor de 'tec'.
}

char proctec(void) /*Função 'proctec', para o processamento dos botões
        pressionados.*/
{
int t; //Declara a variável 't' como sendo do tipo int.
t=scantec(); /*Chama a função 'scantec()', verifica se há uma tecla
        pressionada e guarda o que retornar na variável 't'.*/
 if((t != ' ') && (!prestec)) /*Se houver tecla pressionada e 'prestec' estiver em
        nível lógico zero,*/
 {
 prestec = 1; //inicializa a variável 'prestec' com o valor 1.
  if (t != tec) //Se a tecla atual for diferente da anterior,
  {
  delay_ms(10); //atrasa 10ms,
   if (scantec() == t) /*lê novamente as teclas e verifica se a mesma tecla ainda
        está pressionada.*/
   return (t); /*Se a mesma tecla ainda estiver pressionada, retorna o caractere
        da tecla.*/
  }
 }
prestec = 0; //Faz 'prestec' = 0.
}
```

Obs.: o último trecho do arquivo, **if((t!= ' ')&&(!prestec))** e o bloco que se segue a esse comando, tem a função que chamamos de anti-bouncing, que aqui é feito por software. Seu objetivo é evitar os efeitos do rebatimento dos contatos das teclas.

A função **char scantec(void)**

Essa função é responsável pela varredura do teclado. O teclado está ligado ao portB na forma de linhas e colunas e nessa função se ativa uma coluna de cada vez e se verifica a condição de cada uma das linhas associadas a essa coluna.

A função 'scantec(void)' não recebe nenhum valor, mas ela ***retorna um valor do tipo char*** que é o resultado da variável '**tec**'. Note-se que, para se retornar o valor de uma função, é utilizado o comando **return** e entre parênteses vai o valor a ser retornado, no caso, **return** (tec).

Observação importante:

Ao utilizar o kit V3.0, é necessário retirar o jumper ***JP10-1***, caso contrário ao se pressionar os botões 1, 2, 3 ou A, isso não será considerado pelo PIC, ou seja, os algarismos 1, 2, 3 e a letra A não aparecerão na tela do RComSerial, do HyperTerminal, nem do PuTTY.

18.3 – Exemplos de aplicação

O programa a seguir tem por objetivo permitir a escrita dos 16 caracteres do teclado matricial existente na placa de desenvolvimento. Com esse programa, quando uma das teclas for pressionada, o caractere correspondente será escrito na segunda linha do display de cristal líquido, ao mesmo tempo em que é escrito na janela 'RX – Recebe mensagem', disponibilizada pelo software 'RComSerial'. A utilização deste software e o uso da USART foram explicados detalhadamente, a partir da página 429, no capítulo 13 deste livro. O HyperTerminal também pode ser utilizado para o mesmo fim. A instalação e o uso do HyperTerminal também estão descritos no capítulo 13, a partir da página 444. O uso do PuTTY é visto a partir da página 459.

Caso se utilize o *HyperTerminal* recomenda-se utilizar o programa a seguir:

Exemplo 18.1: teclado1

```
/*Com este programa, o que for digitado no teclado matricial do kit pode ser
lido tanto no display de cristal líquido, quanto no HyperTerminal, na tela do
software RcomSerial ou do PuTTY.*/

#include<18F4520.h> //Inclusão do header (*.h)  para o microcontrolador
        //utilizado
#use delay (clock=8MHz) /*Definição da frequência de operação para o
        cálculo dos delays*/
#fuses hs, nowdt, put, brownout, nolvp //Configuração dos fusíveis
#use rs232(baud=9600, xmit = pin_c6, rcv = pin_c7) //Configuração da
        //USART
#include "C:\Curso 18F\display_8bits.c" /*Inclusão do arquivo 'display_8bits.c'
        no programa*/
#include "C:\Curso 18F\16teclas.c" //Inclusão do arquivo '16teclas.c' no
        //programa

int conta=0; /*Declaração e inicialização da variável auxiliar 'conta' para
        posicionamento do cursor no display de cristal líquido*/

void main() //Função principal
{
port_b_pullups(true); //Habilita os resistores de pullup.
display_ini(); //Inicializa o display de cristal líquido.

//Escreve o seguinte na saída serial:
```

```
printf("\fTeste do programa teclado matricial\r\n");
printf("======================================\r\n");
printf("Kit de desenvolvimento PRO V3.0\r\n");
printf("Microcontrolador PIC18F4520;\r\n");
printf("Baudrate = 9600 BPS;\r\n");
printf("DataBits = 8\r\n");
printf("\r\n");
printf("Lê a tecla digitada no teclado,");
printf("\r\nmostrando no display e na saída serial.\r\n");

//Escreve as seguintes mensagens no display de cristal líquido:

printf(write_display,"\f    PIC18F4520"); /*Escreve 'PIC18F4520' na primeira
        linha a partir da 4ª coluna.*/
printf(write_display,"\n     Teclado"); /*Escreve 'Teclado' na segunda linha a
        partir da 5ª coluna.*/
delay_ms(1000); //Atraso de 1 segundo
printf(write_display,"\f"); //Limpa o display.
printf(write_display,"Digite:\n"); /*Escreve 'Digite:' na primeira linha e pula
        para a linha seguinte.*/
prestec=0; /*Inicializa a variável 'prestec' com o valor 0. Esta variável é
        declarada no arquivo '16teclas.c', como sendo do tipo 'boolean'.*/

 while(true) //Laço infinito
 {
 tec = proctec(); /*Chama a função 'proctec()', que está no arquivo '16teclas.c'
        e guarda seu resultado na variável 'tec'.*/

if (prestec) //Se alguma tecla for pressionada e
  {
   if (conta>=16) /*se a variável 'conta' for maior do que ou igual a 16,*/
   {
   conta = 0; //zera a variável 'conta',
   display_pos_xy(1,2); /*posiciona o cursor na coluna 1, linha 2 do LCD,*/
   printf(write_display,"                "); //limpa a linha 2 (16 espaços),
   display_pos_xy(1,2); //posiciona o cursor na coluna 1, linha 2 do LCD,
   }
  printf(write_display,"%c", tec); /*escreve o caractere correspondente à tecla
        pressionada no display*/
  printf("%c",tec); /*e escreve o caractere correspondente à tecla pressionada
        na saída serial.*/
  conta++; //Incrementa a variável 'conta'.
  }
 prestec = 0; //Zera a variável 'prestec' para esperar a próxima tecla.
 }
}
```

Caso de se utilize o software *RComSerial* recomenda-se o programa a seguir:

Exemplo 18.2: teclado2

```
/*Com este programa, o que for digitado no teclado matricial do kit pode ser lido tanto no display de cristal líquido quanto na tela do HyperTerminal, do RcomSerial ou do PuTTY.*/

#include<18F4520.h> //Inclusão do header (*.h) para o microcontrolador
        //utilizado
#use delay (clock=8MHz) /*Definição da frequência de operação para o
        cálculo dos delays*/
#fuses hs, nowdt, put, brownout, nolvp //Bits de configuração do PIC
#use rs232(baud=9600, xmit = pin_c6, rcv = pin_c7) //Configuração da
        //USART
#include "C:\Curso 18F\display_8bits.c" /*Inclusão do arquivo 'display_8bits'
        no programa*/
#include "C:\Curso 18F\16teclas.c" //Inclusão do arquivo '16teclas' no
        //programa

int conta=0; /*Declaração e inicialização da variável auxiliar 'conta' usada para
        o posicionamento do cursor no display de cristal líquido*/
int conta1=0; /*Declaração e inicialização da variável auxiliar 'conta1' para o
        posicionamento do cursor na tela apresentada pelo terminal de
        comunicação serial (RComSerial, HyperTerminal ou PuTTY)*/

void main() //Função principal
{
port_b_pullups(true); //Habilita os resistores de pullup.
display_ini(); //Inicializa o LCD.

//Escreve o seguinte na saída serial:

printf("\fTeste do programa teclado matricial\r\n");
printf("====================================\r\n");
printf("Kit de desenvolvimento PRO V3.0\r\n");
printf("Microcontrolador PIC18F4520;\r\n");
printf("Baudrate = 9600 BPS;\r\n");
printf("DataBits = 8\r\n");
printf("\r\n");
printf("Faz a leitura da tecla digitada no teclado,");
printf("\r\nmostrando no display e na saída serial.\r\n");

//Escreve as seguintes mensagens no display de cristal líquido:

printf(write_display,"\f    PIC18F4520"); /*Escreve 'PIC18F4520' na primeira
        linha a partir da 4ª coluna.*/
printf(write_display,"\n     Teclado"); /*Escreve 'Teclado' na segunda linha a
        partir da 5ª coluna.*/
delay_ms(1000); //Atraso de 1 segundo
printf(write_display,"\f"); //Limpa o display.
```

```
printf(write_display,"Digite:\n"); /*Escreve 'Digite:' na primeira linha e pula para
        a linha seguinte.*/
prestec=0; /*Inicializa a variável 'prestec' com o valor 0. Esta variável é
        declarada no arquivo '16teclas.c' como sendo booleana.*/

while(TRUE) //Laço infinito
{
tec = proctec(); /*Chama a função 'proctec()', que está no arquivo '16teclas.c'
        e guarda seu resultado na variável 'tec'.*/

 if (prestec) //Se alguma tecla for pressionada, então:
 {
  if (conta>=16) //Se a variável conta >= 16, então:
  {
  conta = 0; //Zera a variável conta.
  display_pos_xy(1,2); //Posiciona o cursor na coluna 1 da linha 2 do LCD.
  printf(write_display,"                "); //Limpa a linha 2 (16 espaços).
  display_pos_xy(1,2); /*Posiciona o cursor na coluna 1 da linha 2 do LCD.*/
  }
  if (conta1>=35) //Se a variável conta1 >= 35, então:
  {
  conta1 = 0; //Zera a variável conta1.
  printf("\r\n"); /*Começa a impressão na 1ª coluna da linha seguinte da tela
        da interface RComSerial ou do HyperTerminal.*/
  }
 printf(write_display,"%c", tec); //Escreve no LCD, o caractere que
        //corresponde à tecla pressionada.
 printf("%c",tec); //Escreve na saída serial o caractere que corresponde à
        //tecla pressionada.
 conta++; //Incrementa a variável 'conta'.
 conta1++; //Incrementa a variável 'conta1'.
 }
prestec = 0; //Zera a variável 'prestec' para esperar a próxima tecla.
}
}
```

Obs.: a variável 'tecla' é declarada no arquivo '16Keys.c'.

Circuito

A figura 18.1 mostra o circuito utilizado com os exemplos 'teclado1' e 'teclado2'.

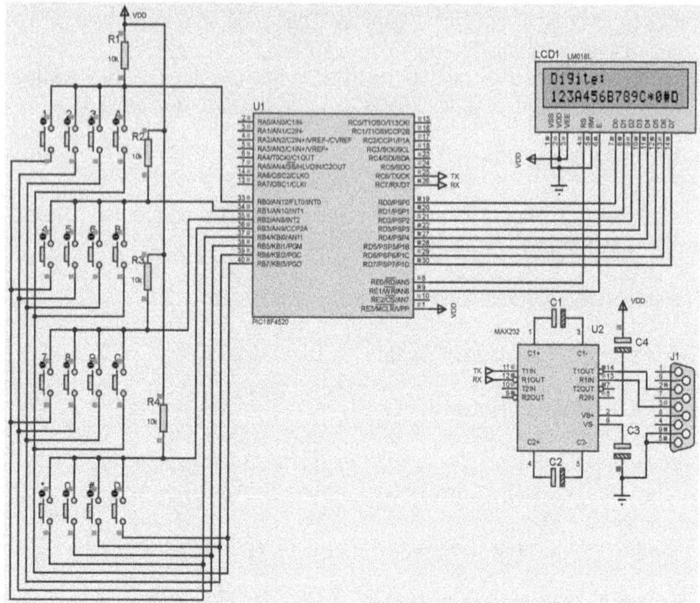

Fig. 18.1 – Circuito para os exemplos 'teclado1' e 'teclado2'

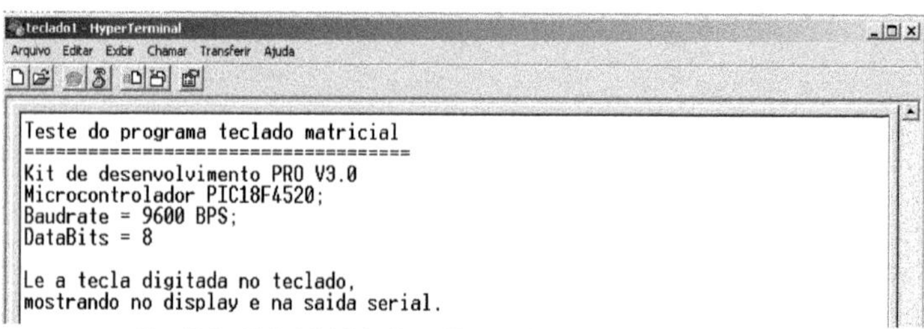

Fig. 18.2 – Tela inicial do HyperTerminal para o exemplo 'teclado1'

Na figura 18.2, acima, vemos o que é mostrado na tela do HyperTerminal, após a gravação no PIC18F4520, logo depois de ligar a alimentação, ou após o reset do kit de desenvolvimento, para o exemplo 'teclado1'.

A figura 18.3, a seguir, mostra a tela inicial do software RComSerial para o exemplo 'teclado2'.

Com o programa do exemplo 'teclado1', após a gravação do programa no PIC, depois do reset ou após ter sido aplicada a alimentação à placa (kit) de desenvolvimento (tendo sido escolhidas a porta e a velocidade corretas em nosso computador), tudo o que for digitado no teclado do kit, aparecerá na tela do HyperTerminal. Isso pode ser visto na figura 18.4, abaixo.

Fig. 18.3 – Tela inicial da RComSerial para o exemplo 'teclado2'

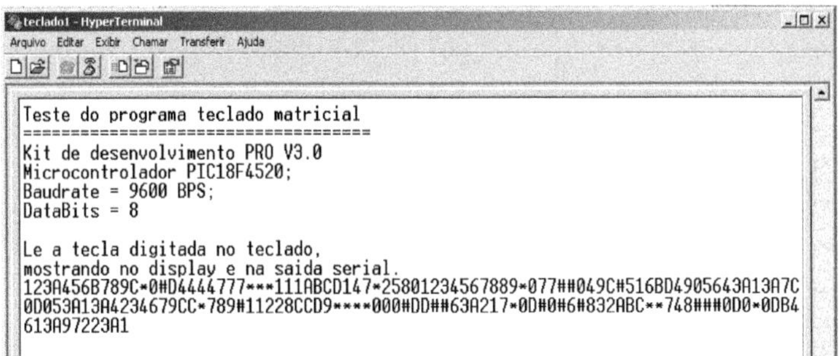

Fig. 18.4 – Tela do HyperTerminal mostrando os caracteres digitados, para o exemplo 'teclado1'

Se utilizássemos o mesmo programa para apresentar os caracteres digitados na tela da RComSerial teríamos algo semelhante ao mostrado na figura 18.5, abaixo.

Observe-se que o programa 'teclado1' não é adequado para ser usado com o software RComSerial, pois quando é alcançada a extremidade direita da tela os caracteres continuam sendo escritos sem mudar de linha, o que dificulta muito a leitura.

Por esse motivo alterou-se ligeiramente o programa, transformando-o em 'teclado2', que faz com que, ao ser alcançado o lado direito da tela, o próximo caractere seja escrito a partir da primeira coluna da linha seguinte.

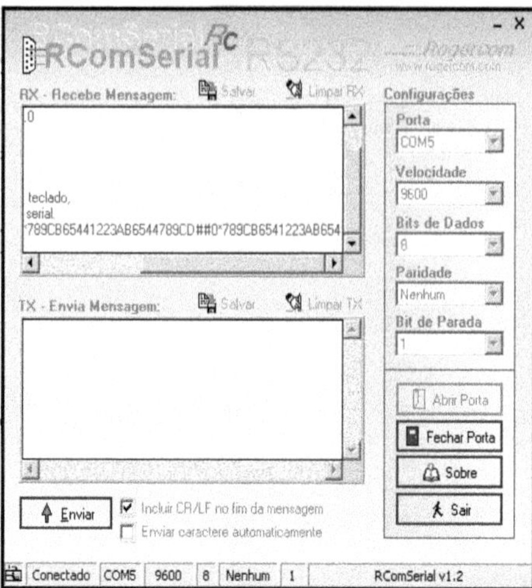

Fig. 18.5 – Tela do RComSerial para o exemplo 'teclado1' após a digitação de alguns caracteres

O resultado das alterações no programa 'teclado1' que o transformam no programa 'teclado2' pode ser visto na figura 18.6, abaixo:

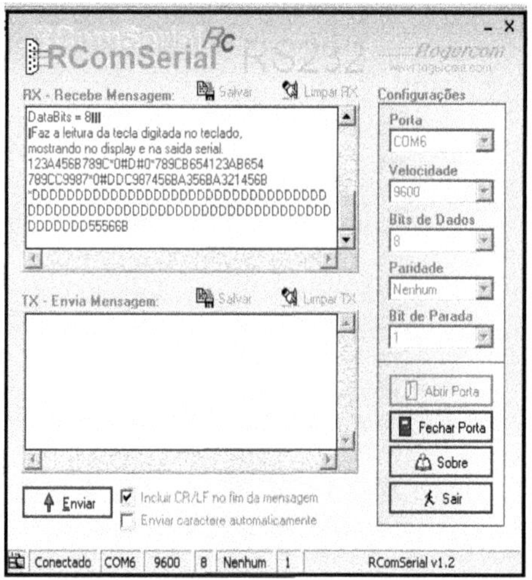

Fig. 18.6 – Tela do RComSerial para o exemplo 'teclado2' após a Digitação de um número de caracteres superior a 35.

Observe que o que digitamos: '123A456B789C*0#D#0*789CB654123A...', é escrito na tela da interface RComSerial a partir da 1ª coluna da linha seguinte ao que foi impresso após o reset da placa. No programa do exemplo 'teclado2', quando a digitação ultrapassa 35 caracteres, o próximo caractere é escrito a partir do início da linha seguinte e assim por diante. Isso ocorre porque introduzimos as instruções abaixo:

```
if (conta1>=35) //Se a variável conta1 >= 35, então:
{
conta1 = 0; //Zera a variável conta1.
printf("\r\n"); /*Começa a impressão na 1ª coluna da linha seguinte da tela da
          interface RComSerial.*/
}
```

Este procedimento foi adotado porque, ao passo que as linhas do display de cristal líquido permitem a escrita de, no máximo, 16 caracteres, é possível escrever um número bem maior de caracteres em uma linha da tela da interface RComSerial. Para a escolha de 35 caracteres por linha considerou-se o caractere 'D' que, por ser o mais largo, ocupa mais espaço na linha (consegue-se escrever, no máximo, 35 letras D em uma linha).

Para o RComSerial, valem os esclarecimentos a seguir:

Na janela 'RX - Recebe Mensagem', mostrada na figura 18.5, observa-se que o trecho de programa acrescentado no programa 'teclado2' não fazia parte do programa original e por este motivo o número de caracteres por linha era superior a 35. Observe-se que na figura 18.5 há 46 caracteres na última linha digitada.

Por outro lado, este programa, 'teclado2', não é adequado para o HyperTerminal, como pode ser visto abaixo, na figura 18.7, devendo-se utilizar preferencialmente o programa do exemplo 'teclado1'.

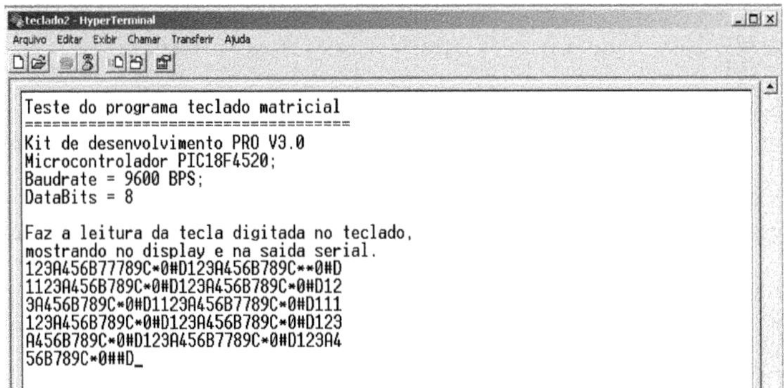

Fig. 18.7 – Tela do HyperTerminal mostrando os caracteres digitados no teclado matricial do kit com o programa do exemplo 'teclado2'

Embora a alteração não seja ideal, ainda assim introduz alguma melhoria.

Nota: *ambos os programas foram testados com o MPLAB IDE v8.92 e com o MPLAB X IDE v5.40. Observou-se que com o MPLAB IDE v8.92, o pressionamento das teclas 3, A, 6, B, 9, C, # e D não produziu efeito, mas com a versão MPLAB X IDE v5.40 ambos os programas funcionaram perfeitamente, no display e no terminal serial.*

Capítulo 19 – O PLL

19.1 – Introdução

O PLL, **P**hase-**L**ocked **L**oop (laço com fase sincronizada, às vezes chamado malha de captura de fase), é um circuito eletrônico com um oscilador controlado por uma tensão ou uma corrente, a qual é continuamente ajustada de modo a manter o sincronismo da frequência desse oscilador com a frequência do sinal de entrada.

Uma das principais aplicações do PLL, quando do uso de microcontroladores, é fazer com que o microcontrolador opere em uma frequência superior à do cristal oscilador utilizado, o que aumenta a velocidade do processamento. Podem-se obter frequências de operação de até 48MHz a partir de osciladores com frequências tão baixas quanto 4MHz.

Entre as vantagens de se utilizar o PLL ao invés de usar um cristal de frequência mais alta está o fato de ser mais fácil projetar um oscilador de 8MHz do que um de 32MHz ou 48MHz, uma vez que em frequências mais elevadas os cuidados com o projeto do circuito devem ser bem maiores. Além disso, o consumo de energia de um oscilador de frequência mais elevada, costuma ser mais alto.

As famílias de microcontroladores que compreendem os tipos PIC18F2420, PIC18F2520, PIC18F4420 e PIC18F4520 apresentam uma forma de tratamento para a utilização do módulo PLL *bem diferente* da utilizada pelos microcontroladores dos tipos PIC18F2455, PIC18F2550, PIC18F4455 e PIC18F4550, sendo que estes últimos incluem também o módulo USB.

A primeira família, a que apresenta entre eles o PIC18F4520, permite que se obtenham como frequência de operação do processador frequências que são 4 (quatro) vezes maiores do que a frequência do oscilador a cristal. Em outras palavras, se o cristal for de 4MHz, habilitando-se o módulo PLL, podemos fazer com que o microcontrolador opere a uma frequência de 16MHz. Caso se utilize um cristal de 8MHz a frequência de operação será 32MHz. A frequência máxima do cristal, caso seja utilizado o PLL, é de 10MHz, uma vez que a frequência limite de operação dessa família de processadores é 40MHz.

19.2 – Configurando o PIC18F4520 para uso do PLL

A forma de configuração para a utilização do módulo PLL ao se usar essa família de microcontroladores é bastante simples e é mostrada a seguir, onde consideramos, como exemplo, que o cristal oscilador é de 8MHz:

1. Substitui-se a diretiva #use delay (clock=8MHz) por **#use delay(crystal=8Mhz)**
2. Na linha seguinte utiliza-se novamente a diretiva #use delay, mas desta vez ela é usada para informar a frequência de operação do

microcontrolador, que é 4 vezes superior à do cristal: **#use delay(clock=32Mhz)**

3. Na diretiva #fuses, ao invés de 'hs', utiliza-se '**h4**', que é o modo de operação do oscilador.

Obs.: as diretivas #use delay(crystal=8Mhz) e #use delay(clock=32Mhz) não podem estar na mesma linha separadas por vírgula, pois, se isso for feito, ocorrerá um erro de compilação.

Abaixo é mostrado o início de um programa que utiliza o módulo PLL, no qual aparecem as linhas que contém as diretivas mencionadas acima, tendo-se destacado em negrito e itálico as informações de maior interesse:

#include <18f4520.h> /*Inclusão da biblioteca correspondente ao PIC utilizado no programa*/
#use delay(crystal=8MHz) //Diretiva para a habilitação do PLL (frequência //do cristal)
#use delay(clock=32MHz) /*Diretiva para a habilitação do PLL (frequência de operação do microcontrolador*/
#fuses ***h4***,nowdt,put,nolvp,brownout //Bits de configuração

Para os microcontroladores da família dos PIC18F2550 e PIC18F4550 a configuração é *completamente diferente*, assim como as considerações iniciais para a escolha da frequência do cristal oscilador.

Observação importante: notou-se que, ***pelo menos*** no caso dos PIC18F4550 de propriedade do autor, a inclusão da diretiva '#use delay(crystal=8MHz)' fez com que os programas não funcionassem, *embora tenham sido compilados normalmente*. Isso foi constatado ao testar programas que usam a USB.

No caso de microcontroladores que disponham do módulo USB, tais como o PIC18F2550 e o PIC18F4550, a frequência de saída do módulo PLL para o módulo USB é sempre 96MHz. A frequência de entrada para o PLL é sempre 4MHz (*mesmo que se utilizem cristais de frequências mais elevadas*).

As frequências dos cristais, ressonadores cerâmicos ou osciladores, para esses PICs, podem ser 4, 8, 12, 16, 20, 24, 40 ou 48MHz, todas elas múltiplas de 4MHz.

Os microcontroladores 18F2455/2550/4450 e 4550 da Microchip possuem os módulos PLL e USB e caso se deseje utilizar o módulo PLL deve-se seguir algumas orientações quanto à escolha dos bits de configuração.

19.3 – Bits de configuração no PIC18F4550, associados ao uso do PLL e seus significados *(CCS)*

pllx – onde 'x' pode ser qualquer um dos números 1, 2, 3, 4, 5, 6, 10 ou 12. O número 'x' indica o valor pelo qual a frequência do cristal, ressonador cerâmico ou oscilador deve ser dividido para se obter a frequência de entrada do PLL (sempre 4MHz). Por exemplo, para um cristal de 20MHz, 'x' deve ser igual a 5, pois 4MHz = 20MHz ÷ 5. Se, por outro lado, a frequência do cristal for 8MHz, devemos usar pll2 e assim por diante.

usbdiv – se esse bit de configuração estiver presente, isto significa que o uso do PLL está habilitado, ou seja, a frequência de saída do clock do PLL será sempre 96MHz para a USB e a do clock da CPU dependerá do valor do *fusível* cpudivx. Se o fusível (bit de configuração) 'usbdiv' não estiver presente, ou caso seja negado (nousbdiv), a frequência de operação da CPU será a do próprio cristal oscilador.

cpudivx – 'x' indica o valor pelo qual a metade da frequência de saída do PLL (48MHz) deverá ser dividida para se obter a frequência do clock da CPU. Caso se esteja no modo hspll, teremos os valores 1, 2, 3, 4 ou 6. Para cpudiv2 teremos o clock da CPU com 24MHz, pois 24MHz = 48MHz ÷ 2, para cpudiv6 teremos 8MHz, pois 8MHz = 48MHz ÷ 6, e assim por diante.

hspll – indica que utilizamos a frequência de saída do PLL/2 como *referência* para a frequência do clock da CPU. Se usarmos um cristal de 20MHz e cpudiv1 teremos a frequência do clock da CPU igual a 48MHz. Isso ocorre porque a frequência de saída do PLL é sempre 96MHz. Dividindo-se 96MHz por 2 e posteriormente por 1, teremos os 48MHz do clock para a CPU. Se fosse usado um cristal de 4, 8, 12, 16, 20, 24, 40 ou 48MHz, o resultado seria o mesmo.

hs – indica que utilizamos a frequência do cristal oscilador como referência para a frequência do clock da CPU. Se usarmos um cristal de 20MHz e cpudiv1 teremos que a frequência do clock para a CPU será 20MHz.

Vemos a seguir uma linha de um programa que contém os bits de configuração para os microcontroladores citados (18F2455/2550/4450 e 4550). Os bits de configuração (fusíveis) associados ao uso do PLL estão em negrito:

#fuses **hspll**, nowdt, noprotect, nolvp, nodebug, **usbdiv**, **pll2**, **cpudiv1**, vregen /*Bits de configuração*/

Na sequência mostram-se os significados dos bits em negrito no programa em questão, considerando-se que o circuito utilizado usa um cristal de 8MHz.

hspll – está sendo utilizado o PLL, logo a frequência de referência para a frequência do clock da CPU é 48MHz (96MHz/2).

usbdiv – o PLL está habilitado.

pll2 – a frequência do cristal deve ser dividida por 2 para que se obtenham os 4MHz para a entrada do PLL. *Isso ocorre porque está sendo utilizado um cristal de 8MHz, considerando-se que estamos usando um dos kits de desenvolvimento utilizados na preparação deste livro.*

cpudiv1– indica que a frequência do clock da CPU é 48MHz [(96MHz/2)]/1.

*Caso se utilize um cristal de 4MHz, deve-se usar o fusível **XTPLL**, ao invés de **HSPLL**, usado para cristais de frequências mais elevadas.*

Se quisermos que a CPU opere com clock de 48MHz, para obter o máximo desempenho, deve-se utilizar sempre **cpudiv1**. Observe-se o fusível **PLLx**, em que se divide a frequência do cristal para obter os 4MHz necessários à frequência de entrada do PLL.

Estes bits de configuração, estão destacados em negrito e podem ser vistos abaixo, observando-se que à esquerda está a frequência do cristal utilizado:

4MHz: #Fuses ***XTPLL***, NOWDT, NOPROTECT, NOLVP, NODEBUG, USBDIV, ***PLL1***, ***CPUDIV1***, VREGEN

8MHz: #Fuses ***HSPLL***, NOWDT, NOPROTECT, NOLVP, NODEBUG, USBDIV, ***PLL2***, ***CPUDIV1***, VREGEN

12MHz: #Fuses ***HSPLL***, NOWDT, NOPROTECT, NOLVP, NODEBUG, USBDIV, ***PLL3***, ***CPUDIV1***, VREGEN

16MHz: #Fuses ***HSPLL***, NOWDT, NOPROTECT, NOLVP, NODEBUG, USBDIV, ***PLL4***, ***CPUDIV1***, VREGEN

20MHz: #Fuses ***HSPLL***, NOWDT, NOPROTECT, NOLVP, NODEBUG, USBDIV, ***PLL5***, ***CPUDIV1***, VREGEN

24MHz: #Fuses ***HSPLL***, NOWDT, NOPROTECT, NOLVP, NODEBUG, USBDIV, ***PLL6***, ***CPUDIV1***, VREGEN

40MHz: #Fuses ***HSPLL***, NOWDT, NOPROTECT, NOLVP, NODEBUG, USBDIV, ***PLL10***, ***CPUDIV1***, VREGEN

48MHz: #Fuses ***HSPLL***, NOWDT, NOPROTECT, NOLVP, NODEBUG, USBDIV, ***PLL12***, ***CPUDIV1***, VREGEN

Capítulo 20 – USB

20.1 – Introdução

A **USB**, **U**niversal **S**erial **B**us (barramento serial universal) é usada como um recurso para dispositivos periféricos se comunicarem com um computador pessoal. A CCS dispõe de bibliotecas para permitir a comunicação de um PIC com um microcomputador usando a USB. Essas bibliotecas podem ser usadas com um PIC que tenha o módulo USB interno (tal como o PIC16C765 ou a família PIC18F4550) ou com qualquer PIC junto com um periférico USB externo (por exemplo, a família National USBN9603).

Esse módulo, USB, possui uma grande quantidade de registradores associados a ele. Aqui apenas os relacionaremos, pois não necessitamos nos preocupar com seu gerenciamento, que será feito pelo compilador, devendo o programador, no entanto, fornecer os parâmetros corretos quando e onde necessário. Os registradores associados ao módulo USB estão listados abaixo:

INTCON, IPR2, PIE2, UCFG, USTAT, UADDR, UIR, UIE, UEIR, UEIE e UEPn

Toda e qualquer informação sobre esses registradores e seus bits pode ser obtida no datasheet do PIC18F4550 (ou dos PICs 18F2455, 18F2550 e 18F4455).

Os ítens 20.2 a 20.5, a seguir, esclarecem as funções utilizadas no uso da USB, embora esses esclarecimentos não sejam fundamentais para o uso desse recurso. A utilização prática do recurso USB será bem entendida pelo estudo dos programas exemplos que veremos neste capítulo.

20.2 – Funções relevantes *(CCS)*

usb_init() Inicializa o hardware USB e então irá esperar em um laço infinito até que o periférico USB seja conectado ao barramento (mas isso não significa que ele tenha sido enumerado pelo PC). Habilitará e usará a interrupção pela USB. A **enumeração** é a atividade que identifica e atribui endereços únicos para os dispositivos ligados ao barramento.

usb_task() Se for utilizado sensor de conexão (connection sense) e a função usb_init() para a inicialização, deve-se chamar essa função periodicamente para manter o pino sensor de conexão sob vigilância. Quando o PIC é conectado ao barramento, esta função irá preparar o periférico USB. Quando o PIC é desconectado do barramento, ela resetará a pilha operacional (stack) USB e o periférico. Habilitará e usará a interrupção pela USB.

Nota: nessa aplicação deve-se definir ***usb_con_sense_pin*** como o pino sensor da conexão.

usb_enumerated() Retorna TRUE (verdadeiro) se o dispositivo tiver sido enumerado pelo PC. ***Se isso tiver ocorrido, significa que o dispositivo está em seu modo normal de operação e os pacotes de dados podem ser enviados ou recebidos.***

usb_detach() Remove o PIC do barramento. Essa função será chamada automaticamente pela função usb_task() se a conexão for perdida, mas pode ser chamada manualmente pelo usuário.

usb_attach() Anexa o PIC ao barramento. Será chamada automaticamente por usb_task() se a conexão for feita, mas pode ser chamada manualmente pelo usuário.

usb_attached() Se o pino sensor de conexão for usado, retorna TRUE (verdadeiro) se ele estiver em nível lógico alto. Caso esse pino não seja utilizado, sempre retornará TRUE.

usb_init_cs() O mesmo que usb_init(), mas não espera o dispositivo ser conectado ao barramento. Isto é útil se o dispositivo não for alimentado pelo barramento e puder operar sem uma conexão USB.

usb_put_packet(endpoint, data, len, tgl) Coloca o pacote de dados no buffer do endpoint especificado. Retorna TRUE se isso for bem-sucedido e FALSE se o buffer ainda estiver cheio com o último pacote.

usb_puts(endpoint, data, len, timeout) Envia os dados seguintes para o endpoint especificado. usb_puts() difere de usb_put_packet() em que ela enviará mensagens em múltiplos pacotes se o dado não couber em um único pacote.

usb_kbhit(endpoint) Retorna TRUE se o endpoint especificado tiver dados em seu buffer de recepção.

usb_get_packet(endpoint, ptr, max) Lê até o máximo de bytes do buffer do endpoint especificado e os salva na área indicada pelo pointer (ponteiro) ptr. Retorna para o ptr o número de bytes salvo.

usb_gets(endpoint, ptr, max, timeout) Lê a mensagem do endpoint especificado. A diferença entre usb_get_packet() e usb_gets é que usb_gets() esperará até que tenha sido recebida uma mensagem completa, sendo que essa mensagem pode conter mais de um pacote. Retorna o número de bytes recebido.

20.3 – Funções CDC relevantes *(CCS)*

Um dispositivo USB CDC se comportará como se fosse um dispositivo RS232 e aparecerá em seu PC como uma porta COM. As seguintes funções lhe fornecem esta interface RS232/serial virtual.

Nota: ao utilizar a biblioteca CDC, pode-se usar as mesmas funções acima, mas não se pode utilizar o pacote relacionado a funções tais como:

usb_kbhit(), usb_get_packet(), etc.

usb_cdc_getc() É o mesmo que getc(), lê e retorna um caractere do buffer de recepção. Se não houver dados no buffer de recepção irá aguardar indefinidamente até que um caractere tenha sido recebido.

usb_cdc_putc(c) É o mesmo que putc(), envia um caractere. Na verdade, coloca um caractere no buffer de transmissão, e se o buffer de transmissão estiver cheio irá aguardar indefinidamente até que haja espaço para o caractere.

usb_cdc_init() Inicializa o protocolo CDC (**C**ommunications **D**evice **C**lass) na USB.

usb_cdc_kbhit() É o mesmo que kbhit(). Retorna TRUE se houver um ou mais caracteres no buffer de recepção.

usb_cdc_putc_fast(c) É o mesmo que usb_cdc_putc(), mas não esperará indefinidamente até que haja espaço para o caractere no buffer de transmissão. Nessa situação o caractere é perdido.

usb_cdc_puts(*str) Envia uma string de caracteres (null terminated – terminada com '\0') para o port USB CDC. Retornará FALSE se o buffer estiver ocupado e TRUE se a string tiver sido colocada no buffer para o envio. A string completa deve caber no endpoint e se ela for mais longa do que o buffer do endpoint, então os caracteres excedentes serão ignorados.

usb_cdc_putready() Retorna TRUE se houver espaço para outro caractere no buffer de transmissão.

20.4 – Interrupção relevante *(CCS)*

#int_usb Ocorreu um evento USB e requer intervenção da aplicação. A biblioteca disponibilizada pela CCS para a USB trata essa interrupção automaticamente.

20.5 – Arquivos relevantes para inclusão (include files) *(CCS)*

usb_cdc.h É um driver que leva os arquivos include anteriores a montar um dispositivo USB CDC, que imita um dispositivo RS232 e aparece como uma porta COM no gerenciador do dispositivo com sistema operacional Microsoft Windows.

pic18_usb.h Driver de camada de hardware para a família de microcontroladores PIC18F4550, que dispõe de periférico USB interno.

usb.h Definições e protótipos comuns usados pelo driver USB

usb.c É a pilha operacional (stack) USB, que manuseia as interrupções geradas pela USB e os requests (pedidos) de setup (ajustes) no endpoint 0.

Exemplos:

#include <USB_cdc.h> - Inclui a biblioteca para adicionar uma porta COM (de comunicações) virtual ao seu PC através da USB usando a especificação padrão **C**ommunications **D**evice **C**lass (CDC). A inclusão deste arquivo em seu programa acrescentará todo o programa USB, as interrupções, descritores e 'handlers' (gerenciadores) necessários. Não precisam ser feitas outras modificações.

#define USB_con_sense_pin pin_b2 – informa ao compilador que o bit 2 do port B deve ser interpretado como o USB_con_sense_pin (pino sensor de conexão da USB)

Notas:

1. **endpoint:** ponto de acesso unidirecional para a comunicação com um dispositivo
2. **data:** dado
3. **len:** length (tamanho de uma string)
4. **timeout**: um espaço específico de tempo que se permite transcorrer em um sistema antes que ocorra um determinado evento, a menos que outro evento específico aconteça primeiro. Em quaisquer desses casos o período é terminado quando qualquer desses eventos ocorra. *Uma condição de timeout pode ser cancelada pelo recebimento de um sinal de cancelamento apropriado.*
5. tgl:
6. **ptr:** pointer – apontador, ponteiro, indica a posição de onde deve ser buscado ou onde deve ser guardado um dado.
7. **cdc:** **C**ommunications **D**evice **C**lass (classe de dispositivo de comunicação)
8. **null terminated:** uma string terminada com um caractere '\0' (chamado null em ASCII)

Obs.: *os arquivos, as funções e as funções cdc utilizados nos programas de nossos exemplos de aplicação foram destacados em itálico.*

20.6 – Exemplos de aplicação

Os programas a seguir são exemplos de aplicação dos conceitos relativos à

USB. Alguns deles são para o envio de comandos de um computador ao PIC, outros são para o envio de dados do PIC ao computador e outros ainda são para o envio de comandos do computador ao PIC e este, em resposta, envia dados de volta ao computador.

Exemplo 20.1: USB1

```
/*Programa para escrever o caractere 'A' na porta serial USB a intervalos de
1 segundo. Os caracteres serão escritos na tela do HyperTerminal, do
RComSerial, do PuTTY ou equivalente. Dados enviados do PIC para o PC
usando a porta serial USB*/

#include <18f4550.h> //Inclui a biblioteca do PIC utilizado.
#fuses  hspll,nowdt,noprotect,nolvp,nodebug,usbdiv,pll2,cpudiv1,vregen  //Bits
        //de configuração*/
#use delay(clock=48000000) //Frequência de operação do PIC
#define usb_con_sense_pin pin_b2 /*Define que o bit 2 do portB é o pino
        sensor de conexão da USB.*/
#include <usb_cdc.h> /*Inclui a biblioteca para acrescentar uma porta COM
        (de comunicações) virtual ao computador através da USB, usando a
        especificação padrão, CDC (Communications Device Class).*/

void main() //Função principal
{
usb_cdc_init(); /*Inicialização do protocolo de comunicação CDC pela USB
        (CDC – Communications Device Class = classe do dispositivo de
        comunicação )*/
usb_init(); /*Inicializa o hardware USB. Então espera em um laço infinito até
        que o periférico USB seja conectado ao barramento. Depois disso
        habilitará e usará a interrupção pela USB.*/

 while(true) //Laço infinito
 {
 usb_task(); /*Como são utilizados o sensor de conexão (connection sense) e
        a função usb_init() para a inicialização, então, periodicamente deve-
        se chamar essa função para manter o pino sensor de conexão sob
        vigilância. Quando o PIC for conectado ao barramento, essa função
        irá preparar o periférico USB. Quando o PIC for desconectado do
        barramento, ela resetará a pilha operacional (stack) USB e o
        periférico. Habilita e usa a interrupção pela USB.*/

  if(usb_enumerated()) /*Se o dispositivo estiver em operação normal, retorna
        TRUE e executa o comando abaixo:*/
  {
  printf(usb_cdc_putc,"A"); //Envia o caractere 'A' pela saída serial
  }
 delay_ms(1000); /*Atraso de 1 segundo para que o envio do caractere 'A'
        seja feito a cada segundo.*/
 }
```

```
}
```

Obs.: antes de rodar o programa no kit, *desconectar o 'flat cable' que interliga o gravador com o kit.* ***Se isso não for feito, ocorrerá erro.***

A figura 20.1, a seguir, mostra os caracteres enviados pelo PIC ao computador utilizando-se o HyperTerminal.

Fig. 20.1 – Resultado do exemplo 'USB1' mostrado no HyperTerminal

Observação importante:

antes de desligar a alimentação do circuito deve-se desconectar o HyperTerminal e em seguida salvar o programa com o nome dele. Ao religar a alimentação deve-se seguir o **mesmo** procedimento utilizado quando se utilizou o programa pela primeira vez, explicado no item 13.4.3.3.2, à página 445 do capítulo 13 deste livro. Se isso não for feito, é bastante provável que não se consiga abrir novamente o programa, sendo necessário salvá-lo novamente no PIC.

A seta mostrada na figura 20.1, acima, aponta para o ícone, um 'telefone fora do gancho', sobre o qual se deve clicar com o botão esquerdo do mouse para provocar a desconexão do HyperTerminal. Depois disso, se vai até 'Arquivo', também mostrado na mesma figura, e se salva o programa com o nome que demos a ele, usando a opção 'Salvar como'. Toda vez que se utilizar o mesmo programa deve-se salvá-lo após a desconexão, antes de desligar a alimentação do circuito. A partir da segunda vez que se for salvar o programa, não é necessário usar a opção 'Salvar como', bastando salvá-lo. Ao se tentar salvá-lo, surgirá uma mensagem informando que esse arquivo já existe e perguntando se desejamos substituir o arquivo existente. Basta confirmar e salvar o arquivo.

Exemplo 20.2: USB2

```
/*Este programa faz acender os leds conectados às saídas do portD caso se
digite 'a' ou 'A' no teclado do computador e apaga-os caso se digite 'b' ou 'B'.
Outros caracteres não têm efeito sobre os estados dos leds. Comando do
PC para o PIC usando a porta serial USB*/

#include<18F4550.h> //Inclusão do header (*.h) para o microcontrolador
          //utilizado.
#use delay (clock=48MHz) /*Frequência de operação do PIC*/
#fuses    hspll,nowdt,put,noprotect,nolvp,nodebug,usbdiv,pll2,cpudiv1,vregen
          /*Bits de configuração*/
```

```
#define usb_con_sense_pin pin_b2  /*Informa ao compilador que o bit 2 do
         portB é o USB_con_sense_pin (pino sensor de conexão da USB).*/
#include <usb_cdc.h> /*Inclui a biblioteca para adicionar uma porta COM
         virtual usando a USB, utilizando a especificação padrão CDC
         (Communications Device Class).*/

char x; /*Variável que receberá o caractere vindo da porta serial, declarada
         como char*/

void main() //Função principal
{
usb_cdc_init(); //Inicialização da comunicação pela USB
usb_init(); //Inicialização do hardware USB

 while(true) //Laço infinito
 {
 usb_task(); //Esta função é chamada periodicamente para verificar a
          //conexão.

  if(usb_enumerated()) /*Se o dispositivo estiver em operação normal, executa
         os comandos do bloco a seguir:*/
  {
 x = usb_cdc_getc(); /*Espera o caractere e quando ele chegar, coloca-o na
         variável 'x'.*/
 printf(usb_cdc_putc,"%c",x); //Retorna o caractere pela porta serial.

  if (x=='a'||x=='A') OUTPUT_D(0xFF); /*Se o caractere for 'a' ou 'A', acende
         todos os LEDs.*/
  if (x=='b'||x=='B') OUTPUT_D(0x00); /*Se o caractere for 'b' ou 'B', apaga
         todos os LEDs.*/
  }
 }
}
```

A figura 20.2, abaixo, mostra os comandos enviados pelo computador ao PIC, mostrados no HyperTerminal.

Fig. 20.2 – Exemplo 'USB2'

Caso se utilizasse o comando 'toupper', ao invés das linhas:

```
x = usb_cdc_getc(); /*Espera o caractere e quando ele chegar, coloca-o na
         variável 'x'.*/
printf(usb_cdc_putc,"%c",x); //Retorna o caractere pela porta serial.
```

```
if (x=='a'||x=='A') OUTPUT_D(0xFF); /*Se o caractere for 'a' ou 'A', acende
        todos os LEDs.*/
if (x=='b'||x=='B') OUTPUT_D(0x00); /*Se o caractere for 'b' ou 'B', apaga
        todos os LEDs.*/
```

teríamos:

```
x = usb_cdc_getc(); /*Espera o caractere e quando ele chega, coloca-o na
        variável 'x'.*/
printf(usb_cdc_putc,"%c",x); //Retorna o caractere pela porta serial.
x = toupper(X); //Se o caractere for minúsculo, transforma-o em maiúsculo.
if (x=='A') OUTPUT_D(0xFF); /*Se o caractere for 'a' ou 'A', acende todos os
        LEDs.*/
if (x=='B') OUTPUT_D(0x00); /*Se o caractere for 'b' ou 'B', apaga todos os
        LEDs.*/
```

Se fosse usado o comando 'tolower', teríamos:

```
x = usb_cdc_getc(); /*Espera o caractere e quando ele chega, coloca-o na
        variável 'x'.*/
printf(usb_cdc_putc,"%c",x); //Retorna o caractere pela porta serial.
x = tolower(x); //Se o caractere for maiúsculo, transforma-o em minúsculo.
if (x=='a') OUTPUT_D(0xFF); /*Se o caractere for 'a' ou 'A', acende todos os
        LEDs.*/
if (x=='b') OUTPUT_D(0x00); /*Se o caractere for 'b' ou 'B', apaga todos os
        LEDs.*/
```

Exemplo 20.3: USB3

/*Este programa envia strings do PIC para o PC usando a porta serial USB via HyperTerminal, RComSerial, PuTTY ou equivalente. ***Dados do PIC para o computador****/

```
#include<18F4550.h> //Inclusão do header (*.h) para o microcontrolador
        //utilizado
#use delay (clock=48000000) /*Frequência de operação do PIC*/
#fuses  hspll, nowdt, noprotect, nolvp, nodebug, usbdiv, pll2, cpudiv1, vregen
        /*Bits de configuração*/
#define usb_con_sense_pin pin_b2 /*Informa ao compilador que o bit 2 do
        portB é o USB_con_sense_pin (pino sensor de conexão da USB).*/
#include <usb_cdc.h> /*Inclui a biblioteca para adicionar uma porta COM
        virtual através da USB, usando a especificação padrão
        Communications Device Class (CDC).*/

void main() //Função principal
{
usb_cdc_init(); //Inicialização da comunicação pela USB
usb_init(); //Inicialização do hardware USB
```

```
while(true) //Laço infinito
{
usb_task(); /*Esta função é chamada periodicamente para verificar a
        conexão.*/

if(usb_enumerated()) /*Se o dispositivo estiver em operação normal, executa
        os comandos do bloco a seguir:*/
 {
 printf(usb_cdc_putc,"PIC18F4550\r\n"); /*Envia a string 'PIC18F4550' para
        a saída serial e pula uma linha.*/
 delay_ms(1000); //Atraso de 1 segundo
 printf(usb_cdc_putc,"Programação em linguagem C\r\n"); /*Envia a string
        'Programação em linguagem C' e pula uma linha.*/
 delay_ms(1000); //Atraso de 1 segundo
 printf(usb_cdc_putc,"Microcontroladores Microchip\r\n"); /*Envia a string
        'Microcontroladores Microchip' para a saída serial e pula uma
        linha.*/ delay_ms(1000); //Atraso de 1 segundo
 }
 }
}
```

A figura 20.3, abaixo, mostra as strings enviadas pelo PIC ao computador usando o programa do exemplo USB3.

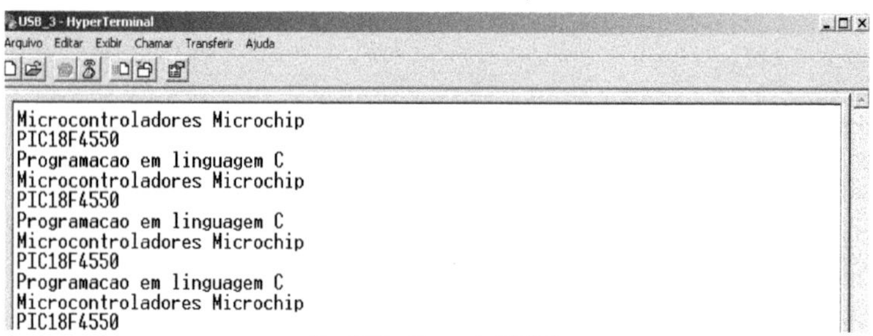

Fig. 20.3 – Exemplo 'USB3'

Exemplo 20.4: USB4

/*Este programa faz acender os leds no kit, caso seja digitado um grupo de três caracteres 'lig', não importando se são minúsculos ou maiúsculos e desliga os leds caso seja digitado um conjunto de três caracteres 'des', não importando se minúsculos ou maiúsculos. ***Comando do computador para o PIC usando a porta serial USB****/

```
#include<18F4550.h> //Inclusão do header (*.h) para o microcontrolador
        //utilizado
#use delay (clock=48000000) /*Frequência de operação do PIC*/
#fuses  hspll, nowdt, noprotect, nolvp, nodebug, usbdiv, pll2, cpudiv1, vregen
        /*Bits de configuração do PIC*/
```

```
#define usb_con_sense_pin pin_b2 /*Informa ao compilador que o bit 2 do
        portB é o USB_con_sense_pin (pino sensor de conexão da USB).*/
#include <usb_cdc.h> /*Inclui a biblioteca para adicionar uma porta COM
        virtual através da USB, usando a especificação padrão
        Communications Device Class.*/

char rec[4]; //Variável (matriz) que receberá os caracteres vindos da porta
        //serial
int i=0; //Variável de controle para a contagem dos caracteres

void trata_serial() //Função para tratamento da porta serial
{
if(((rec[0]=='L')||(rec[0]=='l'))&&((rec[1]=='I')||(rec[1]=='i'))&&((rec[2]=='G')||
        (rec[2]=='g')))
 OUTPUT_D(0xFF); //Acende os LEDs, após receber a string 'LIG'.
if(((rec[0]=='D')||(rec[0]=='d'))&&((rec[1]=='E')||(rec[1]=='e'))&&((rec[2]=='S')||
        (rec[2]=='s')))
 OUTPUT_D(0x00); //Apaga os LEDs, após receber a string 'DES'.
}

void main() //Função principal
{
usb_cdc_init(); //Inicialização da comunicação pela USB
usb_init(); //Inicialização do hardware USB

 while(true) //Laço infinito
 {
 usb_task(); //Esta função é chamada periodicamente para verificar a
         //conexão.

  if(usb_enumerated()) /*Se o dispositivo estiver em operação normal, executa
        os comandos do bloco a seguir:*/
  {
  rec[i] = usb_cdc_getc(); /*Espera o caractere e quando o recebe, guarda-o
        na posição 'i' da matriz 'rec'.*/
  printf(usb_cdc_putc,"%c",rec[i]); /*Retorna o caractere e o escreve utilizando
        a porta serial.*/
  i++; //Incrementa a variável de controle.
   if (rec[i-1] == 0x0d) /*Verifica a posição anterior da variável 'i' na matriz 'rec'.
        Se o caractere recebido for o 'enter' (0x0d),*/
   {
   trata_serial(); //chama a função trata_serial(),
   i=0; //e zera a variável i.
   }
  }
 }
}
```

As figuras 20.4 e 20.5, a seguir, mostram os comandos enviados pelo computador ao PIC no exemplo USB4.

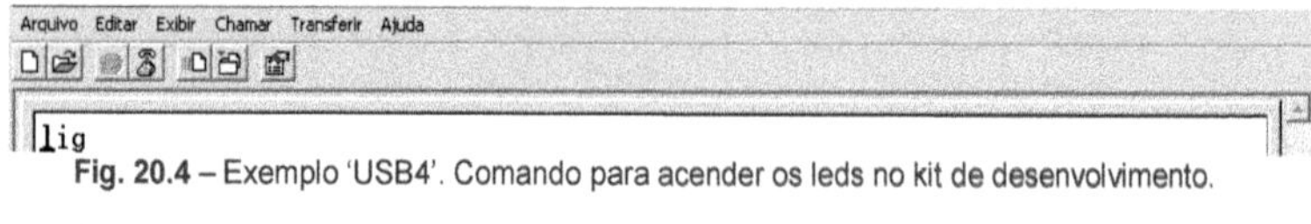

Fig. 20.4 – Exemplo 'USB4'. Comando para acender os leds no kit de desenvolvimento.

Fig. 20.5 – Exemplo 'USB4'. Comando para apagar os leds no kit de desenvolvimento.

No exemplo a seguir utilizaremos o comando 'toupper', para tornar o programa um pouco mais simples.

Exemplo 20.5: USB5

```
/*Este programa faz acender os leds no kit, caso seja digitado um grupo de
três caracteres 'lig', não importando se são minúsculos ou maiúsculos e
desliga os leds, caso seja digitado um conjunto de três caracteres 'des', não
importando se minúsculos ou maiúsculos. Comando do computador para o
PIC usando a porta serial USB*/

#include<18F4550.h> /*Inclusão do header (*.h) para o microcontrolador
          utilizado*/
#use delay (clock=48MHz) //Frequência de operação do PIC
#fuses  hspll, nowdt, noprotect, nolvp, nodebug, usbdiv, pll2, cpudiv1, vregen
          /*Configuração dos fusíveis*/
#define usb_con_sense_pin pin_b2 /*Informa ao compilador que o bit 2 do
          portB é o USB_con_sense_pin (pino sensor de conexão da USB).*/
#include <usb_cdc.h> /*Inclui a biblioteca para adicionar uma porta COM
          virtual através da USB, usando a especificação padrão
          Communications Device Class.*/

char rec[4]; /*Variável (matriz) que receberá os caracteres vindos da porta
          serial*/
int i=0; //Variável de controle para a contagem dos caracteres

void trata_serial() //Função para tratamento da porta serial
{
if((rec[0]=='L')&&(rec[1]=='I')&&(rec[2]=='G'))
 OUTPUT_D(0xFF); //Acende os LEDs, após receber a string 'LIG'.
 if((rec[0]=='D')&&(rec[1]=='E')&&(rec[2]=='S'))
 OUTPUT_D(0x00); //Apaga os LEDs, após receber a string 'DES'.
}

void main() //Função principal
{
```

```
usb_cdc_init(); //Inicialização da comunicação pela USB
usb_init(); //Inicialização do hardware USB

while(true) //Laço infinito
{
usb_task(); //Esta função é chamada periodicamente para verificar a
        //conexão.

if(usb_enumerated()) /*Se o dispositivo estiver em operação normal, executa
        os comandos do bloco a seguir:*/
{
rec[i] = usb_cdc_getc(); /*Espera o caractere e quando o recebe, guarda-o
        na posição 'i' da matriz 'rec'.*/
rec[i]=toupper(rec[i]); //Transforma as letras minúsculas em maiúsculas.
        printf(usb_cdc_putc,"%c",rec[i]); /*Retorna o caractere e o escreve
        utilizando a porta serial.*/
i++; //Incrementa a variável de controle.
if (rec[i-1] == 0x0d) /*Verifica a posição anterior da variável 'i' na matriz 'rec'.
        Se o caractere recebido for o 'enter' (0x0d),*/
{
trata_serial(); //chama a função trata_serial(),
i=0; //e zera a variável i.
}
}
}
}
```

Comentários:

Para utilizar o comando 'toupper' simplesmente foi acrescentada a linha:

```
rec[i]=toupper(rec[i]); //Transforma as letras minúsculas em maiúsculas.
```

ao programa principal, sombreada para destacá-la e as linhas:

```
if(((rec[0]=='L')||(rec[0]=='l'))&&((rec[1]=='I')||(rec[1]=='i'))&&((rec[2]=='G')||
        (rec[2]=='g')))
```

e

```
if(((rec[0]=='D')||(rec[0]=='d'))&&((rec[1]=='E')||(rec[1]=='e'))&&((rec[2]=='S')||
        (rec[2]=='s')))
```

foram substituídas por:

```
if((rec[0]=='L')&&(rec[1]=='I')&&(rec[2]=='G'))
```

e

```
if((rec[0]=='D')&&(rec[1]=='E')&&(rec[2]=='S'))
```

Caso se desejasse utilizar o comando 'tolower' em lugar do comando 'toupper', se deveria substituir a linha:

```
rec[i]=toupper(rec[i]); //Transforma as letras minúsculas em maiúsculas.
```

por:

```
rec[i]=tolower(rec[i]); //Transforma as letras maiúsculas em minúsculas.
```

O programa a seguir repete o do exemplo 20.5, 'USB5', mas usando o comando 'tolower' e as palavras 'on' e 'off', para mostrar que os comandos não necessitam ter o mesmo número de letras, bastando que esse número seja inferior ao espaço reservado na matriz, no caso a matriz 'rec[i]' que pode guardar até 3 caracteres.

Exemplo 20.6: USB6

/*Este programa faz acender os leds no kit, caso seja digitado um grupo de dois caracteres, '***on***', não importando se são minúsculos ou maiúsculos e desliga os leds caso seja digitado um conjunto de três caracteres, '***off***', não importando se minúsculos ou maiúsculos. ***Comando do computador para o PIC usando a porta serial USB****/

```
#include<18F4550.h> /*Inclusão do header (*.h) para o microcontrolador
          utilizado*/
#use delay (clock=48000000) /*Frequência de operação do PIC*/
#fuses     hspll, nowdt, noprotect, nolvp, nodebug, usbdiv, pll2, cpudiv1,
            vregen /*Configuração dos fusíveis*/
#define usb_con_sense_pin pin_b2 /*Informa ao compilador que o bit 2 do
          portB é o USB_con_sense_pin (pino sensor de conexão da USB).*/
#include <usb_cdc.h> /*Inclui a biblioteca para adicionar uma porta COM
          virtual através da USB, usando a especificação padrão
          Communications Device Class.*/

char rec[4]; //Variável (matriz) que receberá os caracteres vindos da porta
          //serial
int i=0; //Variável de controle para a contagem dos caracteres

void trata_serial() //Função para tratamento da porta serial
{
if((rec[0]=='o')&&(rec[1]=='n'))
 OUTPUT_D(0xFF); //Acende os LEDs, após receber a string 'on'.
 if((rec[0]=='o')&&(rec[1]=='f')&&(rec[2]=='f'))
 OUTPUT_D(0x00); //Apaga os LEDs, após receber a string 'off'.
}

void main() //Função principal
```

```
{
usb_cdc_init(); //Inicialização da comunicação pela USB
usb_init(); //Inicialização do hardware USB

 while(true) //Laço infinito
 {
 usb_task(); //Esta função é chamada periodicamente para verificar a
          //conexão.

  if(usb_enumerated()) /*Se o dispositivo estiver em operação normal, executa
          os comandos do bloco a seguir:*/
  {
  rec[i] = usb_cdc_getc(); /*Espera o caractere e quando o recebe, guarda-o
          na posição 'i' da matriz 'rec'.*/
  rec[i]=tolower(rec[i]); //Transforma as letras maiúsculas em minúsculas.
  printf(usb_cdc_putc,"%c",rec[i]); /*Retorna o caractere e o escreve utilizando
          a porta serial.*/
  i++; //Incrementa a variável de controle.
   if (rec[i-1] == 0x0d) /*Verifica a posição anterior da variável 'i' na matriz 'rec'.
          Se o caractere recebido for o 'enter' (0x0d),*/
   {
   trata_serial(); //chama a função trata_serial(),
   i=0; //e zera a variável i.
   }
  }
 }
}
```

Exemplo 20.7: USB7

/*Programa para fazer a conversão de uma tensão analógica em um valor digital de 8 bits, que usa a USB para comunicar com o computador, indicado no display como uma tensão entre 0 e 150V. ***Dados do PIC para o PC****/

```
#include<18F4550.h> /*Inclusão do header (*.h) para o microcontrolador
          utilizado*/
#use delay(clock=48000000) //Define a frequência de operação do PIC.
#fuses   hspll, nowdt, noprotect, nolvp, nodebug, usbdiv, pll2, cpudiv1, vregen
          /*Bits de configuração*/
#define usb_con_sense_pin pin_b2 /*Informa ao compilador que o bit 2 do
          portB é o USB_con_sense_pin (pino sensor de conexão da USB).*/
#include <usb_cdc.h> /*Inclui a biblioteca para adicionar uma porta COM
          virtual através da USB, usando a especificação padrão
          Communications Device Class (CDC).*/

int16 q; //Declara a variável 'q' como inteira de 16 bits.
float p; //Declara a variável 'p' como float.
```

```
void main() //Função principal
{
usb_cdc_init(); //Inicialização da comunicação pela USB
usb_init(); //Inicialização do hardware USB
setup_adc_ports(an0); /*Configura o canal 0 como a entrada analógica a ser
        convertida.*/
setup_adc(adc_clock_internal); //O conversor AD usará o clock interno.
set_adc_channel(0); /*Conecta a entrada analógica an0 à entrada do
        conversor AD.*/

 while(true) //Laço infinito
 {
 usb_task(); /*Esta função é chamada periodicamente para verificar a
        conexão.*/

  if(usb_enumerated()) /*Se o dispositivo estiver em operação normal, executa
        os comandos do bloco a seguir:*/
  {
  q=read_adc(); //Lê o resultado da conversão AD e guarda-o na variável 'q'.
  p=150*q/255; /*Multiplica a variável 'q' por 150 e divide o produto por 255
        para que o resultado seja apresentado em valores de tensão entre
        0 e 150.*/
  printf(usb_cdc_putc,"\r\n V = %3.1fV",p); /*Envia o valor da tensão já em
        Volts (V) para a saída serial USB com três casas antes e uma depois
        do ponto decimal.*/
  delay_ms(1000); /*Atraso de 1 segundo para que a atualização dos valores
        da tensão seja feita e apresentada na saída serial a cada segundo.*/
  }
 }
}
```

A figura 20.6, abaixo, mostra o resultado da conversão AD feita no exemplo USB7, na tela do HyperTerminal no computador.

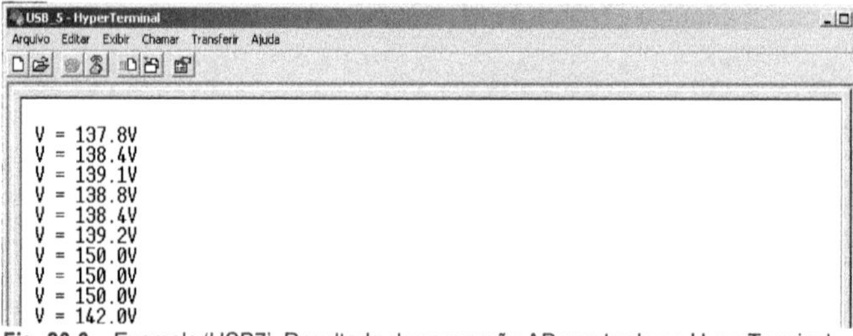

Fig. 20.6 – Exemplo 'USB7'. Resultado da conversão AD mostrada no HyperTerminal

Os valores apresentados na tela do HyperTerminal, na figura 20.6, são diferentes a cada leitura porque o eixo do potenciômetro de ajuste de tensão estava sendo girado no sentido horário e depois no anti-horário durante a duração do teste do programa.

Exemplo 20.8: USB8

/*Este programa envia para o PC, o resultado de uma conversão AD, via porta serial USB e pisca o LED conectado ao pino correspondente ao bit 0 do portD (fica aceso durante 500ms), toda vez que receber do PC, via porta serial USB um conjunto de caracteres 'adc', não importando se maiúsculos ou minúsculos ou uma combinação de maiúsculos e minúsculos. ***O PIC recebe comando do PC e envia dados para o PC via porta serial USB.*** *Usou-se o comando 'toupper'.*/*

```
#include<18F4550.h> //Inclusão do header (*.h) para o microcontrolador
        //utilizado
#device ADC = 10 //Define que o resultado da conversão AD será em 10 bits.
#use delay (clock=48MHz) //Frequência de operação do PIC
#fuses hspll, nowdt, noprotect, nolvp, usbdiv, pll2, cpudiv1, vregen //Bits de
        //configuração
#define usb_con_sense_pin pin_b2 /*Informa ao compilador que o bit 2 do
        portB é o USB_con_sense_pin (pino sensor de conexão da USB).*/
#include <usb_cdc.h> /*Inclui a biblioteca para adicionar uma porta COM
        virtual através da USB, usando a especificação padrão
        Communications Device Class (CDC)*/

char rec[4]; //Matriz que receberá os caracteres vindos da saída serial
int i=0; //Variável de controle para contagem dos caracteres
int16 ad; //Variável long int para armazenamento do resultado da conversão
        //AD

void trata_serial() //Função para tratamento da saída serial
{
if((rec[0]=='A')&&(rec[1]=='D')&&(rec[2]=='C')) /*Se a string 'ADC', 'adc', 'Adc',
        'aDc', 'adC', etc. for recebida,*/
 {
 OUTPUT_BIT(PIN_D0,1); //acende o LED,
 delay_ms(500); //atrasa 500ms,
 ad = READ_ADC(); //faz a conversão AD e armazena o resultado na
        //variável 'ad',
 OUTPUT_BIT(PIN_D0,0); //apaga o LED,
 printf(usb_cdc_putc,"ADC = %lu\r\n",ad); /*e envia a string 'ADC = ',
        juntamente com o valor da conversão ad pela saída serial.*/
 }
}

void main() //Função principal
{
usb_cdc_init(); //Inicialização da comunicação pela USB
usb_init(); //Inicialização do hardware USB
SETUP_ADC_PORTS(an0); /*Configura somente a entrada AN0 como
        entrada analógica a ser convertida.*/
```

```
SETUP_ADC(ADC_CLOCK_INTERNAL); /*O conversor AD é Configurado
        para usar o clock interno*/
SET_ADC_CHANNEL(0); //Configura o canal 0 para a conversão

while(true) //Laço infinito
{
 if(usb_enumerated()) /*Se o dispositivo estiver em operação normal, executa
        os comandos do bloco a seguir:*/
 {
 rec[i] = usb_cdc_getc(); /*Espera o caractere e quando ele chegar, coloca-o
        na posição 'i' da matriz 'rec'.*/
 rec[i] = toupper(rec[i]); //Transforma as letras em maiúsculas.
 printf(usb_cdc_putc,"%c",rec[i]); //Retorna o caractere pela porta serial.
 i++; //Incrementa a variável de controle
 if (rec[i-1] == 0x0d) /*Verifica na matriz uma posição anterior ao valor da
        variável 'i'. Se o caractere recebido for equivalente ao 'enter',*/
  {
  printf(usb_cdc_putc,"\r\n"); /*envia os valores 'enter' e 'line feed' para pular
        uma linha*/
  trata_serial(); //chama a função trata_serial()
  i=0; //e zera a variável 'i'.
  }
 }
}
}
```

A figura 20.7, abaixo, mostra os comandos recebidos do computador pelo PIC e os resultados das conversões AD realizadas pelo PIC com o programa USB8 enviados de volta ao computador utilizando-se o HyperTerminal.

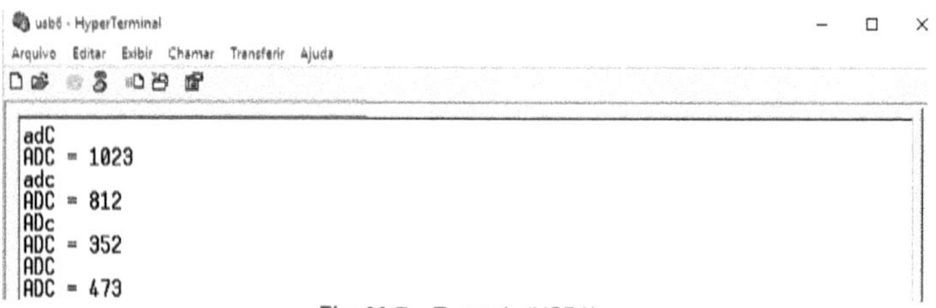

Fig. 20.7 – Exemplo 'USB8'

Exemplo 20.9: USB9

/*Este programa faz com que o PIC envie para o PC o resultado de uma conversão AD via porta serial USB e faz piscar o LED conectado ao pino correspondente ao bit 0 do portD (fica aceso durante 200ms). Isso ocorre toda vez que o PIC receber do PC um conjunto de caracteres 'adc', não importando se maiúsculos ou minúsculos, ou uma combinação de maiúsculos e minúsculos. ***O PIC recebe comando do PC e envia informação para o PC via porta serial USB.*** *Utilizou-se o comando 'tolower'.*/*

```
#include<18F4550.h> //Inclusão do header (*.h) para o microcontrolador
        //utilizado
#device ADC = 10 //Define que o resultado da conversão AD será em 10 bits.
#use delay (clock=48000000) //Frequência de operação do PIC18F4550
        //neste projeto
#fuses hspll, nowdt, noprotect, nolvp, usbdiv, pll2, cpudiv1, vregen
        //Bits de //configuração
#define usb_con_sense_pin pin_b2 /*Informa ao compilador que o bit 2 do
        portB é o pino sensor de conexão da USB.*/
#include <usb_cdc.h> /*Inclui a biblioteca para adicionar uma porta COM
        virtual através da USB, usando a especificação padrão CDC.*/

char rec[4]; //Matriz que receberá os caracteres vindos da porta serial
int i=0; //Variável de controle do tipo inteiro para a contagem dos caracteres
int16 ad; //Variável para armazenamento da conversão AD, inteira de 16 bits
float x; /*Variável do tipo float que guarda o valor a ser enviado através da
        porta serial USB, com o valor convertido, entre 0 e 12 Volts*/

void trata_serial() //Função para tratamento da saída serial
{
if((rec[0]=='a')&&(rec[1]=='d')&&(rec[2]=='c')) /*Se a string 'ADC', 'adc', 'Adc',
        'aDc', 'adC', etc. for recebida,*/
 {
 OUTPUT_BIT(PIN_D0,1); //acende o LED,
 delay_ms(200); //atrasa 200ms
 ad = READ_ADC(); //e faz a conversão AD armazenando o resultado na
        //variável 'ad'.
 x = 12*ad/1023; /*Variável que guarda o valor a ser enviado através da
        porta serial USB com o valor convertido, entre 0 e 12 Volts,*/
 OUTPUT_BIT(PIN_D0,0); //apaga o LED,
 printf(usb_cdc_putc,"ADC = %f\r\n",x); /*e envia a string 'ADC = ', juntamente
        com o valor da conversão ad pela saída serial.*/
 }
}

void main() //Função principal
{
usb_cdc_init(); //Inicialização da comunicação pela USB
usb_init(); //Inicialização do hardware USB
SETUP_ADC_PORTS(an0); /*Configura somente a entrada AN0 como
        entrada analógica a ser convertida.*/
SETUP_ADC(ADC_CLOCK_INTERNAL); /*O conversor AD é configurado
        para usar o clock interno.*/
SET_ADC_CHANNEL(0); //Configura o canal 0 para a conversão.

 while(i<=4) /*Enquanto 'i' for menor ou igual a 4, serão executados os
        comandos do bloco a seguir:*/
 {
```

```
usb_task(); //Esta função é chamada periodicamente para verificar a
         //conexão.

 if(usb_enumerated()) /*Se o dispositivo estiver em operação normal, executa
         os comandos no bloco a seguir:*/
 {
 rec[i] = usb_cdc_getc(); /*Espera o caractere e quando ele surgir, coloca-o
         na matriz 'rec' na posição 'i'.*/
 rec[i] = tolower(rec[i]); //Transforma as letras em minúsculas.
 printf(usb_cdc_putc,"%c",rec[i]); //Retorna o caractere pela serial,
 i++; //incrementa a variável de controle.
 if (rec[i-1] == 0x0d) /*Verifica na matriz a posição anterior ao valor da variável
         'i'. Se o caractere recebido for equivalente ao 'enter',*/
  {
  printf(usb_cdc_putc,"\r\n"); /*envia os valores 'enter' e 'line feed' para pular
         uma linha,*/
  trata_serial(); //chama a função trata_serial()
  i=0; //e zera a variável 'i'.
  }
 }
}
}
```

A figura 20.8, abaixo, mostra os resultados das conversões AD realizadas pelo programa do exemplo USB9.

Fig. 20.8 – Exemplo 'USB9'

Exemplo 20.10: USB10

/*Este programa faz com que o PIC envie para o PC, via porta serial USB, o resultado da conversão AD de uma tensão que pode variar entre 0 e 12V cc e faça piscar o LED conectado ao pino correspondente ao bit 0 do portD (fica aceso durante 500ms), toda vez que receber do PC um conjunto de caracteres 'adc', não importando se maiúsculos ou minúsculos ou uma combinação de maiúsculos e minúsculos. Ao ser pressionado o botão INT_EXT, o valor convertido será apresentado no display de cristal líquido. ***O PIC recebe comando do PC e envia informação para o PC.*** *Usou-se o comando 'toupper'.* */

```
#include<18F4550.h> //Inclusão do header (*.h) para o microcontrolador
        //utilizado
#device ADC = 10 //Define que o resultado da conversão AD será em 10 bits.
#use delay (clock=48MHz) /*Informa a frequência de operação do PIC para o
        cálculo dos delays.*/
#fuses hspll,nowdt,noprotect,nolvp,usbdiv,pll2,cpudiv1,vregen /*Bits de
        configuração*/
#define usb_con_sense_pin pin_b2 /*Informa ao compilador que o bit 2 do
        portB é o pino sensor de conexão da USB.*/
#include <usb_cdc.h> /*Inclui a biblioteca para adicionar uma porta COM
        virtual através da USB, usando a especificação padrão CDC.*/
#include <C:\Curso 18F\display_8bits.c> //Inclusão do arquivo display_8bits.c

char rec[4]; //Matriz que receberá os caracteres vindos da saída serial
int i=0; //Variável inteira de controle para a contagem dos caracteres
int16 ad; //Variável long int para armazenamento da conversão AD
float x; /*Variável do tipo float que guarda o valor a ser enviado através da
        porta serial USB, com o valor convertido, entre 0 e 12 Volts*/

void trata_serial() //Função para tratamento da saída serial
{
if((rec[0]=='A')&&(rec[1]=='D')&&( rec[2]=='C')) /*Se a string 'ADC', 'adc',
        'Adc', 'aDc', 'adC', etc. for recebida,*/
 {
 OUTPUT_BIT(PIN_D0,1); //acende o LED,
 delay_ms(500); //atrasa 500ms,
 ad = READ_ADC(); //e faz a conversão AD armazenando o resultado na
        //variável ad.
 x = 12*ad/1023; /*Coloca o resultado da conversão em um valor entre 0 e
        12 e o guarda na variável 'x'.*/
 OUTPUT_BIT(PIN_D0,0); //Apaga o LED,
 printf(usb_cdc_putc,"ADC = %f\r\n",x); /*e envia a string 'ADC = ', juntamente
        com o valor da conversão ad pela saída serial.*/
 }
}

#int_ext //Identificação da interrupção externa

void trata_ext() //Função de tratamento da interrupção externa
{
printf(write_display,"\f%f",x); /*Escreve o valor da variável 'x' na saída serial
        USB.*/
}

void main() //Função principal
{
display_ini(); //Inicialização do display de cristal líquido
usb_cdc_init(); //Inicialização da comunicação pela USB
usb_init(); //Inicialização do hardware USB
```

```
usb_task(); //Esta função é chamada periodicamente para verificar a conexão.
EXT_INT_EDGE(H_TO_L); /*Faz com que ocorra a interrupção na borda de
        descida do sinal, ou seja, coloca o bit INTEDGE do registrador
        OPTION_REG em 0.*/
ENABLE_INTERRUPTS(GLOBAL|INT_EXT);  /*Habilita a interrupção
        externa.*/
SETUP_ADC_PORTS(an0); /*Configura somente AN0 como entrada
        analógica a ser convertida.*/
SETUP_ADC(ADC_CLOCK_INTERNAL); /*O conversor AD é Configurado
        para usar o clock interno*/
SET_ADC_CHANNEL(0); //Configura o canal 0 para a conversão.

while(i<=4) /*Laço while. Enquanto 'i' for menor ou igual a 4, serão
        executadas as instruções dentro do bloco a seguir:*/
{
 if(usb_enumerated()) /*Se o dispositivo estiver em operação normal, executa
        os comandos do bloco a seguir:*/
 {
 rec[i] = usb_cdc_getc(); /*Espera o caractere e quando ele chega, coloca-o
        na matriz 'rec' na posição 'i'.*/
 rec[i] = toupper(rec[i]); //Transforma as letras em maiúsculas.
 printf(usb_cdc_putc,"%c",rec[i]); //Retorna o caractere pela porta serial.
 i++; //Incrementa a variável de controle.
  if (rec[i-1] == 0x0d) /*Verifica na matriz uma posição anterior ao valor da
        variável 'i' e se o caractere recebido for equivalente ao 'enter',*/
  {
  printf(usb_cdc_putc,"\r\n"); /*envia os valores 'enter' e 'line feed' para pular
        uma linha,*/
  trata_serial(); //chama a função trata_serial()
  i=0; //e zera a variável 'i'.
  }
 }
}
}
```

A figura 20.9, a seguir, mostra os comandos recebidos pelo PIC e os resultados da conversão AD realizada com o uso do programa do exemplo USB10 e enviados pelo PIC ao computador. Utilizou-se o HyperTerminal como interface de comunicação.

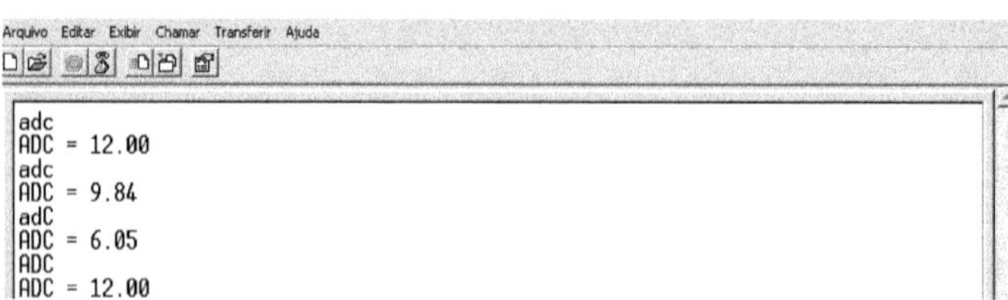

Fig. 20.9 – Exemplo 'USB10'

Exemplo 20.11: USB11

```
/*Programa para fazer a conversão de uma tensão analógica entre 0 e +150V
em um valor digital de 8 bits usando a USB para comunicar com o
computador. Se a tensão cair abaixo de aproximadamente 142V, o valor da
subtensão será guardado na posição 0 da EEPROM interna. Ao ser
pressionado o botão que aciona a interrupção externa, os valores guardados
na memória serão enviados ao PC pela porta serial USB. Envio de
informações do PIC para o PC*/

#include<18F4550.h> //Inclusão do header (*.h) para o microcontrolador
        //utilizado
#device adc=8 //Conversão AD em 8 bits
#use delay(clock=48MHz) /*Informa a frequência de operação do PIC para o
        cálculo dos delays.*/
#fuses  hspll, nowdt, noprotect, nolvp, nodebug, usbdiv, pll2, cpudiv1, vregen
        /*Bits de controle*/
#define usb_con_sense_pin pin_b2 /*Informa ao compilador que o bit 2 do
        portB é o pino sensor de conexão da USB.*/
#include <usb_cdc.h> /*Inclui a biblioteca para adicionar uma porta COM
        virtual através da USB, usando a especificação padrão CDC.*/

int p,q; /*Variáveis inteiras para guardar o resultado da conversão AD ('p') e
        da leitura da posição da memória eeprom ('q')*/
int m=0; //Variável int para guardar os valores das subtensões na EEPROM
float a; /*Variável tipo float, que guardará o valor já em volts que será enviado
        pela serial USB ao PC, após se pressionar o botão de pedido de
        interrupção externa*/

#int_ext //Identificador da interrupção externa

void trata_ext() //Função para tratamento da interrupção externa
{
q=read_eeprom(m); /*Lê a posição 'm' da memória EEPROM e guarda seu
        conteúdo na variável 'q'.*/
a=150.0*q/255; /*Multiplica o conteúdo da variável 'q' por 150 e divide o
        produto por 255, para obter o valor em volts que será guardado na
        variável 'a'.*/
 if(q<=242) /*Se o valor armazenado na posição zero da memória EEPROM
        for menor do que ou igual a 242, executa a instrução a seguir:*/
 printf(usb_cdc_putc,"\rVsub = %3.1fV\r\n",a); /*Envia o valor guardado na
        variável 'm', já em Volts, para o PC pela saída serial USB.*/
}

void main() //Função principal
{
ext_int_edge(h_to_l); /*Faz com que a interrupção ocorra na borda de descida
        do sinal.*/
enable_interrupts(global|int_ext); //Habilita a interrupção externa.
```

```
setup_adc_ports(an0); /*Configura somente a entrada AN0 como entrada
        analógica a ser convertida.*/
setup_adc(adc_clock_internal); /*O conversor AD é configurado para usar o
        clock interno.*/
set_adc_channel(0); //Configura o canal 0 para a conversão.
usb_cdc_init(); //Inicialização da comunicação pela USB
usb_init(); //Inicialização do hardware USB
usb_task(); //Esta função é chamada periodicamente para verificar a conexão.

while(true) //Laço infinito
{
 if(usb_enumerated()) /*Se o dispositivo estiver em operação normal, executa
        os comandos do bloco a seguir:*/
 {
 p=read_adc(); //Lê o resultado da conversão AD e guarda-o na variável 'p'.
 if(p<=242) /*Se o resultado da conversão AD for menor do que 242, que
 corresponde a 142V, executa o comando abaixo:*/
 {
 write_eeprom(m,p); /*Guarda o resultado da conversão na posição 'm'
        (posição 0) da eeprom interna.*/
 }
 }
 delay_ms(1000); /*Retardo de 1s para que a atualização dos resultados das
        conversões seja feita a cada segundo.*/
}
}
```

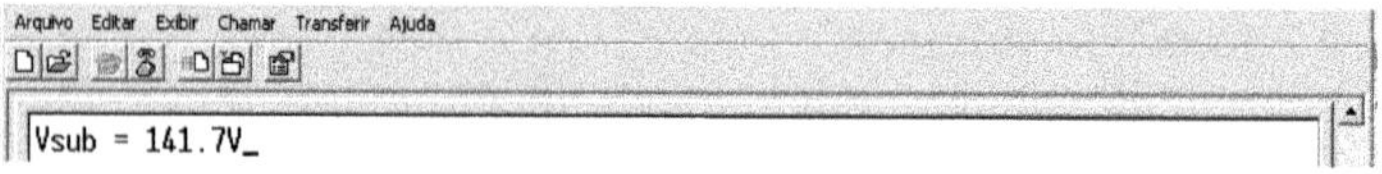

Arquivo Editar Exibir Chamar Transferir Ajuda

Vsub = 141.7V_

Fig. 20.10 – Exemplo 'USB11'

A figura 20.10, acima, mostra o resultado da conversão AD realizada pelo PIC utilizando-se o programa do exemplo USB11.

Podem surgir na tela diversos valores de subtensão, ao invés de um único. Isso se deve ao rebatimento dos contatos da chave 'Int Ext' (Int 0). Esse efeito só poderia ser eliminado pela utilização de um circuito anti-bouncing (anti-rebatimento de contatos) ou de um software com a mesma finalidade. Efeito semelhante poderá ser observado ao se executar o programa do exemplo 20.12, a seguir.

Exemplo 20.12: USB12

/*Programa para fazer a conversão de uma tensão analógica entre 0 e +150V em um valor digital de 8 bits usando a USB para comunicar com o computador. Se a tensão cair abaixo de aproximadamente 142V, o valor da subtensão será guardado a partir da posição 0 da EEPROM interna, até a posição 'n'. Ao ser pressionado o botão que aciona interrupção externa, os

```
valores guardados na memória serão enviados ao PC pela porta serial USB.
Envio de informações do PIC para o PC*/

#include<18F4550.h> /*Inclusão do header (*.h) para o microcontrolador
        utilizado*/
#device adc=8 //Conversão AD em 8 bits. Esta linha não é necessária.
#use delay(clock=48MHz) /*Informa a frequência de operação do PIC para o
        cálculo dos delays.*/
#fuses  hspll, nowdt, noprotect, nolvp, nodebug, usbdiv, pll2, cpudiv1, vregen
        /*Bits de configuração*/
#define usb_con_sense_pin pin_b2 /*Informa ao compilador que o bit 2 do
        portB é o pino sensor de conexão da USB.*/
#include <usb_cdc.h> /*Inclui a biblioteca para adicionar uma porta COM
        virtual através da USB, usando a especificação padrão
        Communications Device Class (CDC).*/

int p,q; /*Variáveis inteiras para guardar o resultado da conversão AD ('p') e
        da leitura da posição da memória EEPROM ('q')*/
int m,n=0; /*Variáveis declaradas como inteiras e inicializadas com 0, para
        guardar os valores das subtensões na EEPROM ('n') e para guardar
        os valores recuperados dessa memória após pressionar o botão de
        interrupção externa ('m')*/
float a; /*Variável tipo float, que guarda o valor já em volts, o qual será enviado
        pela porta serial USB ao PC após pressionar o botão da interrupção
        externa.*/

#int_ext //Identificador da interrupção externa

void trata_ext() //Função para tratamento da interrupção externa
{
 while(m<=n) /*Laço while. Enquanto 'm' for menor ou igual a 'n', ou seja,
        enquanto o número de valores de subtensão buscados da memória
        eeprom interna for inferior ao número de subtensões que foram
        gravadas lá, serão executadas as ações abaixo:*/
 {
 q=read_eeprom(m); /*Lê a posição 'm' da memória EEPROM e guarda na
        variável 'q'.*/
 a=150.0*q/255; /*Multiplica o conteúdo da variável 'q' por 150 e divide o
        produto por 255, para obter o valor em volts que será guardado na
        variável 'a'.*/
  if(q<=242) /*Se o valor armazenado na posição 'm' da memória eeprom for
        igual ou menor do que 242, executa a instrução a seguir:*/
  printf(usb_cdc_putc,"\rVsub = %3.1fV\r\n",a); /*Envia para o PC, pela saída
        serial USB, o valor guardado na variável 'a', já em volts.*/
  m++; /*Incrementa a variável 'm' para buscar o próximo valor de subtensão
        gravado na EEPROM interna.*/
 }
```

```
m=0; /*Zera a variável 'm' para que ao se acionar novamente o botão da
        interrupção externa, o primeiro valor de subtensão buscado da
        memória seja trazido da primeira posição (posição 0).*/
}

void main() //Função principal
{
ext_int_edge(h_to_l); /*Faz com que a interrupção ocorra na borda de
        descida.*/
enable_interrupts(global|int_ext); //Habilita a interrupção externa.
setup_adc_ports(an0); /*Configura apenas AN0 como entrada analógica a ser
        convertida.*/
setup_adc(adc_clock_internal); /*O conversor AD é configurado para usar o
        clock interno.*/
set_adc_channel(0); //Configura o canal 0 para a conversão.
usb_cdc_init(); //Inicialização da comunicação na USB
usb_init(); //Inicialização do hardware USB
usb_task(); //Esta função é chamada periodicamente para verificar a conexão.

 while(true) //Laço infinito
 {
  if(usb_enumerated()) /*Se o dispositivo estiver em operação normal, executa
        os comandos do bloco a seguir:*/
  {
  p=read_adc(); //Lê o resultado da conversão AD e o guarda na variável 'p'.
        if(p<=242) /*Se o resultado da conversão AD for igual ou menor do
        que 242, executa os comandos abaixo:*/
   {
   write_eeprom(n,p); /*Guarda o resultado da conversão na posição 'n' da
          EEPROM interna.*/
   n++; //Incrementa a variável 'n'.
    if(n>=4) //Se 'n' for igual ou maior do que 4,
    n=0; //zera a variável 'n'.
   }
  }
 delay_ms(1000); /*Retardo de 1s para que os resultados das conversões
        sejam mostrados a cada segundo.*/
 }
}
```

Obs.: nos exemplos 19.11 e 19.12 usou-se 'a=150.0*q/255;', pois 150, 'q' e 255 são números inteiros e 'a' é do tipo float. Se isso não for feito todas a subtensões serão mostradas como '0V'.

Ao girar o potenciômetro do kit para gerar a subtensão, deve-se fazê-lo rapidamente e retornar ao valor normal de tensão.

A figura 20.11, a seguir, mostra os valores das subtensões trazidos da memória EEPROM interna e enviados pelo PIC ao computador após ter sido pressionado o botão de pedido de interrupção externa.

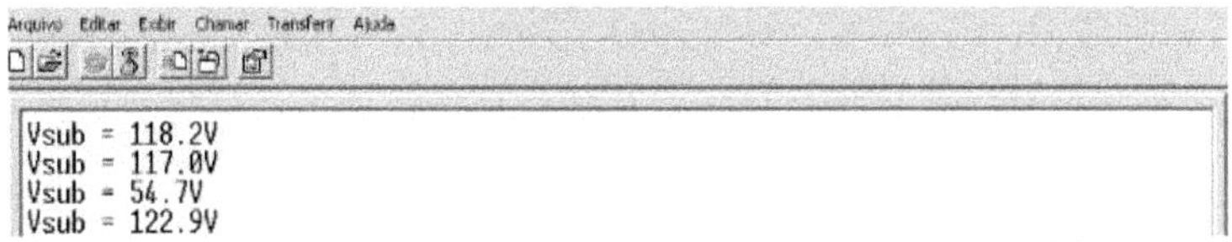

Fig. 20.11 – Exemplo 'USB12'. Gravando valores de subtensão na memória EEPROM interna e mostrando-os no HyperTerminal do computador após pressionar o botão de pedido de interrupção externa.

Estes valores foram gravados anteriormente na EEPROM toda vez que ocorreu uma subtensão, programada para valores inferiores ou iguais a 142V. A gravação foi feita de forma sequencial a partir da posição 0 até a posição 3 da memória. Poderia ter sido gravado um número maior de valores de subtensão para serem reproduzidos posteriormente também sequencialmente, a partir da posição 0, bastando aumentar o valor de 'n' no programa.

A seguir veremos um programa no qual se utiliza um anti-bouncing (anti-rebatimento) por software. Neste exemplo não é utilizada a interrupção externa.

No caso de interrupções externas o anti-bouncing por software é ineficaz. O motivo pelo qual isso acontece é que a cada vez que o contato é fechado novamente (devido ao rebatimento) ocorre um novo pedido de interrupção que é registrado e fica na fila de espera para ser atendido. Como esses novos pedidos sempre serão atendidos, não há como se impedir a repetição da execução das rotinas de atendimento à interrupção.

Após o programa a seguir, será mostrado um circuito (hardware) que impede que ocorram pedidos de interrupção não desejados devidos ao rebatimento dos contatos. Esse circuito, ou algum outro que cumpra a mesma função, poderia ser utilizado para evitar a repetição da escrita dos valores das subtensões no HyperTerminal tanto no programa do exemplo 20.11, quanto no do exemplo 20.12.

No próximo exemplo, 'USB13', será utilizado o kit PRO V3.0, no qual o botão B1 não pressionado mantém o bit b0 em nível baixo. Por esse motivo temos o comando *if(input(pin_b0)),* diferentemente de if(!input(pin_b0)) quando do uso dos outros kits.

Exemplo 20.13: USB13

/*Programa para escrever a letra 'B' na posição 9 da EEPROM interna. Ao ser pressionado o botão B1(RB0/INT0), esse caractere guardado na memória é enviado ao PC pela porta serial USB. ***Envio de dados do PIC para o PC****/

```
#include<18F4550.h> //Inclusão do header (*.h) para o microcontrolador
            //utilizado
#use delay(crystal=8MHz) //Informa a frequência do cristal.
```

```
#use delay(clock=48MHz) /*Informa a frequência de operação do PIC para o
        cálculo dos delays.*/
#fuses hspll, nowdt,  noprotect, nolvp, usbdiv, pll2, cpudiv1, vregen /*Bits de
        configuração*/
#define usb_con_sense_pin pin_b2 /*Informa ao compilador que o bit 2 do
        portB é o USB_con_sense_pin (pino sensor de conexão do USB).*/
#include <usb_cdc.h> /*Inclui a biblioteca para adicionar uma porta COM
        virtual através da USB, usando a especificação padrão
        Communications Device Class (CDC).*/

char x; /*Declara a variável 'x' como sendo do tipo char, ou seja, que é
        adequada para guardar qualquer um dos 256 caracteres do código
        ASCII.*/

void main() //Função principal
{
usb_cdc_init(); //Inicialização da comunicação via USB
usb_init(); //Inicialização do hardware USB
usb_task(); //Esta função é chamada periodicamente para verificar a conexão.
write_eeprom(9,'B'); //Escreve o caractere 'B' no endereço 9 da EEPROM.

 while (true) //Laço infinito
 {
  if (input(pin_b0)) //Se o botão B1 (RB0/INT0) for pressionado,
  {
  x = read_eeprom(9); /*faz a leitura no endereço 9 da EEPROM e coloca em
        'x'.*/
  printf(usb_cdc_putc,"%c",x); /*Leva o conteúdo da variável 'x', 'B', para a
        saída serial USB.*/
  delay_ms(240); //Retardo de 0,24s
  }
 }
}
```

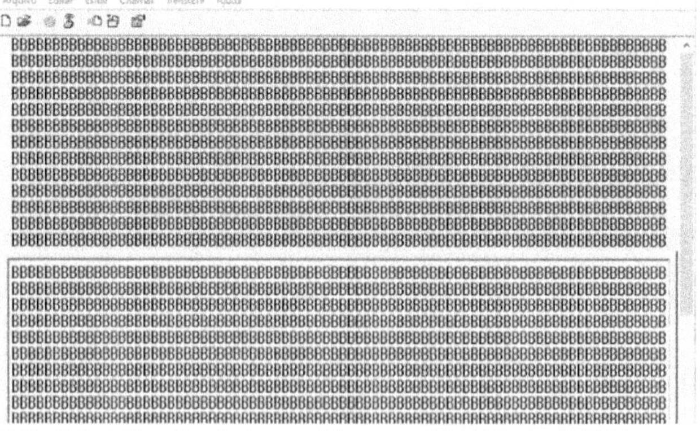

Fig. 20.12 – Tela do HyperTerminal caso retirássemos a linha 'delay_ms(240);' do programa.

A figura 20.12, acima, mostra a tela do HyperTerminal, caso se comentasse a linha do programa em destaque, que faz o papel de anti-bouncing. Pela figura, pode-se ter uma ideia da quantidade de vezes que o botão B1 fecha e abre sem que percebamos. Foram preenchidas mais de duas telas do HyperTerminal como resultado de um único pressionamento do botão B1.

A figura 20.13, a seguir, mostra a tela do HyperTerminal, após um pressionamento do botão B1, depois de termos reintroduzido a linha de retardo de 240ms. Esse tempo foi determinado experimentalmente para o botão B1, utilizado no Kit PRO V3.0 da ACEPIC. Outras chaves de outros modelos e outros fabricantes, possivelmente, necessitarão de tempos diferentes, menores ou maiores. No nosso caso, verificou-se nos testes que, com um delay de 200ms, um pressionamento do botão B1, fazia surgirem 2 caracteres B na tela.

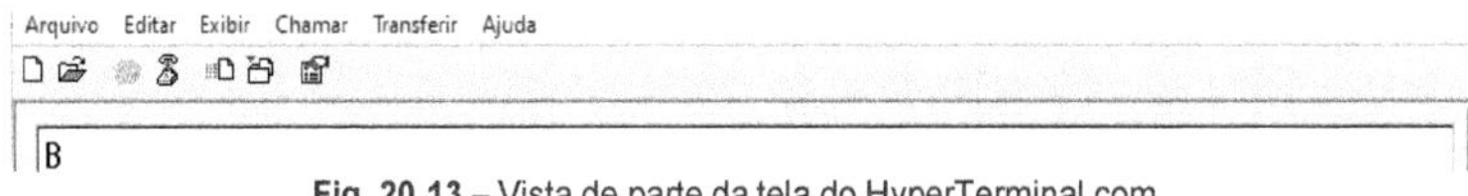

Fig. 20.13 – Vista de parte da tela do HyperTerminal com o retardo de 240ms reinserido no programa.

A figura 20.14, abaixo apresenta uma sugestão de circuito anti-bouncing.

Em lugar dos dois circuitos integrados 555, poderia ser utilizado um único 556, que nada mais é que um circuito integrado que reúne dois 555 em um mesmo encapsulamento.

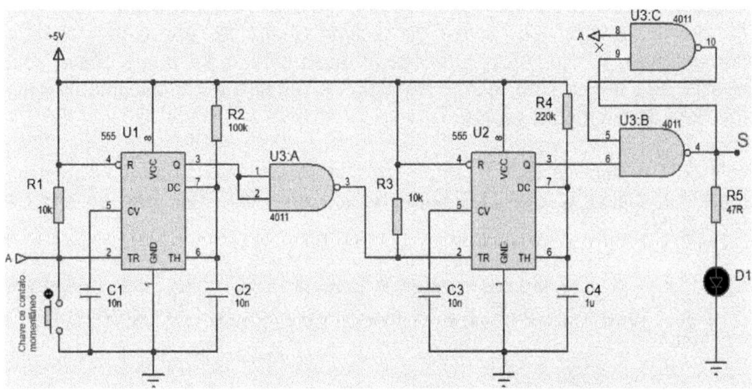

Fig. 20.14 – Circuito antibouncing com multivibrador bi-estável

Neste circuito, o flip-flop (multivibrador bi-estável) do tipo RS (Reset/Set), formado por U3:B e U3:C, quando muda de estado, impede que eventuais rebatimentos dos contatos da chave de contato momentâneo tenham qualquer influência no funcionamento do circuito e na escrita no HyperTerminal.

U1 e U2 são dois temporizadores, sendo que suas saídas permanecem em nível alto após seus pinos '2' (disparo) terem sido levados para nível baixo. O tempo em que as saídas permanecem em nível alto é função das constantes de tempo R2C2 e R4C4, respectivamente. No caso de U1, isso ocorre após pressionarmos a chave de contato momentâneo.

O tempo durante o qual a saída, pino '3', permanece em nível alto é dado por: 1,1R2C2. No caso presente, esse tempo será de aproximadamente 1,1 milissegundo.

Para que seja feito o acionamento do segundo temporizador é necessário inverter a saída de U1, o que é feito por U3:A. Como R4 e C4 tem valores de 220KΩ e 1µF, respectivamente, o tempo em que a saída de U2 permanecerá em nível alto será de aproximadamente 242 milissegundos.

Ao se pressionar o botão da chave de contato momentâneo, além de acionar o primeiro temporizador, também se muda o estado das saídas do flip-flop RS, sendo que a saída de U3:B vai para nível baixo nesse instante. É essa saída, **S**, que deve ser interligada com a entrada de interrupção externa INT0 do microcontrolador.

Nesse instante (em que se pressiona o botão), também é acionada a entrada de disparo do segundo temporizador (pois a saída Q de U1 vai para nível alto e a saída de U3:A vai para nível baixo), cuja saída é levada para nível alto e assim permanece durante aproximadamente 242 milissegundos, devido à constante de tempo R4C4. Quando a saída desse temporizador voltar para nível baixo, a saída do flip-flop (U3:B, pino 4) muda novamente para nível alto (o mesmo estado de antes do acionamento da chave de contato momentâneo). O flip-flop permanecerá nesse estado até que a chave seja pressionada novamente, quando o ciclo se repetirá automaticamente pela ação dos dois temporizadores.

Note-se que durante todo o tempo em que os contatos da chave estiverem abertos, a saída S, de U3:B permanecerá em nível alto, *não ativando* a entrada INT0.

R5 e o LED D1, não são necessários à operação do circuito. Estão presentes no diagrama apenas para que se possa visualizar seu funcionamento no simulador.

Capítulo 21 - Protocolo de comunicação SPI

21.1 – Introdução

O protocolo de comunicação **SPI** (**S**erial **P**eripheral **I**nterface) é utilizado para a comunicação serial entre um dispositivo mestre e um ou mais escravos. Isso é possível graças ao módulo MSSP (**M**aster **S**ynchronous **S**erial **P**ort – porta serial síncrona mestre), que também permite a comunicação pelo protocolo i2c.

A comunicação de dados, em geral, é feita em modo full duplex, dispondo-se para isso de dois pinos separados, um para a entrada e o outro para a saída de dados.

Diferentemente do protocolo I2C, no protocolo SPI os escravos (slaves) não possuem endereço, pois são selecionados por um sinal aplicado pelo PIC ao pino /SS (**S**lave **S**elect) do dispositivo escravo, sendo que em alguns casos esse pino é chamado /CS (**C**hip **S**elect).

Os dados normalmente são transferidos 8 bits de cada vez, podendo-se iniciar a transferência pelo MSB ou pelo LSB, dependendo do tipo do dispositivo.

Em geral, os escravos são tri-state, o que permite que mais de um escravo possa estar conectado fisicamente ao barramento, embora eletricamente apenas um deles seja ligado ao mestre de cada vez, quando da ativação de sua entrada /SS ou /CS (ativa em nível baixo).

Os pinos e sinais para a comunicação entre mestre e escravo, disponíveis no protocolo SPI e existentes tanto nos PICs quanto nos dispositivos escravos que dispõe desta facilidade, são os seguintes:

SDI – **S**erial **D**ata **I**nput
SDO – **S**erial **D**ata **O**utput
SCK – **S**erial **C**loc**K**
/SS ou /CS) – **S**lave **S**elect (**C**hip **S**elect)

Eventualmente, por iniciativa do usuário ou do projetista do sistema, os pinos SDI e SDO podem estar interligados, o que simplifica o projeto, mas, por outro lado, reduz a velocidade da comunicação, uma vez que, neste caso, deixa-se de utilizar a comunicação full duplex.

A comunicação é iniciada quando o mestre seleciona o escravo, levando seu pino /SS ou /CS para nível lógico 0. A partir daí o escravo se prepara para se comunicar com o mestre, porém alguns escravos necessitam de um tempo adicional (pequeno, da ordem de µs) antes receber o sinal de clock. O mestre envia um dado ao escravo ao mesmo tempo em que o escravo pode estar enviando um dado ao mestre (no caso de comunicação full duplex).

Em geral, os escravos são selecionados com /SS ou /CS = 0, mas *há alguns dispositivos que são selecionados com esse pino em nível alto.*

Os registradores associados à comunicação SPI são os seguintes:

INTCON – **INT**errupt **CON**trol (registrador de controle das interrupções) – FF2h
PIR1 – **P**eripheral **I**nterrupt **R**egister **1** (registrador 1 de sinalização das interrupções por periféricos) – F9Eh
PIE1 – **P**eripheral **I**nterrupt **E**nable **1** (registrador 1 de habilitação das interrupções por periféricos) – F9Dh
IPR1 – Peripheral **I**nterrupt **P**riority **R**egister **1** (registrador 1 das prioridades das interrupções por periféricos) – F9Fh
TRISA – Registrador de configuração do sentido do fluxo do portA – F92h **TRISB** – Registrador de configuração do sentido do fluxo do portB – F93h **TRISC** – Registrador de configuração do sentido do fluxo do portC – F94h
SSPBUF – Master **S**erial **SP**I receive/transmit **BUF**fer (buffer mestre de recepção/transmissão serial para o modo SPI) – FC9h
SSPCON1 – M**SSP** **CON**trol **1** (registrador mestre 1 de controle da comunicação serial no modo SPI) – FC6h
SSPSTAT – M**SSP** **STAT**us register (registrador mestre de status da comunicação serial no modo SPI) – FC7h

Os números em hexadecimal ao lado direito dos nomes dos registradores indicam suas posições no banco de registradores de funções especiais. No caso do PIC18F4520 os endereços desses registradores no banco de registradores de funções especiais podem ser encontrados à página 63 do datasheet de 2008. Para o PIC18F4550 esses registradores e seus endereços podem ser vistos à página 68 do datasheet de 2009. Os endereços dos registradores citados acima são os mesmos tanto para o PIC18F4520 quanto para o PIC18F4550.

21.2 – Protocolo SPI utilizando o compilador CCS

21.2.1– A diretiva #USE SPI *(CCS)*

Existem bibliotecas de funções disponíveis no compilador CCS, que devem ser utilizadas para a comunicação usando o protocolo SPI. Para que se possam usar essas funções deve-se incluir a diretiva ***#use spi*** no início do programa, caso não se utilize o driver do dispositivo escravo destinado ao uso deste protocolo.

#use spi(opções)

As opções devem ser separadas por vírgula, quando existir mais de uma, e podem ser quaisquer das mostradas na tabela 21.1, abaixo (traduzida e adaptada da página 197 do CCS C Compiler Manual PCB/PCM/PCH and PCD March 2019):

Opção	Descrição
master	Seleciona o dispositivo como o mestre.
slave	Seleciona o dispositivo como escravo.
baud=n	Especifica a velocidade em bits por segundo. O padrão é utilizar a velocidade mais alta possível.
clock_high=n	Tempo em µs durante o qual o clock permanece em nível alto (não é necessário se for usado baud). (padrão=0)
clock_low=n	Tempo em µs durante o qual o clock permanece em nível baixo (não é necessário se for usado baud). (padrão=0)
di=pino	Especifica o pino de entrada do dado (ex.: di=pin_c4). (opcional)
do=pino	Especifica o pino de saída do dado (ex.: do=pin_c5). (opcional)
clk=pino	Especifica o pino de entrada do clock (ex.: clk=pin_c3).
mode=n*	Número do modo de operação do barramento spi
enable=pino	Pino ativo durante a transferência do dado (opcional)
load=pino	Pino a ser pulsado após o dado ter sido transferido (opcional)
diagnostic=pino	Pino a ser setado quando o dado é amostrado (opcional)
sample_rise	Amostra na borda de subida.
sample_fall	Amostra na borda de descida.
bits=n	Número máximo de bits em uma transferência (padrão=32)
sample_count=n	Número de amostras a serem obtidas (padrão=1)
load_active=n	Estado ativo para o pino LOAD (0,1)
enable_active=n	Estado ativo para o pino ENABLE (0,1) (padrão=0)
idle=n	Estado inativo para o pino CLK (0,1) (padrão=0)
enable_delay=n	Retardo de tempo em µs após ENABLE ter sido ativado (padrão=0)
data_hold=n	Intervalo de tempo entre a mudança do dado e a mudança do nível do clock
lsb_first	O LSB é enviado primeiro.
msb_first	O MSB é enviado primeiro. (padrão)
stream=id	Especifica um nome para o streaming ao usar este protocolo.
spi1	Usa os pinos do hardware para o port1 do spi.
spi2	Usa os pinos do hardware para o port2 do spi.
force_sw	Usa uma implementação de software mesmo quando são especificados pinos do hardware.
force_hw	Usa o hardware do PIC para o spi.
noinit	Não inicializa o port do hardware para o spi.

Tabela 21.1 – Opções de configuração do barramento para uso do protocolo spi ***(CCS)***

Modo	Polaridade do clock	Fase do clock	Descrição
0	0	0	Nível lógico (polaridade) 0 em repouso e amostragem na subida do clock.
1	0	1	Nível lógico 0 em repouso e amostragem na descida do clock.
2	1	0	Nível lógico 1 em repouso e amostragem na descida do clock.
3	1	1	Nível lógico 1 em repouso e amostragem na subida do clock.

Tabela 21.2 – Modos de operação no barramento SPI

* O modo pode assumir 4 valores distintos, cada um com um comportamento diferente, com relação aos níveis lógicos no início da aplicação do sinal de clock, conforme a tabela 21.2, acima.

A figura 21.1, abaixo, mostra de forma mais clara os 4 modos de operação.

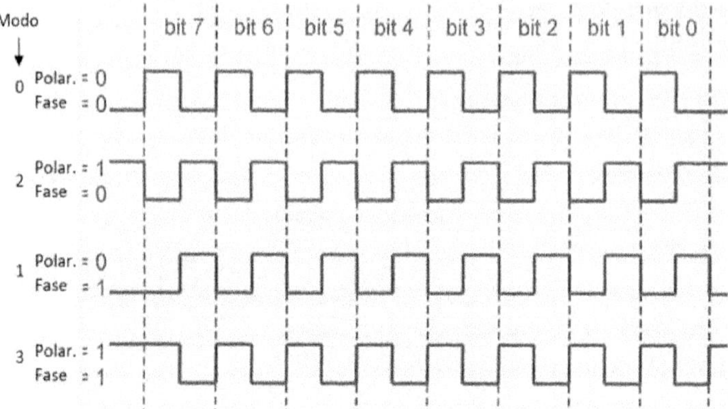

Fig. 21.1 – Modos de operação no protocolo SPI

21.3– Funções relevantes *(CCS)*

A seguir descrevem-se algumas das funções mais comumente utilizadas quando se usa o protocolo spi:

setup_spi() – Configura o módulo MSSP para a comunicação de acordo com o protocolo SPI.

Sintaxe:

setup_spi(modo)

Onde modo pode ser:

spi_master – Modo mestre
spi_slave – Modo escravo, /SS como entrada de seleção.
spi_ss_disabled – Modo escravo, desliga o pino de seleção, de modo que o escravo receberá qualquer transmissão no barramento.
spi_l_to_h – Os dados são transferidos na subida do clock
spi_h_to_l – Os dados são transferidos na descida do clock
spi_clk_div_4 – clock spi = Fosc/4
spi_clk_div_16 – clock spi = Fosc/16
spi_clk_div_64 – clock spi = Fosc/64
spi_clk_t2 – clock spi obtido do timer T2

Além dos *modos apresentados acima*, há outros modos menos utilizados, *que podem ser consultados no manual do compilador da CCS.*

spi_init() – Inicializa o módulo SPI com os ajustes especificados em #use spi.

Sintaxe:

spi_init(baud);
spi_init(stream, baud);

spi_read() – Retorna um valor lido através do protocolo SPI. Se um valor for passado para o comando spi_read(), o dado será colocado na saída na transição ativa do clock e o dado recebido será retornado.

Sintaxe:

valor = spi_read(valor);

Onde 'valor', no caso em que o dispositivo seja uma memória, é o endereço de onde será trazida a informação desejada.

spi_write() – Envia um byte para fora da interface SPI. Isso faz com que sejam gerados 8 pulsos de clock. Esta função escreverá o valor no dispositivo escravo.

Sintaxe:

spi_write(endereço, valor);

Além destes comandos mais usuais, há uma série de outros que podem ser vistos no manual do compilador da CCS.

21.4 – Memória EEPROM externa

A memória disponível para uso como memória EEPROM externa no kit PRO V3.0 é a 25LC256, uma memória serial de 32K Bytes (32768 bytes) organizada em 512 páginas de 64 bytes, que utiliza o protocolo SPI.

A memória 25LC256 é vista nas figuras 21.2a e 21.2b, abaixo, que mostram seu encapsulamento na versão dual in line (a), bem como sua pinagem (b):

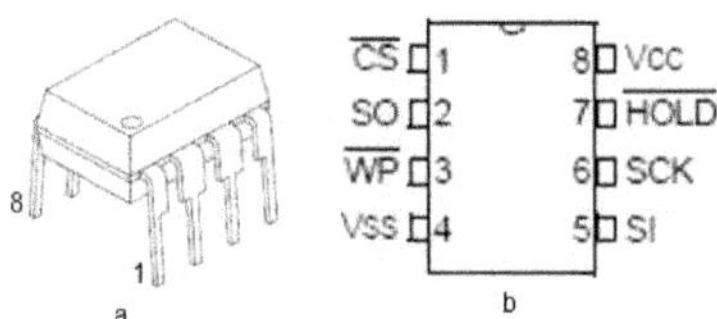

Fig. 21.2 – A memória 25LC256: a – encapsulamento, b – pinagem

A tabela 21.3, abaixo, mostra as funções dos pinos da memória 25LC256:

Pino	Nome	Função
1	/CS	Chip Select – entrada de seleção da memória
2	SO	Saída serial de dados
3	/WP	Write Protect – Proteção contra escrita indevida
4	VSS	Ground – comum da fonte
5	SI	Entrada serial de dados
6	SCK	Entrada do clock
7	/HOLD	Entrada para suspensão da transferência
8	VCC	Positivo da fonte de alimentação

Tabela 21.3 – Funções dos pinos da memória 25LC256

A tabela 21.4, abaixo, mostra o conjunto de instruções da 25LC256:

Nome	Formato	Descrição da instrução
READ	0000 0011	Lê os dados da memória a partir do endereço selecionado
WRITE	0000 0010	Escreve os dados na memória a partir do endereço selecionado
WRDI	0000 0100	Reseta o bit de habilitação do latch de escrita (desabilita a escrita)
WREN	0000 0110	Seta o bit de habilitação do latch de escrita (habilita a escrita)
RDSR	0000 0101	Lê o registrador de status
WRSR	0000 0001	Escreve no registrador de status

Tabela 21.4 – Conjunto de instruções da memória 25C256

A figura 21.3, a seguir, mostra as formas de onda presentes nos pinos da memória 25LC256, durante o processo de escrita de um byte na memória.

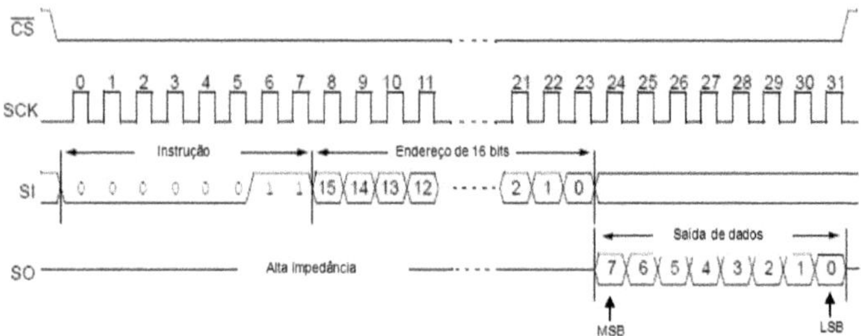

Fig. 21.3 – Sequência dos sinais durante o processo de escrita de um byte na memória 25LC256

A figura 21.4, abaixo, mostra a sequência dos sinais presentes nos pinos da 25LC256 durante a escrita de páginas de dados.

A forma mais fácil para se utilizar esta memória é fazendo uso de sua biblioteca, '25C256.c'. Essa biblioteca (também chamada de driver da memória) deve ser incluída no programa que estivermos desenvolvendo. Isso pode ser feito incluindo seu arquivo na mesma pasta do programa, ou chamando-o de onde ele estiver guardado.

A CCS não dispunha de um driver para esta memória (até a conclusão deste livro), então devemos criá-lo utilizando o MPLAB ou o MPLAB X, abrindo-se 'New File' (arquivo novo), escrevendo o programa que corresponde ao driver para a 25LC256 e salvando-o com a extensão '.c' (o MPLAB X o fará automaticamente). Esse arquivo pode ser salvo como '25c256.c' na pasta C:\Curso 18F, de onde será chamado para a inclusão em nossos programas que façam uso da memória 25LC256.

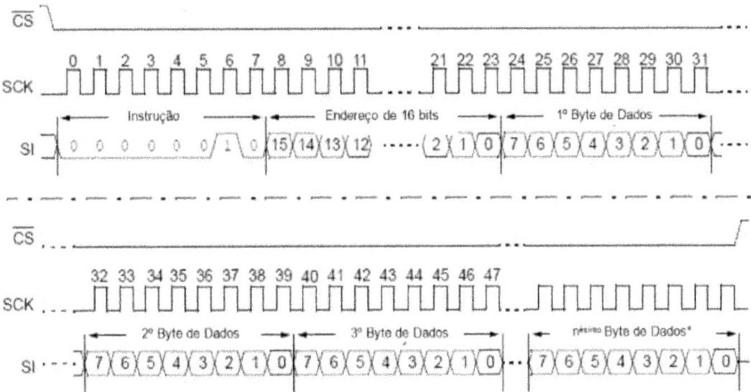

Fig. 21.4 – Sequência dos sinais durante a escrita de página de dados
*O número máximo de bytes permitido durante a escrita de página é 64.

21.4.1 – O arquivo 25c256.c

O arquivo que serve como biblioteca (ou driver) para o uso da memória 25LC256 é mostrado a seguir. Este arquivo pode ser digitado, como informado acima ou pode-se fazer 'copiar/colar' para dentro da página 'file new' do MPLAB e a partir daí seguir os procedimentos informados anteriormente.

```
#define eeprom_select pin_a3 /*Informa ao compilador que eeprom_select é
        o mesmo que pin_a3.*/
#define eeprom_address long int /*Informa ao compilador que os
        endereços na eeprom são do tipo 'long int', uma vez que a 25LC256
        tem mais do que 256 bytes, que é o limite para endereçamento com
        8 bits.*/
#define eeprom_size 32768 //Informa ao compilador, em bytes, o tamanho da
        //eeprom.

void init_ext_eeprom() //Inicializa a eeprom externa.
{
output_high(eeprom_select); /*Coloca o pino eeprom_select em nível alto, ou
        seja, desabilita a eeprom).*/
```

```
setup_spi(spi_master|spi_xmit_l_to_h|spi_l_to_h|spi_clk_div_4); /*Configura
        a comunicação serial para o protocolo spi. Informa que o PIC é o
        mestre, que é utilizado o modo 0 para a operação do barramento spi
        e que se utiliza Fosc/4.*/
}

int1 ext_eeprom_ready(void) /*Define a função ext_eeprom_ready como
        sendo do tipo int1 (Boolean), ou seja, que ela só pode assumir os
        níveis lógicos 0 ou 1. Essa função serve para indicar se a eeprom
        externa está pronta ou não para leitura ou escrita. Se retornar 0 a
        eeprom não está pronta e se retornar 1, ela está pronta.*/
{
int8 data; //Declara a variável 'data' como sendo do tipo inteiro de 8 bits.
output_low(eeprom_select); /*Seleciona a memória, pois coloca
        'eeprom_select' em nível lógico baixo.*/
spi_write(0x05);
data = spi_read(0); /*Lê a posição 0 da eeprom externa e guarda esse
        conteúdo na variável 'data'.*/
output_high(eeprom_select); //Desabilita a memória eeprom externa.
return(!bit_test(data, 0)); /*Testa o bit 0 da variável 'data' e, se ele for 0,
        retorna 1 (true).*/
}

void write_ext_eeprom(eeprom_address address, byte data) /*Define a
        função write_ext_eeprom, escreve na eeprom externa, o dado do
        tipo byte 'data', no endereço 'address' do tipo eeprom_address.*/
{
while(!ext_eeprom_ready()); /*Enquanto a memória externa não estiver
        pronta, executa o comando 'output_low(eeprom_select);'*/
output_low(eeprom_select); //Seleciona a memória externa.
spi_write(0x06);
output_high(eeprom_select); //Desabilita a eeprom externa.
output_low(eeprom_select); //Seleciona a eeprom externa.
spi_write(0x02);
spi_write(address >> 8);
spi_write(address);
spi_write(data);
output_high(eeprom_select); //Desabilita a eeprom externa.
delay_ms(5); //Retardo de 5ms
}

byte read_ext_eeprom(eeprom_address address) /*Define a função
        'read_ext_eeprom', ler da eeeprom externa, o dado que está na
        posição 'address'.*/
{
int8 data; //Declara a variável 'data' como int8, ou seja, como um inteiro de 8
        //bits.
```

```
while(!ext_eeprom_ready()); /*Enquanto a eeprom externa não estiver pronta,
        executa o comando 'output_low(eeprom_select', ou seja, mantém a
        eeprom externa selecionada.*/

output_low(eeprom_select); //Seleciona a eeprom externa.
spi_write(0x03);
spi_write(address >> 8);
spi_write(address);
data = spi_read(0); //Lê a posição 0 da memória externa.
output_high(eeprom_select); //Seleciona a memória externa.
return(data); //Retorna o dado.
}
```

A tabela 21.5, abaixo esclarece melhor a 'linha setup_spi();', que é parte do arquivo driver da memória 25C256:

```
setup_spi(spi_master|spi_xmit_l_to_h|spi_l_to_h|spi_clk_div_4); /*Configura
        a comunicação serial para o protocolo spi. Informa que o PIC é o
        mestre, que é utilizado o modo 0 para a operação do barramento spi
        e que se utiliza Fosc/4.*/
```

A tabela foi obtida, traduzida e adaptada de um fórum de discussão de usuários de compiladores CCS, que pode ser acessado pelo link:

https://www.ccsinfo.com/forum/viewtopic.php?t=45722

SPI MODE	MOTOROLA		MICROCHIP		CCS	Data clocked in at
	CPOL	CPHA	CKP	CKE		
0	0	0	0	1	SPI_L_TO_H|SPI_XMIT_L_TO_H	low to high edge
1	0	1	0	0	SPI_L_TO_H	high to low edge
2	1	0	1	1	SPI_H_TO_L	high to low edge
3	1	1	1	0	SPI_H_TO_L|SPI_XMIT_L_TO_H	low to high edge

Tabela 21.5 – Modos de operação do protocolo SPI e suas notações

Onde nessa tabela:

SPI Mode – modo SPI
Motorola, Microchip e CCS - Fabricantes e desenvolvedor do compilador
CPOL – Polaridade do clock notação Motorola
CPHA – Fase do clock notação Motorola
CKP – Polaridade do clock notação Microchip
CKE – Fase do clock notação Microchip
Data clocked in at – clock ativo na borda de:
low to high edge – subida
high to low edge – descida

A seguir são mostrados três programas em que se utiliza a memória externa 25LC256.

21.4.2 – Exemplos de aplicação

Para o exemplo a seguir, usando-se o kit PRO V3.0, deve-se ligar a chave 9 do DIP DP2 e as chaves 2, 4 e 6 do DIP DP3.

Exemplo 21.1: 25LC256_1

```
/*Este programa escreve 'EEPROM 25LC256' na primeira linha do display e escreve 'B1 Escr. – B2 Le' na segunda. Ao se pressionar o botão B1 do kit PRO V3.0, o programa grava os caracteres que formam a palavra 'CURITIBA' a partir da posição 0 da memória externa 25LC256 e ao pressionarmos o botão B2, essa palavra, agora guardada na memória, será escrita na segunda linha do display. */

#include<18F4520.h> //Inclusão do header '.h' para o microcontrolador
        //utilizado
#use delay (clock=8MHz) /*Definição da frequência de operação para o
        cálculo dos delays*/
#fuses hs,nowdt,put,brownout,nolvp //Bits de configuração
#include <C:\Curso 18F\display_8bits.c> //Inclusão do driver do display no
        //programa
#include <C:\Curso 18F\25c256.c> //Inclusão do driver da memória 25LC256

void main() //Função principal
{
int i; //Declara a variável 'i' como sendo do tipo inteiro.
display_ini(); //Inicializa o display.
delay_ms(100); //Retardo de 100ms para garantir o bom funcionamento do
        //display.
set_tris_b(0xff); //Faz todos os pinos do portB funcionarem como entradas.
printf(write_display,"\f EEPROM 25LC256 "); /*Limpa o display e escreve
        'EEPROM 25LC256' a partir da 2ª coluna da primeira linha.*/
printf(write_display,"\nB1 Escr. - B2 Le"); /*Escreve 'B1 Escr. – B2 Le' a partir
        da 1ª coluna da 2ª linha do display.*/
delay_ms(2000); //Retardo de 2 segundos
init_ext_eeprom(); //Inicializa a eeprom externa.

 while(true) //Laço infinito
 {
 if (input(PIN_B0)) /*Se o botão B1, que corresponde ao bit 0 do portB, for
        pressionado, executa as instruções abaixo (entre as chaves '{' e
        '}'):*/
 {
 write_ext_eeprom(0,'C'); /*Salva o caractere 'C' na 1ª posição da memória
        externa 25LC256 (posição 0).*/
```

```
write_ext_eeprom(1,'U'); /*Salva o caractere 'U' na 2ª posição da memória
        externa (posição 1).*/
write_ext_eeprom(2,'R'); /*Salva o caractere 'R' na 3ª posição da memória
        externa (posição 2).*/
write_ext_eeprom(3,'I'); /*Salva o caractere 'I' na 4ª posição da memória
        externa (posição 3).*/
write_ext_eeprom(4,'T'); /*Salva o caractere 'T' na 5ª posição da memória
        externa (posição 4).*/
write_ext_eeprom(5,'I'); /*Salva o caractere 'I' na 6ª posição da memória
        externa (posição 5).*/
write_ext_eeprom(6,'B'); /*Salva o caractere 'B' na 7ª posição da memória
        externa (posição 6).*/
write_ext_eeprom(7,'A'); /*Salva o caractere 'A' na 8ª posição da memória
        externa (posição 7).*/
printf(write_display,"\nPress. B2 p/ Ler"); /*Escreve 'Press. B2 p/Ler' na 2ª
        linha do display.*/
}
if(input(PIN_C0)) /*Se o botão B2, que corresponde ao bit 0 do portC, for
        pressionado, executa os comandos abaixo:*/
{
printf(write_display,"\f\n"); /*Limpa o display e pula para a segunda linha.*/
display_pos_xy(5,2); //Posiciona o cursor na 5ª coluna da 2ª linha do display.
for (i=0;i<8;i++) /*Para 'i=0' até 'i=7' executa os comandos abaixo,
        incrementando 'i' após cada execução:*/
 {
 printf(write_display,"%c",read_ext_eeprom(i)); /*Escreve o caractere que
        está na posição 'i' da memória.*/
 delay_ms(300); /*Aguarda 300ms antes de escrever o próximo caractere
        (que está na posição 'i + 1').*/
 }
 }
 }
}
```

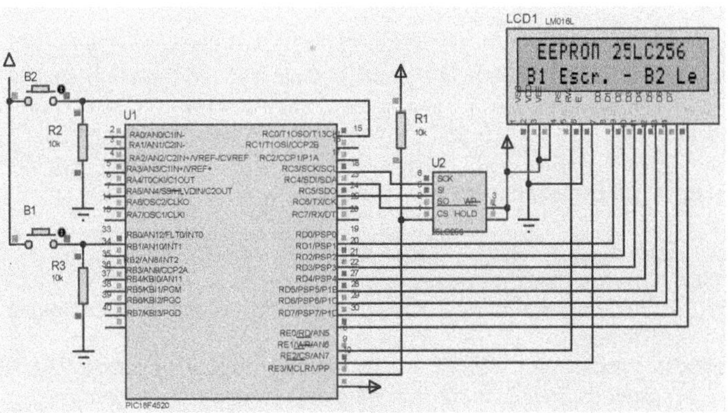

Fig. 21.5 – Circuito utilizado para o exemplo 21.1

Circuito

O circuito para o exemplo 25LC256_1 é mostrado na figura 21.5, acima.

Obs.: Embora o circuito para o exemplo 1 seja o mostrado na figura 21.5, 'montado' no simulador VSM do Proteus, ele só funcionou corretamente no kit de desenvolvimento, talvez por uma incompatibilidade entre a versão do VSM e o computador utilizado.

As figuras 20.6a, b e c, da esquerda para a direita, abaixo, mostram o display, logo após a alimentação do circuito (20.6a), após o pressionamento do botão B1 (20.6b) e depois de termos pressionado o botão B2 (20.6c). As figuras são fotos tiradas do display do kit de desenvolvimento.

Fig. 21.6a, b e c – Aparência da tela do display para o programa do exemplo '25LC256_1'

Exemplo 21.2: 25LC256_2

/*Neste exemplo, após ter sido escrita a palavra 'TESTE' a partir da sexta coluna da primeira linha do display, e as palavras 'Gravando 25LC256' na segunda linha, serão escritos os caracteres 'P', 'O', 'R', 'T' e 'O', nas posições 0, 1, 2, 3 e 4, e ' ', 'A', 'L', 'E', 'G', 'R', 'E', nas posições 5, 6, 7, 8, 9, 10 e 11 da memória externa 25LC256, respectivamente. Depois de alguns segundos será feita a leitura dessas posições de memória a partir da posição 0, escrevendo cada um dos caracteres na segunda linha do display, formando a palavra 'PORTO ALEGRE', após ter escrito na primeira linha: 'Lendo a eeprom'.*/

```
#include<18F4520.h> //Inclusão do header (.h) para o microcontrolador
        //utilizado
#use delay (clock=8MHz) /*Definição da frequência de operação para o
        cálculo dos delays*/
#fuses HS, NOWDT, PUT, BROWNOUT, NOLVP //Bits de configuração
#include <C:\Curso 18F\display_8bits.c> //Inclusão do driver do display no
        //programa.
#include <C:\Curso 18F\25c256.c> //Inclusão do driver da memória 25LC256

void main() //Função principal
{
int i; //Declara a variável 'i' como sendo do tipo inteiro.
display_ini(); //Inicializa o display.
delay_ms(100); //Retardo de 100ms para garantir o bom funcionamento do
        //display
printf(write_display,"\f     TESTE      "); /*Limpa o display e escreve 'TESTE' a
        partir da 6ª coluna da 1ª linha e depois deixa 6 espaços.*/
```

```
delay_ms(5000); //Aguarda 5 segundos.
printf(write_display,"\nGravando 25LC256"); /*Escreve 'Gravando 25LC256'
        a partir da 1ª coluna da 2ª linha do display.*/
init_ext_eeprom(); //Inicializa a memória externa 25LC256.
write_ext_eeprom(0,'P'); /*Escreve o caractere 'P' na posição 0 da 25LC256.*/
write_ext_eeprom(1,'O'); /*Escreve o caractere 'O' na posição 1 da
        25LC256.*/
write_ext_eeprom(2,'R'); /*Escreve o caractere 'R' na posição 2 da
        25LC256.*/
write_ext_eeprom(3,'T'); /*Escreve o caractere 'T' na posição 3 da 25LC256.*/
write_ext_eeprom(4,'O'); /*Escreve o caractere 'O' na posição 4 da
        25LC256.*/
write_ext_eeprom(5,' '); /*Escreve o caractere ' ' na posição 5 da 25LC256.*/
write_ext_eeprom(6,'A'); /*Escreve o caractere 'A' na posição 6 da 25LC256.*/
write_ext_eeprom(7,'L'); /*Escreve o caractere 'L' na posição 7 da 25LC256.*/
write_ext_eeprom(8,'E'); /*Escreve o caractere 'E' na posição 8 da 25LC256.*/
write_ext_eeprom(9,'G'); /*Escreve o caractere 'G' na posição 9 da
        25LC256.*/
write_ext_eeprom(10,'R'); /*Escreve o caractere 'R' na posição 10 da
        25LC256.*/
write_ext_eeprom(11,'E'); /*Escreve o caractere 'E' na posição 11 da
        25LC256.*/
delay_ms(5000); //Aguarda 5 segundos.
printf(write_display,"\f Lendo a eeprom"); /*Limpa o display e escreve "Lendo
        a eeprom" a partir da 2ª coluna da 1ª linha do display.*/
delay_ms(5000); //Aguarda 5 segundos.
printf(write_display,"\n"); /*Pula uma linha.*/
display_pos_xy(3,2); /*Posiciona o cursor na 3ª coluna da 2ª linha do
        display.*/

for (i=0;i<12;i++) /*Para 'i=0' até 'i=11' executa os comandos abaixo,
        incrementando 'i' após cada execução:*/
{
printf(write_display,"%c",read_ext_eeprom(i)); /*Escreve o caractere que
        está na posição 'i' da memória.*/
delay_ms(300); /*Aguarda 300ms antes de escrever o próximo caractere
        (que está na posição 'i + 1').*/
}

 while(true); /*Laço infinito. Quando o programa chega a este ponto, não sai
        mais daqui. Em outras palavras, depois que tiver sido escrito
        'PORTO ALEGRE' no display, nada mais acontece.*/
}
```

Circuito

O circuito usado para o exemplo 21.2 é m ostrado na figura 21.7, abaixo.

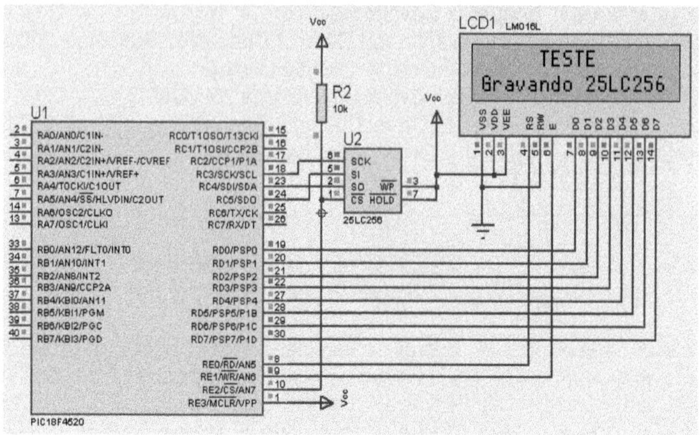

Fig. 21.7 – Circuito para o exemplo 21.2

As telas que surgem no display do kit de desenvolvimento após ser ligada sua alimentação são mostradas a seguir nas figuras 20.8a até 20.8d.

Fig. 21.8a e 21.8b – Telas do display para o exemplo 21.2, '25LC256_2' após ligar a alimentação e 5 segundos depois

Fig. 21.8c e 21.8d – Telas do display para o exemplo 21.2, '25LC256_2' cerca de 10 e 20s depois de ligar a alimentação

Exemplo 21.3: 25LC256_3

/*Este programa grava os caracteres T, E, R, E, S e A em sequência, a partir da posição 32760 da memória EEPROM externa e após 10 segundos escreve o que foi gravado no display a partir da coluna 6 da segunda linha, formando o nome 'TERESA'.*/

```
#include<18F4520.h> //Inclusão do header (.h) para o microcontrolador
        //utilizado
#use delay (clock=8MHz) /*Definição da frequência de operação para o
        cálculo dos delays*/
```

```
#fuses HS, NOWDT, PUT, BROWNOUT, NOLVP //Bits de configuração
#include <C:\Curso 18F\display_8bits.c> //Inclusão do driver do display no
        //programa
#include <C:\Curso 18F\25c256.c> //Inclusão do driver da memória 25LC256

void main() //Função principal
{
long int i; //Declara a variável 'i' como sendo do tipo long int.
int a; //Declara a variável 'a' como sendo do tipo inteiro.

display_ini(); //Inicializa o display.
delay_ms(100); //Retardo de 100ms para garantir o bom funcionamento do
        //display
printf(write_display,"\f    TESTE    "); /*Limpa o display e escreve 'TESTE' a
        partir da 6ª coluna da 1ª linha.*/
printf(write_display,"\nGravando 25LC256"); /*Escreve 'Gravando 25LC256'
        a partir da 1ª coluna da 2ª linha do display.*/
init_ext_eeprom(); //Inicializa a memória externa 25LC256.

write_ext_eeprom(32760,'T'); /*Escreve o caractere 'T' na posição 32760 da
        25LC256.*/
write_ext_eeprom(32761,'E'); /*Escreve o caractere 'E' na posição 32761 da
        25LC256.*/
write_ext_eeprom(32762,'R'); /*Escreve o caractere 'R' na posição 32762 da
        25LC256.*/
write_ext_eeprom(32763,'E'); /*Escreve o caractere 'E' na posição 32763 da
        25LC256.*/
write_ext_eeprom(32764,'S'); /*Escreve o caractere 'S' na posição 32764 da
        25LC256.*/
write_ext_eeprom(32765,'A'); /*Escreve o caractere 'A' na posição 32765 da
        25LC256.*/
delay_ms(5000); //Aguarda 5s.
printf(write_display,"\f Lendo a eeprom "); /*Limpa o display e escreve 'Lendo
        a eeprom' a partir da 2ª coluna da 1ª linha.*/
delay_ms(5000); //Aguarda 5s.
printf(write_display,"\n"); //Pula para a segunda linha do display.
display_pos_xy(6,2); //Posiciona o cursor na coluna 6 da segunda linha do
        //display.

 for (i=32760;i<32766;i++) /*Para 'i=32760' até 'i=32765', executa os
        comandos abaixo:*/
 {
 a=read_ext_eeprom(i);   /*Lê o conteúdo da posição 'i' da memória
        25LC256 e guarda esse valor na variáv el 'a'.*/
 printf(write_display,"%c",a); /*Escreve o valor guardado na variável 'a' na
        posição indicada pelo cursor do display.*/
 delay_ms(300); //Aguarda 300ms.
```

```
}

 while(true); /*Laço infinito. Ao chegar aqui o programa não faz mais nada, ou
          seja, após ter concluído a escrita do nome 'TERESA' (cujos
          caracteres estavam guardados nas posições 32760 até 32765 da
          memória externa 25LC256) na segunda linha do display, nada mais
          acontece.*/
 }
```

Obs.: neste programa, foi necessário utilizar duas variáveis, 'a' e 'i', porque desta vez acessamos posições da memória cujos endereços tem mais de 8 bits, ou seja, endereços acima de 255. A variável 'a' (int) serve para guardar os valores contidos nas posições de memória (8 bits) e a variável 'i' (long int) é utilizada para o endereçamento das posições de memória onde são gravados ou de onde são lidos os caracteres que compõe o nome 'TERESA'.

Circuito

O circuito utilizado para o exemplo 21.3 é o mesmo mostrado na figura 21.7, que foi usado para o exemplo 21.2.

As figuras 21.9a, b e c da esquerda para a direita, abaixo, mostram as telas do display a partir da alimentação do circuito ou do pressionamento do botão 'Reset' no kit de desenvolvimento.

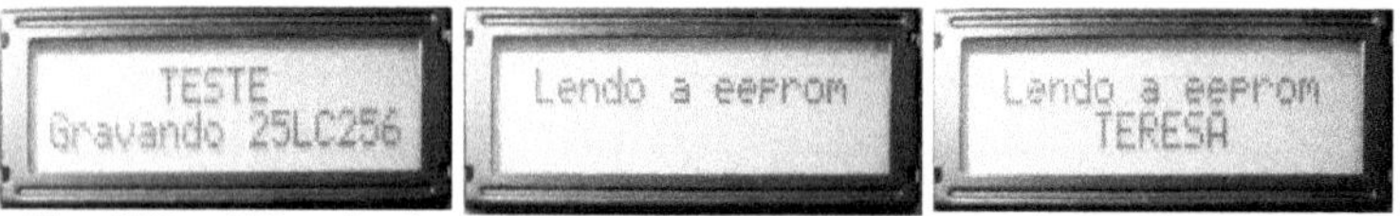

Figs. 21.9a – 21.9c – Aparência das telas do display para o programa do exemplo 25LC256_3

Capítulo 22 - Os módulos CCP e ECCP

22.1 – Introdução

O módulo **CCP** (**C**apture, **C**ompare, **P**WM *(**P**ulse **W**idth **M**odulation)* – Captura, Comparação, Modulação por Largura de Pulso) está presente em boa parte dos microcontroladores da Microchip. Esse módulo apresenta três modos de operação com funções e aplicações diferentes entre si.

- O modo Capture permite a medição da largura de uma forma de onda do tipo pulso aplicada a um dos pinos de entrada do PIC e, se essa forma de onda for repetitiva, também permite a medição de seu período e, portanto, de sua frequência.
- O modo Compare permite a geração de um sinal retangular com uma frequência determinada, podendo-se também ajustar a largura de um dos semi-ciclos. Ele também permite que seja iniciado um evento específico quando o valor da contagem do timer usado como sua base de tempo igualar o valor contido em um par de registradores especiais.
- O modo PWM permite o controle do valor médio de uma tensão com forma de onda retangular pela variação da largura de parte dessa forma de onda. Entre outras aplicações do modo PWM encontram-se o controle da tensão de saída de fontes chaveadas e o controle de velocidade de motores de corrente contínua.

Além do módulo CCP, os PICs 18F4520 e 18F4550 possuem também o módulo **ECCP** (**E**nhanced **CCP** – CCP melhorado). Informações detalhadas sobre o ECCP e suas vantagens sobre o CCP podem ser obtidas nos datasheets dos PICs 18F4520 e 18F4550.

22.2 – Registradores e bits de controle do módulo CCP

Os registradores que contém os bits de controle do módulo CCP são os seguintes:

INTCON, RCON, PIR1, PIE1, IPR1, PIR2, PIE2, IPR2, TRISB, TRISC, TMR1L, TMR1H, T1CON, TMR3L, TMR3H, T3CON, CCPR1L, CCPR1H, CCP1CON, CCPR2L, CCPR2H, CCP2CON

Todos os registradores relacionados podem ser vistos, juntamente com seus bits, nas tabelas 15-3 dos datasheets do PIC18F4520 e do PIC18F4550.

22.3 – Configuração do modo de operação do módulo CCP

Cada módulo CCP é associado a um registrador de controle (CCPxCON) e a um registrador de dados (CCPRx), onde x é 1 ou 2. O registrador de dados por sua vez é composto por dois registradores: CCPRxL (byte inferior – **L**ow) e CCPRxH (byte superior – **H**igh). Todos os registradores permitem escrita e leitura.

22.3.1 – Módulos CCP e timers que podem ser utilizados

Os módulos CCP utilizam os timers 1, 2 ou 3, dependendo do modo selecionado para a aplicação. Os timers 1 e 3 podem ser utilizados (um ou o outro) na operação dos modos Capture e Compare, ao passo que o timer 2 é usado com o modo PWM.

As interações que podem ocorrer entre os módulos CCP1 e CCP2 podem ser vistas nas tabelas 15-2 dos datasheets do PIC18F4520 e do PIC18F4550.

22.4 – O modo Capture

Iniciaremos nosso estudo do módulo CCP pelo modo capture.

No modo capture, o par de registradores CCPRxH:CCPRxL captura o valor de 16 bits do timer1 ou do timer3 quando ocorre um evento no pino CCPx correspondente. A ocorrência do evento é definida por uma das seguintes possibilidades:

- A cada borda de descida;
- A cada borda de subida;
- A cada 4ª borda de subida;
- A cada 16ª borda de subida.

22.4.1 – Medição do período de um pulso retangular repetitivo

A ocorrência do evento (modo de operação) é determinada pelos bits de seleção de modo CCPxM3:CCPxM0, porém o compilador CCS fará este trabalho para o programador, bastando que seja escolhida a instrução correta, como veremos logo adiante na tabela 22.1.

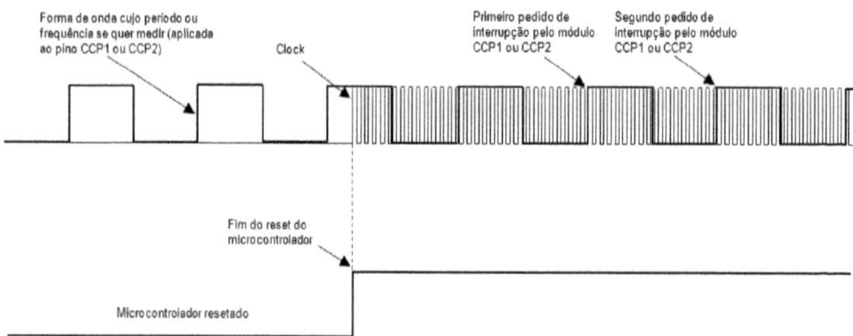

Fig. 22.1a – Captura do período do sinal

Vamos utilizar as figuras 22.1a, acima e 22.1b, abaixo, para explicar o princípio de funcionamento do modo capture, a fim de determinar o período e a frequência de um pulso retangular repetitivo aplicado à entrada CCP1.

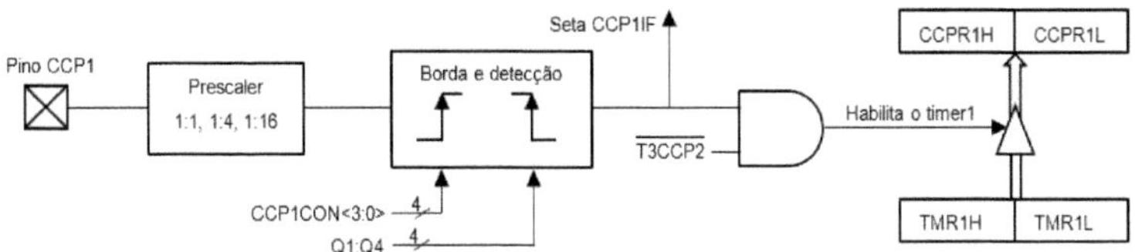

Fig.22.1b – Lógica envolvida na captura do período de um pulso repetitivo

Caso se deseje ter uma visão de como operam os dois módulos CCP no modo Capture, sugere-se consultar as figuras 15-1 dos datasheets do PIC18F4520 e do PIC18F4550.

Deve-se fazer algumas observações antes de começarmos a analisar como o módulo se comporta:

- Na análise que faremos, será utilizada a frequência de clock de 8MHz, que é a dos cristais dos kits de desenvolvimento utilizados na preparação deste livro.
- Para tornar mais fácil a compreensão, simplificou-se a representação da lógica envolvida no processo, considerando-se na figura 22.1b, que estamos usando apenas o módulo CCP1 e o timer1. Recomenda-se aos interessados em conhecer a lógica envolvida pelos dois módulos, CCP1 e CCP2, que analisem as figuras 15-1 dos datasheets dos PICs que estamos estudando.
- Considerou-se que o prescaler utilizado com o timer1 para esta análise é 1:1.
- CCP1CON<3:0> significa que os 4 bits menos significativos do registrador CCP1CON, de controle do módulo CCP1, são os utilizados para definir qual a borda do sinal de entrada que irá provocar o pedido de interrupção pelo módulo CCP1.
- Os 4 bits menos significativos e suas combinações são:

Bits de seleção de modo de operação				**Interrupção gerada**
CCP1M3	CCP1M2	CCP1M1	CCP1M0	
0	1	0	0	a cada borda de descida
0	1	0	1	a cada borda de subida
0	1	1	0	a cada 4ª borda de subida
0	1	1	1	a cada 16ª borda de subida

Tabela 22.1 – Bits de seleção do modo de operação do módulo CCP1

Os bits serão setados ou resetados automaticamente de acordo com a configuração escolhida para o módulo, programando-se com o uso de um dos compiladores CCS apropriados.

- O autor *supõe* que Q1:Q4 sejam as saídas de 4 latches utilizados na lógica de controle do disparo da interrupção [em nenhum lugar dos datasheets do PIC18F4520 ou do PIC18F4550 é encontrado tal diagrama lógico, mas foi observado no diagrama lógico do módulo CCP do PIC16F628, bem mais simples (que só possui um módulo CCP), que há dois latches, com saídas Q que participam dessa lógica].

- Considerou-se que o prescaler do módulo CCP1 é 1:1 e que as interrupções ocorrem a cada primeira subida do pulso repetitivo aplicado à entrada CCP1.

Feitas as observações acima, vamos à descrição do funcionamento.

Note-se que, na figura 22.1a, a linha inferior mostra o sinal de reset, que à esquerda está ativado, pois está em nível baixo. Durante todo o tempo em que o reset está ativado o processador está em repouso, e não há geração de pulsos de clock. Então, embora o sinal de entrada esteja aplicado à entrada CCP1, nada acontece.

A partir do momento em que o reset é desativado, o clock começa a ser gerado e o nosso programa, para calcular o período do sinal de entrada aplicado ao pino CCP1, começa a rodar.

Após alguns pulsos de clock o timer1 começa a funcionar e inicia a contagem dos pulsos aplicados ao pino CCP1. Na figura 22.1a é mostrado o primeiro pedido de interrupção ocorrendo durante a subida do 5º pulso mostrado, o 3º após a desativação do reset. Essa demora, possivelmente, é devida ao tempo necessário para que a lógica envolvida e o timer1 tenham tempo para passarem a operar corretamente.

Quando ocorre o primeiro pedido de interrupção pelo módulo CCP1, o flag CCP1IF é setado e o conteúdo do timer1 é carregado no registrador CCPR1 (os quatro bits mais significativos do timer1 no registrador CCPR1H e os menos significativos no registrador CCPR1L).

Quando isso acontece, a função de atendimento à interrupção, contida no programa criado por nós, irá providenciar o salvamento do conteúdo do registrador CCPR1 em uma variável declarada por nós. Isso precisa ser feito, pois quando ocorrer nova subida do pulso repetitivo de entrada, ocorrerá novo pedido de interrupção que irá carregar o registrador CCPR1 com o novo valor de contagem do timer1. Esse novo valor, que for carregado em CCPR1, deve ser salvo por nossa função de atendimento à interrupção em uma outra variável também declarada por nós.

Não ocorre o zeramento do conteúdo do timer1 quando da ocorrência das interrupções.

A função de atendimento à interrupção, além de salvar os valores contidos no timer1 (que foram transferidos para o registrador CCPR1) em duas variáveis distintas, calcula a diferença entre o valor mais recente e o anterior. É essa diferença que deve ser multiplicada pelo período do clock para que se obtenha o período do sinal aplicado à entrada CCP1.

Consideremos a figura 22.1a para confirmar o que foi dito acima.

A diferença entre o número de pulsos de clock no ponto onde ocorre o segundo pedido de interrupção e o primeiro é aproximadamente 17. Essa é a diferença entre duas contagens consecutivas do timer1 para um pulso repetitivo com período igual ao mostrado na figura 22.1a. Considerando-se que o período do clock interno em nosso caso é de 0,5µs, teremos que o período do sinal aplicado à entrada CCP1 é:

T = 0,5µs x 17 = 8,5µs

Para saber a frequência desse sinal, basta calcular o inverso do valor do período:

f = 1/8,5µs logo f = 117.647Hz

Esses valores serão enviados periodicamente a um display de cristal líquido, utilizando-se os procedimentos vistos em capítulos anteriores.

A figura 22.1c, a seguir, mostra um pulso repetitivo aplicado à entrada CCP1, cujo período desejamos determinar. A forma de onda mostrada nessa figura é a mesma da figura 22.1a, mas o reset já está desativado, portanto o microcontrolador já está funcionando normalmente e o programa para a captura do número de pulsos já está rodando. O procedimento é o mesmo visto acima.

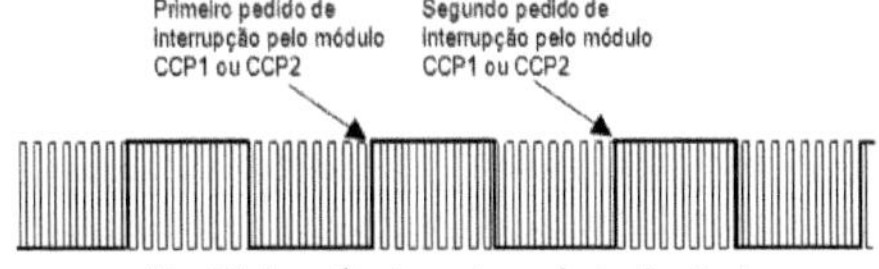

Fig. 22.1c – Captura do período do sinal

Os procedimentos para determinar a largura de pulsos não repetitivos, positivos ou negativos é diferente do que foi visto acima e será estudado adiante.

É fácil deduzir, das figuras 22.1a e 22.1c, que no caso de se utilizar o PLL, pelo fato de que o período do clock será menor, a quantidade de pulsos de clock que caberá entre duas bordas ativas (as que provocam interrupção) será maior. Isso significa que o período do pulso de entrada que poderá ser medido será menor.

No nosso caso, com os kits utilizados, que usam cristais de 8MHz, se usarmos o PIC18F4520, passaremos a ter um clock de 32MHz, o que leva a um clock 4 vezes mais estreito, permitindo, em consequência, medir sinais de entrada com períodos 4 vezes menores, ou seja, com frequências 4 vezes mais altas.

Caso se use o PIC18F4550 com o PLL, com os mesmos cristais de 8MHz poderemos ter frequências de clock de 48MHz, que permitem medir períodos de sinais de entrada 6 vezes menores, ou seja, frequências 6 vezes mais elevadas.

O uso do prescaler do módulo CCP é outro recurso que permite aumentar o número de pulsos de entrada que podem ser contados entre duas transições ativas do clock. Para um prescaler 1:16 teremos a possibilidade de medir pulsos com períodos 16 vezes menores.

Num caso extremo, usando-se o PIC18F4550 com PLL e o prescaler do módulo CCP, poderíamos medir sinais de entrada com períodos 96 vezes menores. Isso ocorre porque teremos 6 (devido ao PLL) vezes 16 (devido ao prescaler utilizado). Suponha-se que a frequência limite superior com prescaler 1:1 e sem PLL fosse 20KHz. Neste caso, usando-se o PIC18F4550 com PLL e prescaler 1:16 passaríamos a poder medir sinais de entrada de até aproximadamente 1,92MHz.

Por outro lado, o uso do prescaler do timer usado no modo capture permite medir períodos maiores dos sinais de entrada. Supondo que se use um cristal de 8MHz com qualquer dos dois PICs que estudamos aqui, sem PLL e com um prescaler de 1:8 para o timer1, teríamos a possibilidade de medir períodos 8 vezes maiores do que na situação sem o prescaler. Esse período máximo teria uma duração de 65536 x 4µs, o que dá aproximadamente 0,262 segundo. Isso corresponde a uma frequência de aproximadamente 3,8Hz.

22.4.2 – Medição da largura de um pulso positivo não repetitivo

Observa-se na figura 22.2, abaixo, que será necessário adotar outro procedimento para a medição da largura do pulso, pois não há duas bordas de subida consecutivas que possam disparar pedidos de interrupção.

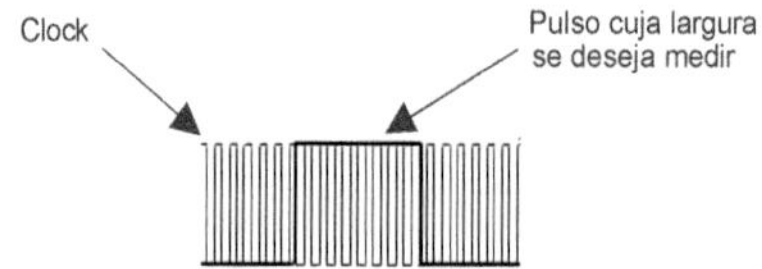

Fig. 22.2 – Medição da largura de um pulso positivo não repetitivo

Por esse motivo, utilizaremos os dois módulos CCP disponíveis no PIC que estamos utilizando. Para isso conectaremos as duas entradas CCP1 e CCP2 entre si e usaremos dois pedidos de interrupção, um pelo módulo CCP1 e outro pelo módulo CCP2. Em consequência, também haverá duas rotinas de atendimento às interrupções.

A primeira interrupção ocorrerá na borda de subida do pulso e a segunda, na borda posterior, a de descida do pulso.

Assim, o valor contido no timer1 será carregado no registrador CCPR1, quando ocorrer a interrupção na borda de subida do pulso, que será provocada pelo módulo CCP1. Esse valor será salvo em uma variável pela função de atendimento à interrupção pelo módulo CCP1.

Quando ocorrer a descida do pulso, ocorrerá uma interrupção provocada pelo módulo CCP2. Isso fará com que o valor do timer1 nesse instante seja carregado no registrador CCPR2.

Essa interrupção provocará a chamada da função de atendimento à interrupção pelo módulo CCP2, que providenciará o salvamento do valor atual do timer1, que agora estará no registrador CCPR2 em uma outra variável, também declarada por nós. Dentro dessa segunda função de atendimento à interrupção, também é calculada a diferença entre os dois valores antes contidos no timer1 e agora salvos nas duas variáveis que declaramos no início do programa. Ainda nessa função é providenciado o cálculo do valor do período e sua escrita no display.

22.4.3 – Medição da largura de um pulso negativo não repetitivo

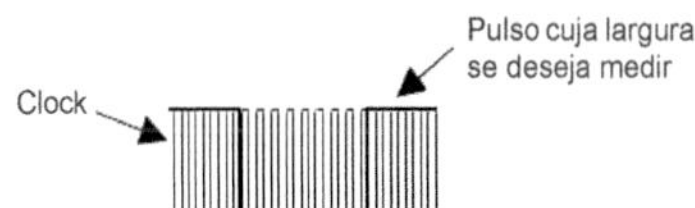

Fig. 22.3 – Medição da largura de um pulso negativo não repetitivo

Da mesma forma que no caso da medição da largura de um pulso positivo, utilizaremos os dois módulos CCP, conectando-se a entrada CCP2 à entrada CCP1.

Quando ocorrer a descida do pulso, ocorrerá uma interrupção provocada pelo módulo CCP2. Isso fará com que o valor do timer1 nesse instante seja carregado no registrador CCPR2.

Essa interrupção provocará a chamada da função de atendimento à interrupção pelo módulo CCP2, que providenciará o salvamento do valor atual do timer1, que agora está no registrador CCPR2 em uma variável, declarada por nós.

Quando chegar a borda de subida do pulso, ocorrerá o pedido de interrupção provocado pelo módulo CCP1. Esse pedido de interrupção chamará a função para o seu atendimento. Essa função irá salvar o conteúdo do timer1, agora contido no registrador CCPR1, em uma outra variável, também declarada por nós.

Dentro dessa segunda função de atendimento à interrupção, também é calculada a diferença entre os dois valores antes contidos no timer1 e agora salvos nas duas variáveis que declaramos no início do programa. Ainda nessa função é providenciado o cálculo do valor do período e sua escrita no display.

Para se utilizar o modo capture deve-se configurar o(s) módulo(s) CCP desejado(s). Além de utilizar a interrupção pelo(s) módulo(s) CCP que será (ou serão) utilizado(s), deve-se configurar o timer que fornecerá a base de tempo ao modo capture para que opere a partir do clock interno.

Se o clock interno não for utilizado, o TMR1 ou o TMR3 devem ser usados no modo contador sincronizado. *Neste livro utilizaremos somente o clock interno.*

22.4.4 – Configuração do modo capture *(CCS)*

Para a configuração do modo capture se usa a função:

setup_ccpx()

Sintaxe:

setup_ccpx(mode);

onde mode pode ser:

ccp_capture_fe – captura na borda de descida (**f**alling **e**dge)
ccp_capture_re – captura na borda de subida (**r**ising **e**dge)
ccp_capture_div_4 – captura após 4 pulsos (prescaler **1:4**)
ccp_capture_div_16 – captura após 16 pulsos (prescaler **1:16**)

As duas últimas opções são utilizadas quando o pulso cuja largura se deseja determinar é muito estreito. *Ao ser escolhida uma das duas últimas opções*, ccp_capture_div_4 ou ccp_capture_div_16, que usam a borda de subida para a captura, *não se deve utilizar nenhuma das duas primeiras*.

Se possível, deve-se optar pela borda que mais se aproxima de uma vertical, pois assim se obtém os melhores resultados. Na figura 22.4, a seguir, seria recomendável *escolher a borda de descida*.

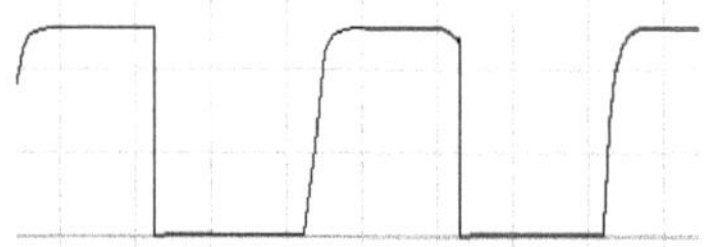

Fig. 22.4 – Escolha da borda ativa para a captura

É necessário que o pulso tenha uma largura suficiente na qual possam caber alguns pulsos (pelo menos um) do clock interno do timer escolhido como base de tempo. Se o pulso for muito estreito, pode ser necessário o uso do prescaler do modo capture. O que o uso do prescaler faz é realizar a captura somente após 4 ou 16 bordas ativas do pulso de entrada, o que dá tempo para que ocorra um certo número de pulsos de clock interno (ciclo de máquina) que, assim, poderão ser contados.

A escolha da configuração quanto ao uso ou não de prescaler para o modo capture e quanto ao uso ou não de prescaler para o timer utilizado dependem da largura do pulso aplicado ao pino CCPx e isso pode ser determinado em função dos valores máximo e mínimo de largura que podem ser medidos.

Para o tempo máximo pode-se utilizar a expressão:

$T_{máx} = 65536 \times n_T \times T_{CY}/n_{cap.}$

Onde:

n_T = prescaler do timer utilizado
T_{CY} = duração do ciclo de máquina
$n_{cap.}$ = prescaler do modo capture

Consideremos um exemplo em que o prescaler escolhido para o timer utilizado seja 1:1, o prescaler do capture seja 1:1 e o cristal oscilador seja de 8MHz.

Neste caso, para $f_{osc.}$ = 8MHz, T_{CY} = 0,5µs **Condição 1**

Então:

$T_{máx} = (65536 \times 1 \times 0{,}5\mu s)/1 \cong 0{,}032768s \therefore$

$\therefore$ **$T_{máx} \cong$ 32,77ms**

Se o pulso for repetitivo, sua frequência será:

$f_{mín} = 1/T_{máx} \therefore$ **$f_{mín} \cong$ 30,5Hz**

Se, por outro lado, usássemos o prescaler máximo permitido para o timer1 ou o timer3, que é 1:8, teríamos:

$T_{máx} = (65536 \times 8 \times 0{,}5\mu s)/1 = 0{,}26214s \therefore$ **Condição 2**

$\therefore$ **$T_{máx}$ = 262,14ms**

E se o pulso for repetitivo sua frequência será:

$f_{mín} = 1/T_{máx} \therefore$ **$f_{mín} \cong$ 3,8Hz**

Se, agora, utilizássemos prescaler 1:1 para o timer e prescaler 1:16 para o modo capture teríamos:

$T_{máx} = (65536 \times 1 \times 0{,}5\mu s)/16 = 0{,}002048s \therefore$ **Condição 3**

$T_{máx} \cong 2{,}05ms$

E se o pulso for repetitivo sua frequência será:

$f_{mín} = 1/T_{máx}$ ∴ **$f_{mín} \cong 488{,}3Hz$**

Indo um pouco mais longe, suponha-se que se deseje utilizar o PLL para a obtenção de frequências de operação da CPU mais elevadas. Com um cristal de 8MHz, para o PIC18F4520 $f_{op\ máx}$ = 32MHz e para o PIC18F4550 $f_{op\ máx}$ = 48MHz. *Vamos admitir que se esteja usando o PIC18F4550 com f_{op} = 48MHz.*

Com isso, supondo que se mantenha o prescaler do timer = 1:1 e o do modo capture = 1:16, teremos:

$T_{CY} = 4/48000000 \cong 8{,}3333 \times 10^{-8}s$ **Condição 4**

Então:

$T_{máx} = (65536 \times 1 \times 0{,}08333\mu s)/16$ ∴

$T_{máx} \cong 341{,}31\mu s$

E se o pulso for repetitivo sua frequência será:

$f_{mín} = 1/T_{máx} \cong 2930Hz$ ou

$f_{mín} \cong 2{,}9KHz$

Até aqui, vimos a influência dos valores da frequência de operação do PIC e dos prescalers do timer e do modo capture no tempo (largura) máximo e na frequência mínima que podem ser medidos.

Vejamos agora o outro extremo, o dos valores mínimos de largura de pulso e máxima frequência que podem ser medidos.

Neste caso, deve-se levar em consideração o tempo de processamento da função de atendimento à interrupção pelo módulo CCP, além do tempo medido pelo modo capture.

Não se deve confundir as limitações devidas ao processamento das instruções com as provocadas em consequência da estrutura física interna dos processadores.

Os retardos provocados pelas características de projeto do microcontrolador poderão ser vistos na figura na figura 26-11 do datasheet do PIC18F4520. Os tempos indicados e/ou calculados a partir dessa figura tem muito pouca influência no desempenho do processador operando no modo capture.

Nessa figura são mostrados alguns tempos de retardo para a família PIC18F2420/2520/4420/4520. Esses tempos também são válidos para a família PIC18F2455/2550/4455/4550.

Observações:

1. *Os testes, que também foram realizados no simulador VSM do software PROTEUS, nos levaram a resultados muito semelhantes aos obtidos na bancada, porém quando foi utilizado o PLL, os testes no simulador, em frequências mais elevadas não funcionaram bem ou nem funcionaram. Nesses casos, os testes dos programas tais como os da condição 4, só puderam ser realizados na bancada, com o kit, o osciloscópio, o gerador de funções e o protoboard.*
2. *O protoboard foi necessário para que se pudesse retificar a forma de onda do gerador de funções que foi utilizado, em que a saída é uma tensão alternada (cujos semi-ciclos negativos poderiam danificar o PIC). Utilizou-se então um diodo de comutação do tipo 1N914 (poderia ser um 1N4148 ou similar) com um resistor de carga para evitar vestígios do semi-ciclo negativo. Observou-se que ao aumentar bastante os valores dos resistores, acima de 1KΩ, tais como 10KΩ ou mais, os valores da frequência máxima foram reduzidos, chegando a 1/3 do obtido com resistores de 1KΩ ou menores. A tensão de saída do gerador de funções foi ajustada para que o pico positivo mostrado no osciloscópio, fosse +5V.*
3. *A exatidão das medições é excelente para valores mais altos e intermediários de largura de pulso (período), que correspondem aos valores mais baixos e intermediários de frequência. A exatidão começa a diminuir com frequências elevadas, pouco antes da medição não ser mais possível.*

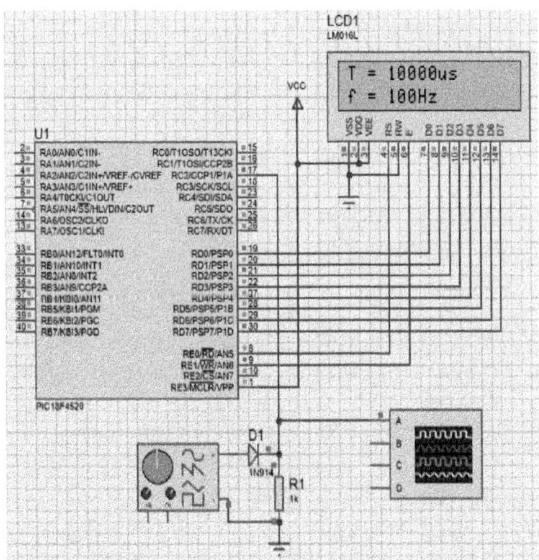

Fig. 22.5 – Circuito p/exemplos do modo Capture módulo CCP1 (No ex. 22.5: usar o PIC18F4550)

A figura 22.5, acima, mostra a configuração de testes quando se utiliza o módulo CCP1.

O sinal, cujo período e/ou frequência desejamos medir, deve ser aplicado à entrada CCP1 ou CCP2 do PIC, à nossa escolha. Considerando-se que estejamos utilizando uma versão de 40 pinos PDIP (Dual in line), essa entrada deve ser o pino 17 se usarmos o módulo CCP1 e o pino 16 se usarmos o módulo CCP2. Estes pinos são os mesmos tanto no PIC18F4520 quanto no PIC18F4550.

Observe-se que para a contagem do número de pulsos que determinarão qual o período do sinal medido, pode ser utilizado tanto o timer1 quanto o timer3, e a escolha é feita dentro da função principal ao se escrever o programa.

Se a interrupção pela mudança de estado lógico na entrada CCP1 ou CCP2 (a que estivermos usando) for habilitada, tendo passado o tempo do reset após a aplicação da alimentação do PIC, cada uma das mudanças ativas do nível lógico do sinal de entrada irá provocar:

a. Uma interrupção que irá transferir o valor do conteúdo do timer1 ou do timer3 para um registrador de 16 bits chamado CCPR1 ou CCPR2 (dependendo de qual módulo estejamos usando). ***Isso ocorre sem que o timer utilizado seja resetado;***
b. A execução das instruções da rotina escrita por nós para o atendimento a essa interrupção.

Nesse instante deve-se fazer a transferência do conteúdo do registrador CCPR (que na verdade é composto por dois registradores de 8 bits, CCPRxH e CCPRxL, onde o 'x' indica qual dos módulos está sendo utilizado, CCP1 ou CCP2) para uma variável 'x' (esse 'x' nada tem a ver com o anterior), que guardará este valor para uso posterior por meio de nossa função (rotina) de atendimento à interrupção pelo módulo CCP.

Observe-se que após a primeira borda ativa do sinal de entrada no pino CCPx o timer continuará sua contagem até que ocorra nova borda ativa do sinal aplicado à entrada CCP escolhida por nós.

Quando ocorrer essa nova borda ativa, também ocorrerão uma nova interrupção pelo módulo CCPx e a consequente transferência do conteúdo do timer (1 ou 3) para o registrador CCPRx. Deve-se, então, em seguida, providenciar a transferência do novo conteúdo do registrador CCPRx para uma variável, 'y', declarada por nós no início do programa.

Feito isso, subtraindo-se o valor anterior contido na variável 'x' do valor que está na variável 'y', se obtém a diferença, que é o número de pulsos de clock contados pelo timer 1 ou 3. Se multiplicarmos o número de pulsos contados pela duração do ciclo do clock interno (período do ciclo de máquina, T_{CY}) teremos a duração do pulso aplicado à entrada CCPx.

Suponha-se que se esteja utilizando o clock interno e que o cristal oscilador para o PIC seja de 8MHz. Com isso, o período do clock interno é 0,5µs. Se a diferença encontrada entre as duas contagens do timer (conteúdos de CCPRx) for de 300 pulsos, a largura do pulso aplicado à entrada CCPx será:

0,5µs x 300 = 150µs

22.4.2 – Exemplos de aplicação

No primeiro exemplo, correspondente à condição 1, vista anteriormente, mostraremos um programa para determinar a duração de um pulso aplicado à entrada CCP1. Como, neste caso, utilizamos um gerador de sinais para aplicar o pulso a essa entrada e o sinal é uma onda retangular aplicada em regime permanente, também é possível determinar a frequência, a partir do período dos pulsos.

Exemplo 22.1: capture1_4520

```
/*Este programa mede o período de um pulso repetitivo aplicado à entrada
CCP1. Utiliza o PIC18F4520 com frequência de operação de 8MHz, o timer1
com prescaler 1:1 e o modo capture com prescaler 1:1. Assim seria possível,
teoricamente, medir frequências entre aproximadamente 30Hz e 2MHz, mas
nos testes realizados na bancada essas frequências ficaram entre 30Hz e
23,5KHz.*/

#include <18F4520.H> //Inclusão do header do microcontrolador utilizado
#use delay(clock=8MHz) /*Informa ao compilador a frequência de operação
            para o cálculo dos delays.*/
#fuses hs, nowdt, noprotect, brownout, put, nolvp //Bits de configuração
#include <C:\Curso 18F\display_8bits.c> //Inclusão do driver do display

long dif; /*Declara a variável 'dif' como long int. Esta variável é usada para
            guardar a diferença dos conteúdos do timer1 entre duas bordas de
            subida consecutivas do sinal de entrada.*/
float frequencia,T; /*Variáveis do tipo float usadas para guardar o valor da
            frequência e do período do sinal de entrada.*/
long ccp_antigo; /*Declara a variável 'ccp_antigo' como long int. Esta variável
            é usada para guardar o conteúdo do timer quando da primeira borda
            de subida do sinal de entrada. Esse valor é lido do registrador
            CCPR1 (16 bits).*/
long ccp_atual; /*Declara a variável 'ccp_atual' como long int. Esta variável é
            usada para guardar o conteúdo do timer (na segunda borda de
            subida do sinal de entrada). Esse valor é lido do registrador CCPR1
            (16 bits).*/

/*Quando ocorrer uma borda de subida no sinal de entrada, o módulo CCP1
capturará o valor do timer1 naquele instante. Logo em seguida, é gerada uma
interrupção pelo módulo CCP1 e é chamada a função (rotina) de atendimento
à i nterrupção mostrada abaixo, 'trata_ccp1()'. Nessa função de atendimento
```

à interrupção, é lido o valor capturado do timer1. Depois disso, o valor do timer1, que foi capturado na interrupção anterior, é subtraído desse valor. O resultado é o número de períodos do clock interno entre as duas bordas de subida do sinal de entrada. Logo após, esse número de pulsos é convertido em período e frequência por um trecho do programa, no laço 'while(true)', que está dentro da função principal (main).*/

```
#int_ccp1 //Identificação da interrupção pelo módulo CCP1

void trata_ccp1() //Função para o tratamento da interrupção pelo módulo
        //CCP1
{
ccp_atual = ccp_1; /*Guarda o conteúdo mais recente do registrador CCPR1
        na variável 'ccp_atual'.*/
dif = ccp_atual - ccp_antigo; /*Calcula a diferença entre as contagens do
        timer1 entre a borda de subida anterior e a borda de subida atual da
        forma de onda de entrada. Coloca o resultado na variável 'dif'.*/
ccp_antigo = ccp_atual; /*Guarda o valor atual da contagem, 'ccp_atual', na
        variável 'ccp_antigo' para quando ocorrer a interrupção na próxima
        borda de subida do sinal de entrada.*/
}

void main() //Função principal
{
display_ini(); //Inicialização do display de cristal líquido

/*Ajusta o timer1 e o módulo CCP1 do modo de captura, para que se possa
medir o período do sinal de entrada. O sinal de entrada, neste exemplo, é uma
tensão com forma de onda quadrada que vem da saída de um gerador de
sinais. O pico positivo do sinal é 5V e a referência é o comum da fonte de
alimentação.*/

setup_timer_1(T1_INTERNAL|T1_DIV_BY_1); /*Configura o timer1 para
        utilizar o clock interno e o prescaler não é usado, ou seja, prescaler
        = 1:1.*/
set_timer1(0); /*Carrega o valor inicial, 0, no timer1.*/
setup_ccp1(CCP_CAPTURE_RE); /*Configura o módulo CCP1 para captura
        na borda de subida do sinal de entrada.*/
enable_interrupts(GLOBAL); //Habilita as interrupções.
enable_interrupts(INT_CCP1); //Habilita as interrupções pelo módulo CCP1.

while(true) //Laço infinito
{
/*Agora calcula-se o período do sinal aplicado à entrada CCP1 multiplicando
a diferença de contagens do timer1 entre as duas bordas de subida do sinal
de entrada ('dif') pelo período do clock interno (0,5µs). Dividir por 2 é o
mesmo que multiplicar por 0,5 uma vez que o resultado será apresentado
em µs. Caso se desejasse o resultado em segundos, teríamos que dividir por
2000000. */
```

T = dif/2; //Guarda o valor da variável 'dif', dividido por 2, na variável 'T'.
frequencia = 2000000/dif; /*Calcula a frequência em Hertz como o inverso do período ('dif/2000000').*/

//A seguir, mostram-se o período e a frequência calculados.

printf(write_display,"\fT = %.0fus",T); /*Limpa o display e escreve o valor do período a partir da primeira coluna da primeira linha: T = (dif/2) us.*/
printf(write_display,"\nf = %.0fHz", frequencia); /*Escreve o valor da frequência a partir da primeira coluna da segunda linha: f = (freq. calculada) Hz.*/
delay_ms(1000); /*Retardo de 1 segundo, que é o intervalo entre as atualizações no display.*/
}
}

Comentários e esclarecimentos sobre o programa do exemplo 22.1

1. Observe-se que na configuração do timer1 foi utilizado o prescaler 1:1. Isso faz com que o incremento do timer1 ocorra a cada 0,5µs para uma frequência de operação do PIC de 8MHz, como é o caso do kit de desenvolvimento que usamos. Isto é assim porque com um cristal de 8MHz, ao utilizarmos o clock interno o período é 4x1/f, ou seja, 4x0,125µs.

   Por este motivo, o período T deve ser apresentado no display como 'dif/2'. Se não tomássemos essa providência, no display seria mostrado o dobro do período correto, uma vez que o que é guardado no registrador CCPR é o número de pulsos de clock contados pelo timer1 e não propriamente o tempo decorrido.

   Por isso, a frequência, deve ser multiplicada por 2 (em Hz multiplica-se por 2.000.000), caso se utilize o prescaler 1:1 para a configuração do timer1, como pode ser observado na linha de programa:

   frequencia = 2000000/dif;

   Caso se utilizasse o prescaler 1:2 o período seria apresentado no display como 'dif' e a frequência como: *frequencia = 1000000/dif;*
2. Para uma frequência de operação do PIC igual a 8MHz, timer 1 com prescaler 1:1 e prescaler do modo capture 1:1, o período mínimo ***teórico*** que pode ser medido é 1,54µs e o máximo é 65536µs. $T_{mín}$ é obtido da expressão $T_{min} = (3T_{CY} + 40)/N$, do parâmetro 52 ($T_{CCP}$) da figura 26-11 (datasheet), onde T_{CY} é o ciclo de máquina (0,5µs) e 40 é dado em nanossegundos. Então: $T_{mín} = (3x0,5µs + 0,04µs)/1$.
3. A instrução 'ccp_atual = ccp_1;' se refere a uma das funções da biblioteca do PIC18F4520, onde *ccp_1* indica o tempo (ou número de ciclos de máquina) decorrido até a ocorrência da transição do pulso na entrada CCP_1 que provoca a captura do conteúdo do timer1 pelo registrador CCPR1.

Exemplo 22.2: capture2_4520

```
/*Este programa mede o período de um pulso repetitivo aplicado à entrada
CCP1. Utiliza o PIC18F4520 com frequência de operação de 8MHz, o timer1
com prescaler 1:8 e o modo capture tem prescaler 1:1. Assim seria possível,
a princípio, medir frequências entre aproximadamente 3,8Hz e 250KHz. Nos
testes realizados na bancada essas frequências ficaram entre 3,8Hz e
22,7KHz.*/

#include <18F4520.H> //Inclusão do header do microcontrolador utilizado
#use delay(clock=8MHz) /*Informa ao compilador a frequência de operação
        para o cálculo dos delays.*/
#fuses hs, nowdt, noprotect, brownout, put, nolvp //Bits de configuração
#include <C:\Curso 18F\display_8bits.c> //Inclusão do driver do display

long dif; /*Declara a variável 'dif' como long int. Esta variável é usada para
        guardar a diferença de contagens do timer1 entre duas bordas de
        subida consecutivas do sinal de entrada.*/
float frequencia,T; /*Variáveis do tipo float usadas para guardar o valor da
        frequência e do período do sinal de entrada.*/
long ccp_antigo; /*Declara a variável 'ccp_antigo' como long int. Esta variável
        é usada para guardar o conteúdo do timer quando da primeira borda
        de subida do sinal de entrada. Esse valor é lido do registrador
        CCPR1 (16 bits).*/
long ccp_atual; /*Declara a variável 'ccp_atual' como long int. Esta variável é
        usada para guardar o conteúdo do timer (na segunda borda de
        subida do sinal de entrada). Esse valor é lido do registrador CCPR1
        (16 bits).*/

/*Quando ocorre uma borda de subida no sinal de entrada, o módulo CCP1
captura o valor do timer1 nesse instante. Em seguida, é gerada uma
interrupção pelo módulo CCP1 e é chamada a função de atendimento à
interrupção, 'trata_ccp1()', mostrada abaixo. Nessa função é lido o valor
capturado do timer1. Então, o valor do timer1, que foi capturado na
interrupção anterior, é subtraído desse valor. O resultado é o número de
períodos do clock interno entre as duas bordas de subida do sinal de
entrada. Depois, isso é convertido em período e frequência por um trecho do
programa, no laço 'while(true)', que faz parte da função principal, 'main'.*/

#int_ccp1 //Identificação da interrupção pelo módulo CCP1

void trata_ccp1() //Função para o tratamento da interrupção pelo módulo
        //CCP1
{
ccp_atual = ccp_1; /*Guarda o conteúdo mais recente do registrador CCPR1
        na variável 'ccp_atual'.*/
dif = ccp_atual - ccp_antigo; /*Calcula a diferença entre as contagens do
        timer1 entre a borda de subida anterior e a borda de subida atual da
        forma de onda de entrada. Coloca o resultado na variável 'dif'.*/
```

```
ccp_antigo = ccp_atual; /*Guarda o valor atual da contagem, 'ccp_atual', na
        variável 'ccp_antigo' para quando ocorrer a interrupção na próxima
        borda de subida do sinal de entrada.*/
}

void main() //Função principal
{
display_ini(); //Inicialização do display de cristal líquido

/*Ajusta o timer1 e o módulo CCP1 para o modo de captura, de modo que se
possa medir o período do sinal de entrada. O sinal de entrada, neste exemplo,
é uma tensão com forma de onda quadrada que vem da saída de um gerador
de sinais. O pico positivo do sinal é 5V e a referência é o comum da fonte de
alimentação.*/

setup_timer_1(T1_INTERNAL | T1_DIV_BY_8); /*Configura o timer1 para
        utilizar o clock interno e o prescaler é 1:8.*/
set_timer1(0); /*Carrega o valor inicial, 0, no timer1.*/
setup_ccp1(CCP_CAPTURE_RE); /*Configura o módulo CCP1 para captura
        na borda de subida do sinal de entrada.*/
enable_interrupts(GLOBAL); //Habilita as interrupções.
enable_interrupts(INT_CCP1); //Habilita as interrupções pelo módulo CCP1.

 while(true) //Laço infinito
 {
/*Agora calcula-se o período do sinal aplicado à entrada CCP1 multiplicando
 a diferença de contagens entre as duas bordas de subida do sinal de entrada
 ('dif') por 4 (0,5 x 8, para apresentação em µs).*/

T=4*dif; //Guarda o valor da variável 'dif' multiplicado por 4, na variável 'T'.
 frequencia = 250000/dif; /*Calcula a frequência em Hertz como o inverso do
        período ('dif/250000').*/

 //A seguir, mostram-se o período e a frequência calculados.

 printf(write_display,"\fT = %.0fus",T); /*Limpa o display e escreve o valor do
        período a partir da primeira coluna da primeira linha: T = ('4dif') us.*/
 printf(write_display,"\nf = %.0fHz", frequencia); /*Escreve o valor da
        frequência a partir da primeira coluna da segunda linha: f = (freq.
        calculada) Hz.*/
 delay_ms(1000); /*Retardo de 1 segundo. Este é o intervalo entre as
        atualizações no display.*/
 }
}
```

Comentários e esclarecimentos sobre o programa do exemplo 22.2

Este programa é bastante parecido com o do exemplo anterior, tendo sido alterado apenas o valor do prescaler do timer1.

Como agora se utiliza um prescaler 1:8, os incrementos na contagem do timer1 ocorrem a cada 4µs e não mais a cada 0,5µs. Por este motivo, agora é necessário alterar a instrução 'T=dif/2;' para 'T=4*dif;' pois agora 'T' será 8 vezes maior do que anteriormente, uma vez que agora o ciclo de máquina, 'T_{CY}', é multiplicado por 8, diferentemente do primeiro exemplo.

Em outras palavras, se forem capturados 65535 pulsos, o máximo possível, o que corresponde ao pulso mais largo e à menor frequência para esta configuração, teremos que o período será 8x0,5µsx65535 = 262,14ms. Neste caso a frequência lida será ≅ 3,8Hz.

Observe-se que aqui a frequência foi dividida por 8 em relação ao exemplo 22.1, o que pode ser visto na instrução 'frequencia = 250000/dif;'.

Observou-se que, com este programa, para frequências inferiores a 15Hz, embora a frequência seja apresentada corretamente no display, o período apresentou valores totalmente incorretos.

Isso pode ser resolvido alterando-se o tipo da variável 'dif' de long int para float, mas ao custo da redução da medição nas frequências mais altas, que cai para 16,6KHz.

Se isso não representar um problema para a aplicação desejada, essa solução pode ser adotada. Já que se alterou o tipo da variável 'T', não custa alterar as linhas responsáveis pela apresentação no display.

Então teríamos:

```
float dif; /*Declara a variável 'dif' como float. Esta variável é usada para
           guardar a diferença de contagens do timer1 entre duas bordas de
           subida consecutivas do sinal de entrada.*/
```

E ao invés das linhas:

```
printf(write_display,"\fT = %.0fus",T); /*Limpa o display e escreve o valor do
           período a partir da primeira coluna da primeira linha: T = ('4dif')
           us.*/
printf(write_display,"\nf = %.0fHz", frequencia); /*Escreve o valor da
           frequência a partir da primeira coluna da segunda linha: f = (freq.
           calculada) Hz.*/
```

Teríamos:

```
if(T>1000) //Se 'T' for maior do que 1000,
printf(write_display,"\fT = %.1fms",T/1000); /*limpa o display e escreve o
           valor do período em milissegundos a partir da primeira coluna da
           primeira linha, com uma casa depois do ponto.*/
else //Caso contrário,
```

printf(write_display,"\fT = %.0fus",T); /*limpa o display e escreve o valor do período em microssegundos a partir da primeira coluna da primeira linha.*/
if(frequencia>1000) //Se 'frequencia' for maior do que 1000, printf(write_display,"\nf = %.1fKHz", frequencia/1000); /*limpa o display e escreve o valor da frequência em quilohertz a partir da primeira coluna da segunda linha, com uma casa após o ponto.*/
else //Caso contrário,
printf(write_display,"\nf = %.2fHz", frequencia); /*escreve o valor da frequência em Hertz, a partir da primeira coluna da segunda linha, com duas casas após o ponto.*/

Essa alteração apresenta os valores no display de forma mais agradável, mas ao custo da redução do limite superior de frequências que será possível medir.

Exemplo 22.3: capture3_4520

/*Este programa mede o período de um pulso repetitivo aplicado à entrada CCP1. Utiliza o PIC18F4520 com frequência de operação de 8MHz, o timer1 com prescaler 1:1 e o modo capture tem prescaler 1:16. Assim seria possível, a princípio, medir frequências entre aproximadamente 489Hz e 32MHz. Nos testes realizados na bancada, devido aos tempos de processamento, essas frequências ficaram entre 489Hz e 225KHz.*/

#include <18F4520.H> //Inclusão do header do microcontrolador utilizado
#use delay(clock=8MHz) /*/Informa ao compilador a frequência de operação para o cálculo dos delays.*/
#fuses HS, NOWDT, NOPROTECT, BROWNOUT, PUT, NOLVP /*Bits de configuração*/
#include <C:\Curso 18F\display_8bits.c> //Inclusão do driver do display

float dif; /*Declara a variável 'dif' como float. Esta variável é usada para guardar a diferença de contagens do timer1 entre duas bordas de subida consecutivas do sinal de entrada.*/
float frequencia,T; /*Declara as variáveis 'frequencia' e 'T' como do tipo float usadas para guardar o valor da frequência e do período do sinal de entrada.*/
long ccp_antigo; /*Declara a variável 'ccp_antigo' como long int. Esta variável é usada para guardar o conteúdo do timer quando da primeira borda de subida do sinal de entrada. Esse valor é lido do registrador CCPR1 (16 bits).*/
long ccp_atual; /*Declara a variável 'ccp_atual' como long int. Esta variável é usada para guardar o conteúdo do timer (na segunda borda de subida do sinal de entrada). Esse valor é lido do registrador CCPR1 (16 bits).*/

#int_ccp1 //Identificação da interrupção pelo módulo CCP1

```
void trata_ccp1() //Função para o tratamento da interrupção pelo módulo
        //CCP1
{
ccp_atual = ccp_1; /*Guarda o conteúdo mais recente do registrador CCPR1
        na variável 'ccp_atual'.*/
dif = ccp_atual - ccp_antigo; /*Calcula a diferença entre as contagens do
        timer1 entre a borda de subida anterior e a borda de subida atual da
        forma de onda de entrada. Coloca o resultado na variável 'dif'.*/
ccp_antigo = ccp_atual; /*Guarda o valor atual da contagem, 'ccp_atual', na
        variável 'ccp_antigo' para quando ocorrer a interrupção na próxima
        borda de subida do sinal de entrada.*/
}

void main() //Função principal
{
display_ini(); //Inicialização do display de cristal líquido

/*Ajusta o timer1 e o módulo CCP1 para o modo de captura, de modo que se
possa medir o período do sinal de entrada. O sinal de entrada, neste exemplo,
é uma tensão com forma de onda quadrada que vem da saída de um gerador
de sinais. O pico positivo do sinal é 5V e a referência é o comum da fonte de
alimentação.*/

setup_timer_1(T1_INTERNAL | T1_DIV_BY_1); /*Configura o timer1 para
        utilizar o clock interno sem prescaler.*/
set_timer1(0); /*Carrega o valor inicial, 0, no timer1.*/
setup_ccp1(CCP_CAPTURE_DIV_16); /*Configura o módulo CCP1 para
        captura na 16ª borda de subida do sinal de entrada.*/

enable_interrupts(GLOBAL); //Habilita as interrupções.
enable_interrupts(INT_CCP1); //Habilita as interrupções pelo módulo CCP1.

while(true) //Laço infinito
{
/*Então se calcula o período do sinal na entrada CCP1 dividindo a diferença
de contagem entre as duas bordas ativas do sinal de entrada, 'dif', por 32.*/

T=dif/32; //Guarda o valor da variável 'dif/32' na variável 'T'.
frequencia = 32000000/dif; /*Calcula a frequência em Hertz como o inverso
        do período ('dif/32000000').*/

//Mostra o período e a frequência calculados.

printf(write_display,"\fT = %.2fus",T); /*Limpa o display e escreve o valor do
        período a partir da primeira coluna da primeira linha: T = (dif/32)
        us.*/
printf(write_display,"\nf = %.1fHz", frequencia); /*Escreve o valor da
        frequência a partir da primeira coluna da segunda linha: f = (freq.
        calculada) Hz.*/
```

```
delay_ms(1000); /*Retardo de 1 segundo, que é o intervalo entre as
        atualizações no display.*/
}
}
```

Comentários e esclarecimentos sobre o programa do exemplo 22.3

Neste exemplo, voltamos ao prescaler 1:1 para o timer1, mas utilizamos o prescaler 1:16 para o modo capture. Então, façamos uma *comparação com o programa do exemplo 22.1*:

Como agora as capturas são feitas somente após a ocorrência da 16ª transição ativa do pulso aplicado à entrada CCP1, teremos uma quantidade 16 vezes maior de pulsos de clock que serão transferidos por ocasião da captura pelo registrador CCPR1 em comparação com o caso do exemplo 1.

É por este motivo que agora temos a instrução 'T=dif/32;' em lugar da que aparecia no programa do exemplo 1. Observe-se que o denominador simplesmente foi multiplicado por 16.

De modo semelhante, a frequência agora aparece multiplicada por 16 na instrução 'frequencia = 32000000/dif;'.

Obs: caso se declarasse a variável 'dif' como long int, a frequência mais alta que se poderia medir seria 359KHz, porém as casas após o ponto na indicação do período permaneceriam sempre em zero.

Exemplo 22.4: capture4_4520

```
/*Este programa mede o período de um pulso repetitivo aplicado à entrada
CCP1. Utiliza o PIC18F4520 com PLL e frequência de operação de 32MHz,
o timer1 com prescaler 1:1 e o modo capture tem prescaler 1:16. Assim seria
possível, a princípio, medir frequências entre aproximadamente 2KHz e
128MHz. Nos testes realizados na bancada essas frequências ficaram entre
2KHz e 1,30MHz.*/

#include <18F4520.H> //Inclusão do header do microcontrolador utilizado
#use delay(crystal=8MHz) //Informa a frequência do cristal oscilador ao
        //compilador.
#use delay(clock=32MHz) /*Informa a frequência de operação do
        microcontrolador ao compilador.*/
#fuses h4,nowdt,put,nolvp,brownout /*Bits de configuração. Observe-se que
        é utilizado o fusível h4 ao invés de hs (h4 informa que o PLL está
        sendo utilizado).*/
#include <C:\Curso 18F\display_8bits.c> //Inclusão do driver do display

float dif; /*Declara a variável 'dif' como float. Esta variável é usada para
        guardar a diferença de contagens do timer1 entre duas bordas de
        subida consecutivas do sinal de entrada.*/
```

```
float frequencia,T; /*Variáveis do tipo float usadas para guardar o valor da
        frequência e do período do sinal de entrada.*/
long ccp_antigo; /*Declara a variável 'ccp_antigo' como long int. Esta variável
        é usada para guardar o conteúdo do timer quando da primeira borda
        de subida do sinal de entrada. Esse valor é lido do registrador
        CCPR1 (16 bits).*/
long ccp_atual; /*Declara a variável 'ccp_atual' como long int. Esta variável é
        usada para guardar o conteúdo do timer (na segunda borda de
        subida do sinal de entrada). Esse valor é lido do registrador CCPR1
        (16 bits).*/

#int_ccp1 //Identificação da interrupção pelo módulo CCP1

void trata_ccp1() //Função para o tratamento da interrupção pelo módulo
        //CCP1
{
ccp_atual = ccp_1; /*Guarda o conteúdo mais recente do registrador CCPR1
        na variável 'ccp_atual'.*/
dif = ccp_atual - ccp_antigo; /*Calcula a diferença entre as contagens do
        timer1 entre a borda de subida anterior e a borda de subida atual da
        forma de onda de entrada. Coloca o resultado na variável 'dif'.*/
ccp_antigo = ccp_atual; /*Guarda o valor atual da contagem, 'ccp_atual', na
        variável 'ccp_antigo' para quando ocorrer a interrupção na próxima
        borda de subida do sinal de entrada.*/
}

void main() //Função principal
{
display_ini(); //Inicialização do display de cristal líquido

/*Ajusta o timer1 e o módulo CCP1 para o modo de captura, de modo que se
possa medir o período do sinal de entrada. O sinal de entrada, neste exemplo,
é uma tensão com forma de onda quadrada que vem da saída de um gerador
de sinais. O pico positivo do sinal é 5V e a referência é o comum da fonte de
alimentação.*/

setup_timer_1(T1_INTERNAL | T1_DIV_BY_1); /*Configura o timer1 para
        utilizar o clock interno sem prescaler.*/
set_timer1(0); /*Carrega o valor inicial, 0, no timer1.*/
setup_ccp1(CCP_CAPTURE_DIV_16); /*Configura o módulo CCP1 para
        captura na 16ª borda de subida do sinal de entrada.*/
enable_interrupts(GLOBAL); //Habilita as interrupções.
enable_interrupts(INT_CCP1); //Habilita as interrupções pelo módulo CCP1.

 while(true) //Laço infinito
 {
 /*Agora calcula-se o período do sinal aplicado à entrada CCP1 dividindo a
 diferença de contagens entre as duas bordas de subida do sinal de entrada
 ('dif') por 128.*/
```

```
T=dif/128; //Guarda o valor da variável 'dif/128' (período) em µs na variável
        //'T'.
frequencia = 128000000/dif; /*Calcula a frequência em Hertz como o inverso
        do período ('dif/128000000').*/

//Mostra o período e a frequência calculados.

 if(T>=1000) //Se 'T' for maior ou igual a 1000, executa a próxima instrução
 printf(write_display,"\fT = %.2fms",T/1000); /*Limpa o display e escreve o
        valor do período a partir da primeira coluna da primeira linha: T =
        (dif/128000) ms.*/

 else //Caso contrário, executa a instrução abaixo
 printf(write_display,"\fT = %.2fus",T); /*Limpa o display e escreve o valor do
        período a partir da 1ª coluna da 1ª linha: T = (dif/128) us.*/

 if(frequencia>=1000000) /*Se 'frequencia' for maior ou igual a 1000000,
        executa a próxima instrução*/
 printf(write_display,"\nf = %.2fMHz",frequencia/1000000); /*Escreve o valor
        da frequência a partir da primeira coluna da segunda linha: f = (freq.
        calculada/1000000) MHz.*/
 else //Caso contrário, executa a instrução a seguir
 printf(write_display,"\nf = %.1fKHz", frequencia/1000); /*Escreve o valor da
        frequência a partir da primeira coluna da segunda linha: f = (freq.
        calculada/1000) KHz.*/

delay_ms(1000); /*Retardo de 1 segundo, que é o intervalo entre as
        atualizações do período e da frequência no display.*/
}
}
```

Comentários e esclarecimentos sobre o programa do exemplo 22.4

No exemplo 22.4, o que muda é que passamos a utilizar o PLL do PIC18F4520. Com isso é possível ter uma frequência de operação de 32MHz com um cristal de 8MHz.

Em função da frequência de operação 4 vezes mais alta do que no caso anterior, em que também temos o uso do prescaler 1:16 no modo capture, agora o período do clock interno passa a ser 4 vezes menor e a frequência medida 4 pode ser vezes mais alta.

Por este motivo, a instrução relativa ao período 'T' passa a ser escrita:
'T=dif/128;'

Pelo mesmo motivo, o comando correspondente à frequência passa a ser escrito:

'frequencia = 128000000/dif;'

Obs.: caso se declarasse a variável 'dif' como long int, a frequência mais alta que se poderia medir seria 1,40MHz, porém as casas após o ponto na indicação do período permaneceriam sempre em zero.

Exemplo 22.5: capture4_4550

```
/*Este programa mede o período de um pulso repetitivo aplicado à entrada
CCP1. Utiliza o PIC18F4550 com PLL e frequência de operação de 48MHz,
o timer1 com prescaler 1:1 e o modo capture tem prescaler 1:16. Assim seria
possível, a princípio, medir frequências entre aproximadamente 2,9KHz e
192MHz. No entanto, nos testes realizados na bancada, devido aos tempos
de processamento, essas frequências ficaram entre 2,95KHz e 1,36MHz.*/

#include <18F4550.H> //Inclusão do header do microcontrolador utilizado
#use delay(clock=48MHz) /*Informa ao compilador a frequência de operação
        para o cálculo dos delays.*/
#fuses hspll,nowdt,put,nolvp,brownout,pll2,usbdiv,cpudiv1 /*Bits de
        configuração. Aqui, também é informado que está sendo utilizado o
        PLL (hspll, pll2, usbdiv, cpudiv1).*/
#include <C:\Curso 18F\display_8bits.c> //Inclusão do driver do display

float dif; /*Declara a variável 'dif' como float. Esta variável é usada para
        guardar a diferença de contagens do timer1 entre duas bordas de
        subida consecutivas do sinal de entrada.*/
float frequencia,T; /*Variáveis do tipo float usadas para guardar o valor da
        frequência e do período do sinal de entrada.*/
long ccp_antigo; /*Declara a variável 'ccp_antigo' como long int. Esta variável
        é usada para guardar o conteúdo do timer quando da primeira borda
        de subida do sinal de entrada. Esse valor é lido do registrador
        CCPR1 (16 bits).*/
long ccp_atual; /*Declara a variável 'ccp_atual' como long int. Esta variável é
        usada para guardar o conteúdo do timer (na segunda borda de
        subida do sinal de entrada). Esse valor é lido do registrador CCPR1
        (16 bits).*/

#int_ccp1 //Identificação da interrupção pelo módulo CCP1

void trata_ccp1() /*Função para o tratamento da interrupção pelo módulo
        CCP1*/
{
ccp_atual = ccp_1; /*Guarda o conteúdo mais recente do registrador CCPR1
        na variável 'ccp_atual'.*/
dif = ccp_atual - ccp_antigo; /*Calcula a diferença entre as contagens do
        timer1 entre a borda de subida anterior e a borda de subida atual da
        forma de onda de entrada. Coloca o resultado na variável 'dif'.*/
ccp_antigo = ccp_atual; /*Guarda o valor atual da contagem, 'ccp_atual', na
        variável 'ccp_antigo' para quando ocorrer a interrupção na próxima
        borda de subida do sinal de entrada.*/
}
```

```
void main() //Função principal
{
display_ini(); //Inicialização do display de cristal líquido

/*Ajusta o timer1 e o módulo CCP1 para o modo de captura, de modo que se
possa medir o período do sinal de entrada. O sinal de entrada, neste exemplo,
é uma tensão com forma de onda quadrada que vem da saída de um gerador
de sinais. O pico positivo do sinal é +5V e a referência é o comum da fonte
de alimentação.*/

setup_timer_1(T1_INTERNAL | T1_DIV_BY_1); /*Configura o timer1 para
        utilizar o clock interno sem prescaler.*/
set_timer1(0); /*Carrega o valor inicial, 0, no timer1.*/
setup_ccp1(CCP_CAPTURE_DIV_16); /*Configura o módulo CCP1 para
        captura na 16ª borda de subida do sinal de entrada.*/
enable_interrupts(GLOBAL); //Habilita as interrupções.
enable_interrupts(INT_CCP1); //Habilita as interrupções pelo módulo CCP1.

while(true) //Laço infinito
{
/*Agora calcula-se o período do sinal aplicado à entrada CCP1 dividindo a
 diferença de contagens entre as duas bordas de subida do sinal de entrada
 ('dif') por 192.*/

T=dif/192; //Guarda o valor da variável 'dif' (período) na variável 'T'.
frequencia = 192000000/dif; /*Calcula a frequência como o inverso do período
        (dif/192').*/

//Mostra o período e a frequência calculados.

 if(T<1)
 printf(write_display,"\fT = %.0fns",(dif/192)*1000); /*Limpa o display e
        escreve o valor do período em nanossegundos a partir da primeira
        coluna da primeira linha do display: 'T = ((dif/192)*1000) ns',*/
 else //caso contrário,
 printf(write_display,"\fT = %.2fus",T); /*Limpa o display e escreve o valor do
        período em microssegundos a partir da primeira coluna da primeira
        linha: 'T = (dif/192) us', com duas casas após o ponto.*/
 if(frequencia>=1000000) /*Se 'frequencia' for maior ou igual a 1000, executa
        a próxima instrução*/
 printf(write_display,"\nf = %.2fMHz",frequencia/1000000); /*Escreve o valor
        da frequência a partir da primeira coluna da segunda linha: f =
        (frequencia/1000000) MHz, com duas casas após o ponto,*/
 else //caso contrário, executa a instrução a seguir:
 printf(write_display,"\nf = %.2fKHz",frequencia/1000); /*Escreve o valor da
        frequência a partir da primeira coluna da segunda linha: f =
        (frequencia/1000) KHz, com duas casas após o ponto.*/
 delay_ms(1000); /*Retardo de 1 segundo, que é o intervalo entre as
        atualizações no display.*/
```

```
    }
}
```

Comentários e esclarecimentos sobre o programa do exemplo 22.5

O programa deste exemplo é semelhante ao anterior, mas como utiliza o PIC18F4550, cujo PLL permite que a frequência de operação seja de 48MHz, esta foi a frequência escolhida. Então, a frequência de operação é 6 vezes mais alta do que a do exemplo 22.3 e sendo assim, na instrução referente ao período, multiplicou-se o divisor por 6, *dif/32x6* e na instrução que corresponde à frequência, multiplicou-se o numerador por 6, *32000000x6/dif.*

Assim os comandos passam a ser:

'T=dif/192;'

e

'frequencia = 192000000/dif;'

Durante a instalação do MPLAB X IDE, a Microchip recomenda que, de preferência, seja utilizado um computador com um determinado processador, porém um dos computadores utilizados para a elaboração deste livro possui outro processador muito bom, mas houve problemas em alguns programas, como o do deste exemplo.

Embora a compilação tenha ocorrido normalmente, o programa não rodou no simulador nem no kit de desenvolvimento.

Como o autor também possui um laptop com o processador recomendado com uma versão anterior do compilador CCS instalada, esse exemplo foi testado nesse notebook com sucesso.

No kit de desenvolvimento, foi possível alcançar frequências de até 1,37MHz.

Declarando-se 'dif' como long int, a frequência máxima que pode ser medida chega a 2,23MHz, porém a leitura do período permanece em 0.

A figura 22.6, abaixo, mostra o circuito utilizado para o exemplo 22.5, 'capture4_4550' e os resultados obtidos, para uma frequência de 78KHz.

Nos testes com o kit PRO V3.0 utilizou-se um retificador conectado à saída do gerador de sinais no qual se dispensou o uso do diodo D2, uma vez que não surgiram os picos negativos que surgiram no simulador. O circuito pode ser visto abaixo, na figura 22.7.

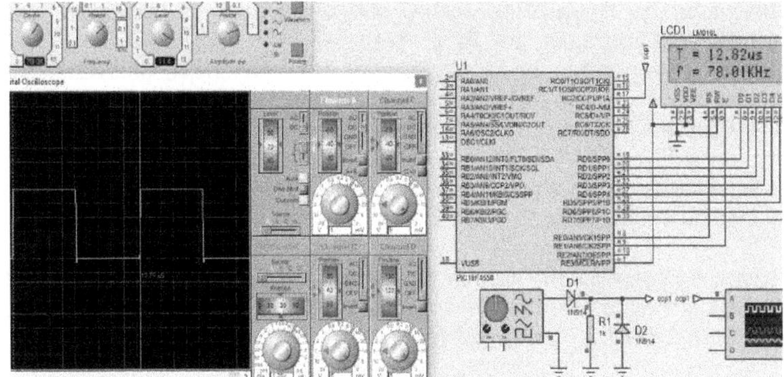

Fig. 22.6 – Teste do programa do exemplo 22.5 no simulador VSM Proteus

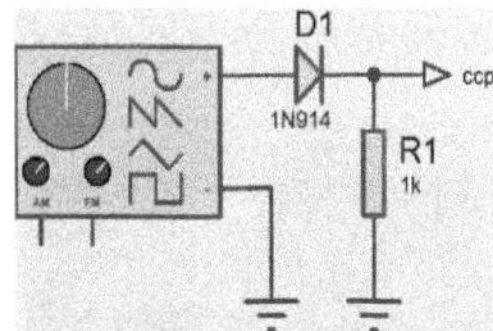

Fig. 22.7 – Circuito retificador para entregar somente o semi-ciclo positivo do sinal à entrada do módulo CCP1

Fig. 22.8 – Circuito retificador do sinal de saída do gerador de sinais

Esse circuito foi montado no próprio conector de expansão do kit para evitar perdas e redução da frequência limite superior que seria possível medir. A montagem em protoboard prejudicaria o desempenho.

Fig. 22.9 – Foto da placa do kit mostrando a distância entre o pino RC2/CCP1 no PIC e seu ponto de acesso no conector de expansão

Observe-se na figura 22.9, acima, que o conector de expansão está relativamente distante de RC2, pino 17, do PIC18F4550, o que possivelmente acarretaria redução na resposta a frequências mais altas. Isso se deve ao fato de que se trata de um kit para testes de inúmeras funções e aplicações dos PICs e não para um determinado uso.

Na montagem de um equipamento para aplicação específica deve-se ter o cuidado de manter a fiação dessas conexões o mais curta possível.

As figuras 22.10 a 22.13, mostram as telas do osciloscópio e o que é visto no display para os testes no kit nas diversas situações de frequências limite, quando se declara a variável 'dif' como float.

As pequenas diferenças observadas entre os valores vistos no display e na tela do osciloscópio se devem à dificuldade de posicionar os cursores sobre os pontos corretos da forma de onda na tela do osciloscópio.

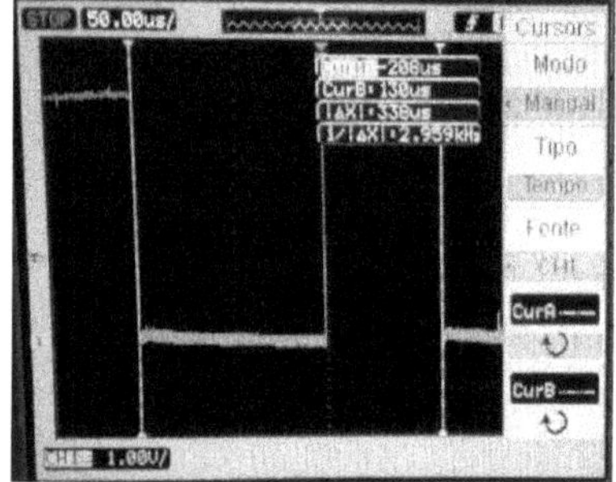

Fig. 22.10 – Tela do osciloscópio para a frequência limite inferior para o exemplo 22.5

Fig. 22.11 – Display do kit para a condição mostrada na figura 22.10

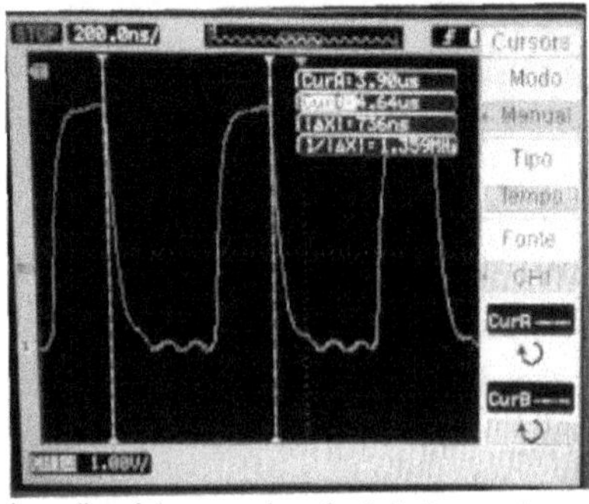

Fig. 22.12 – Tela do osciloscópio para a frequência limite superior para o exemplo 22.5

Fig. 22.13 - Display do kit para a condição mostrada na figura 22.12

As figuras 22.14 e 22.15 mostram a tela do osciloscópio e o display apresentando a frequência limite superior para o exemplo 22.5, 'capture4_4550' quando a variável 'dif' é declarada como long int.

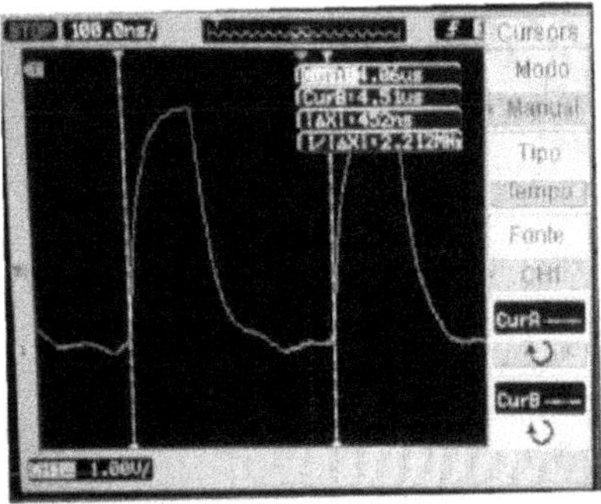

Fig. 22.14 – Frequência limite superior para o exemplo 22.5, declarando 'dif' como long int.

Fig. 22.15 – Display do kit para a condição mostrada na figura 22.14

Exemplo 22.6: capturet3_4520_1

/*Este programa mede o período de um pulso repetitivo aplicado à entrada CCP1. Usa o PIC18F4520 com frequência de operação de 8MHz, o timer3 sem prescaler e o modo capture com prescaler 1:1. Pelo cálculo se poderia medir frequências entre 30Hz e 2MHz, aproximadamente, mas na bancada só foi possível medi-las entre 30Hz e 20,4KHz.*/

```
#include <18F4520.H> //Inclusão do header do microcontrolador utilizado
#use delay(clock=8000000) /*Informa ao compilador a frequência de
        operação para o cálculo dos delays.*/
#fuses HS, NOWDT, NOPROTECT, BROWNOUT, PUT, NOLVP /*Bits de
        configuração*/
#include <C:\Curso 18F\display_8bits.c> //Inclusão do driver do display
```

```
float dif; /*Declara a variável 'dif' como float. Esta variável é usada para
        guardar a diferença de contagens do timer1 entre duas bordas de
        subida consecutivas do sinal de entrada.*/
float frequencia,T; /*Variáveis do tipo float usadas para guardar o valor da
        frequência e do período do sinal de entrada.*/
long ccp_antigo; /*Declara a variável 'ccp_antigo' como long int. Esta variável
        é usada para guardar o conteúdo do timer quando da primeira borda
        de subida do sinal de entrada. Esse valor é lido do registrador
        CCPR1 (16 bits).*/
long ccp_atual; /*Declara a variável 'ccp_atual' como long int. Esta variável é
        usada para guardar o conteúdo do timer (na segunda borda de
        subida do sinal de entrada). Esse valor é lido do registrador CCPR1
        (16 bits).*/

#int_ccp1 //Identificação da interrupção pelo módulo CCP1

void trata_ccp1() //Função para o tratamento da interrupção pelo módulo
        //CCP1
{
ccp_atual = ccp_1; /*Guarda o conteúdo mais recente do registrador CCPR1
        na variável 'ccp_atual'.*/
dif = ccp_atual - ccp_antigo; /*Calcula a diferença entre as contagens do
        timer3 entre a borda de subida anterior e a borda de subida atual da
        forma de onda de entrada. Coloca o resultado na variável 'dif'.*/
ccp_antigo = ccp_atual; /*Guarda o valor atual da contagem, 'ccp_atual', na
        variável 'ccp_antigo' para quando ocorrer a interrupção na próxima
        borda de subida do sinal de entrada.*/
}

void main() //Função principal
{
display_ini(); //Inicialização do display de cristal líquido

/*Ajusta o timer3 e o módulo CCP1 para o modo de captura, de modo que se
possa medir o período do sinal de entrada. O sinal de entrada, neste exemplo,
é uma tensão com forma de onda quadrada que vem da saída de um gerador
de sinais. O pico positivo do sinal é 5V e a referência é o comum da fonte de
alimentação.*/

setup_timer_3(T3_INTERNAL | T3_DIV_BY_1|T3_CCP1_TO_2); /*Configura
        o timer3 para utilizar o clock interno e o prescaler não é usado, ou
        seja, prescaler = 1:1.*/
set_timer3(0); /*Carrega o valor inicial, 0, no timer3.*/
setup_ccp1(CCP_CAPTURE_FE); /*Configura o módulo CCP1 para captura
        na borda de descida do sinal de entrada.*/
enable_interrupts(GLOBAL); //Habilita as interrupções globalmente.
enable_interrupts(INT_CCP1); //Habilita as interrupções pelo módulo CCP1.

while(true) //Laço infinito
```

```
{
/*Agora calcula-se o período do sinal aplicado à entrada CCP1 dividindo a diferença de contagens entre as duas bordas de subida do sinal de entrada ('dif') por 2.*/

T=dif/2; //Guarda o valor da variável 'dif/2' (período) em µs na variável 'T'.
frequencia = 2000000/dif; /*Calcula a frequência em Hertz como o inverso do
        período ('dif/2000000').*/

//Mostra o período e a frequência calculados.
if(T>1000) //Se 'T' for maior do que 1000,
printf(write_display,"\fT = %.1fms",T/1000); /*Limpa o display e escreve o
        valor do período em milissegundos a partir da primeira coluna da
        primeira linha, com uma casa após o ponto.*/
else //Caso contrário,
printf(write_display,"\fT = %.1fus",T); /*limpa o display e escreve o valor do
        período em microssegundos a partir da primeira coluna da primeira
        linha, com uma casa após o ponto.*/
if(frequencia>1000) //Se 'frequencia' > 1000,
printf(write_display,"\nf = %.1fKHz", frequencia/1000); //escreve o valor da
        frequência em quilohertz a partir da primeira coluna da primeira
        linha, com uma casa após o ponto.*/
else //Caso contrário,
printf(write_display,"\nf = %.1fHz",frequencia); /*escreve o valor da frequência
        em Hertz a partir da primeira coluna da segunda linha, com uma casa
        após o ponto.*/
delay_ms(1000); /*Retardo de 1 segundo, que é o intervalo entre as
        atualizações no display.*/
}
}
```

Comentários e esclarecimentos sobre o programa do exemplo 22.6

Neste exemplo, em que novamente se considera a condição 1, é usado o timer3 como base de tempo para o modo capture. Além disso, desta vez se utilizou a captura na borda de descida do pulso de entrada. As configurações do modo Capture, *quando não se utiliza o prescaler*, permitem a escolha da borda de subida ou de descida do pulso. *A escolha da borda que vai fazer a captura oferece ao usuário a possibilidade de utilizar a borda que mais se aproxima de uma vertical, o que resulta em melhor desempenho do sistema.*

Observe-se que a instrução de configuração do timer3, embora possa parecer estranha, foi obtida através de consulta à CCS e foi testada ao escrever o livro, tendo funcionado perfeitamente em todos os casos que envolvem o timer3, tanto no modo capture quanto no modo compare, que veremos adiante:

'setup_timer_3(t3_internal|t3_div_by_1|t3_ccp1_to_2);'

Se for utilizado somente 'setup_timer_3', sem 't3_ccp1_to_2)', embora o programa não apresente erro de compilação, ele não funcionará. O compilador utilizado neste exemplo é o PCWHD, edição de 2019. O outro computador utilizado neste curso, em que esse fato também ocorreu, tem a versão PCWHD, edição 2014 instalada.

Obs: caso se declarasse a variável 'dif' como long int, a frequência mais alta que se poderia medir seria 23,2KHz, porém a indicação do período apareceria errada.

Exemplo 22.7: capturet3ccp2_4520_1

/*Este programa mede o período de um pulso repetitivo aplicado à entrada CCP2. Utiliza o PIC18F4520 com frequência de operação de 8MHz, o timer3 sem prescaler e o modo capture sem prescaler. Por cálculo seria possível medir frequências entre 30Hz e 2MHz, mas na bancada só foi possível medi-las entre 30Hz e 20,6KHz.*/

```
#include <18F4520.H> //Inclusão do header do microcontrolador utilizado
#use delay(clock=8MHz) /*Informa ao compilador a frequência de operação
        para o cálculo dos delays.*/
#fuses HS, NOWDT, NOPROTECT, BROWNOUT, PUT, NOLVP /*Bits de
        configuração*/
#include <C:\Curso 18F\display_8bits.c> //Inclusão do driver do display

float dif; /*Declara a variável 'dif' como float. Esta variável é usada para
        guardar a diferença de contagens do timer3 entre duas bordas de
        subida consecutivas do sinal de entrada.*/
float frequencia,T; /*Variáveis do tipo float usadas para guardar o valor da
        frequência e do período do sinal de entrada.*/
long ccp_antigo; /*Declara a variável 'ccp_antigo' como long int. Esta variável
        é usada para guardar o número de contagens do timer3 quando da
        primeira borda de subida do sinal de entrada. Esse valor é lido do
        registrador CCPR2 (16 bits).*/
long ccp_atual; /*Declara a variável 'ccp_atual' como long int. Esta variável é
        usada para guardar o número contido no timer3 (na segunda borda
        de subida do sinal de entrada). Esse valor é lido do registrador
        CCPR2 (16 bits)*/

#int_ccp2 //Identificação da interrupção pelo módulo CCP2

void trata_ccp2() //Função para o tratamento da interrupção pelo módulo
        //CCP2
{
ccp_atual = ccp_2; /*Guarda o conteúdo mais recente do registrador CCPR2
        na variável 'ccp_atual'.*/
dif = ccp_atual - ccp_antigo; /*Calcula a diferença entre as contagens do
        timer3 entre a borda de subida anterior e a borda de subida atual da
        forma de onda de entrada. Coloca o resultado na variável 'dif'.*/
```

```
ccp_antigo = ccp_atual; /*Guarda o valor atual da contagem, 'ccp_atual', na
        variável 'ccp_antigo' para quando ocorrer a interrupção na próxima
        borda de subida do sinal de entrada.*/
}

void main() //Função principal
{
display_ini(); //Inicialização do display de cristal líquido

/*Ajusta o timer3 e o módulo CCP2 para o modo de captura, de modo que se
possa medir o período do sinal de entrada. O sinal de entrada, neste exemplo,
é uma tensão com forma de onda quadrada que vem da saída de um gerador
de sinais. O pico positivo do sinal é 5V e a referência é o comum da fonte de
alimentação.*/

setup_timer_3(T3_INTERNAL|T3_DIV_BY_1|T3_CCP1_TO_2); /*Configura
        o timer3 para utilizar o clock interno e o prescaler não é usado, ou
        seja, prescaler = 1:1.*/
set_timer3(0); /*Carrega o valor inicial, 0, no timer3.*/
setup_ccp2(CCP_CAPTURE_FE); /*Configura o módulo CCP2 para captura
        na borda de descida do sinal de entrada.*/
enable_interrupts(GLOBAL); //Habilita as interrupções.
enable_interrupts(INT_CCP2); //Habilita as interrupções pelo módulo CCP2.

while(true) //Laço infinito
{
/*Agora calcula-se o período do sinal aplicado à entrada CCP1 dividindo a
diferença de contagens entre as duas bordas de descida do sinal de entrada
('dif') por 2.*/

T=dif/2; //Guarda o valor da variável 'dif/2' (período) em µs na variável 'T'.
frequencia = 2000000/dif; /*Calcula a frequência em Hertz como o inverso do
        período ('dif/2000000').*/
//Mostra o período e a frequência calculados.

  if(T>=1000) //Se 'T' for maior ou igual a 1000, executa a próxima instrução.
   printf(write_display,"\fT = %.1fms",T/1000); /*Limpa o display e escreve o
          valor do período a partir da primeira coluna da primeira linha: T =
        (dif/2000) ms.*/

  else //Caso contrário, executa a instrução abaixo:
  printf(write_display,"\fT = %.1fus",T); /*Limpa o display e escreve o valor do
        período a partir da primeira coluna da primeira linha: T = (dif/2) us.*/

  if(frequencia>=1000) /*Se 'frequencia' for maior ou igual a 1000, executa a
        próxima instrução*/
```

```
printf(write_display,"\nf = %.1fKHz",frequencia/1000); /*Escreve o valor da
        frequência a partir da primeira coluna da segunda linha: f = (freq.
        calculada/1000) KHz.*/

else //Caso contrário, executa a instrução a seguir:
printf(write_display,"\nf = %.1fHz", frequencia); /*Escreve o valor da
        frequência a partir da primeira coluna da segunda linha: f = (freq.
        calculada) Hz.*/
delay_ms(1000); /*Retardo de 1 segundo, que é o intervalo entre as
        atualizações no display.*/
}
}
```

Comentários e esclarecimentos sobre o programa do exemplo 22.7

Neste exemplo, ainda sobre a condição 1, utilizamos o módulo ccp2 ao invés de ccp1 e continuamos utilizando o timer3 como base de tempo para o modo capture, como no exemplo anterior. Novamente, foi utilizada a borda de descida do pulso de entrada para a captura. *Vale a mesma observação com relação à configuração do timer3.*

Obs: caso se declarasse a variável 'dif' como long int, a frequência mais alta que se poderia medir seria 22,3KHz, porém as casas após o ponto estariam zeradas.

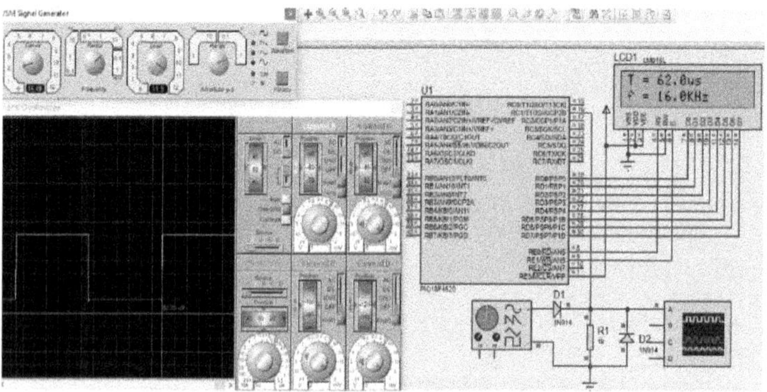

Fig. 22.16 – Circuito para os exemplos com o modo Capture do módulo CCP2. Os valores indicados correspondem a um ajuste de 16KHz usando-se o programa do exemplo 22.7, 'capturet3ccp2_4520_1'

Circuito

A figura 22.16, acima, mostra a nova configuração de testes, em que muda apenas o pino de entrada para o pulso a ser medido. Ao invés do pino RC2/CCP1/P1A (pino 17) passou-se a utilizar o pino RC1/T1OSI/CCP2, que na versão **D**ual **I**n **L**ine de 40 pinos, do PIC18F4520, corresponde ao pino 16.

Exemplo 22.8: capturet3ccp2_4520_4

```
/*Este programa mede o período de um pulso repetitivo aplicado à entrada CCP2. Utiliza o PIC18F4520 com PLL e frequência de operação de 32MHz, o timer3 com prescaler 1:1 e o modo capture com prescaler 1:16. Assim seria possível, teoricamente, medir frequências entre aproximadamente 2KHz e 128MHz. Nos testes realizados na bancada essas frequências ficaram entre 2KHz e 914KHz.*/

#include <18F4520.H> //Inclusão do header do microcontrolador utilizado
#use delay(clock=32MHz) /*Informa a frequência de operação do
          microcontrolador ao compilador.*/
#fuses h4,nowdt,put,nolvp,brownout /*Bits de configuração. Observe-se que
          é utilizado o fusível h4 ao invés de hs (h4 informa que está sendo
          utilizado o PLL).*/
#include <C:\Curso 18F\display_8bits.c> //Inclusão do driver do display

float dif; /*Declara a variável 'dif' como float. Esta variável é usada para
          guardar a diferença de contagens do timer1 entre duas 16as bordas
          de subida consecutivas do sinal de entrada.*/
float frequencia,T; /*Variáveis do tipo float usadas para guardar o valor da
          frequência e do período do sinal de entrada.*/
long ccp_antigo; /*Define a variável 'ccp_antigo' como long int. Esta variável
          é usada para guardar o valor do tempo medido quando ocorre a
          primeira 16ª borda de subida do sinal de entrada. Esse valor é lido
          do registrador CCPR2 (16 bits).*/
long ccp_atual; /*Define a variável 'ccp_atual' como long int. Esta variável é
          usada para guardar o valor atual do tempo medido (na segunda 16ª
          borda de subida do sinal de entrada). Esse valor é lido do registrador
          CCPR2 (16 bits)*/

#int_ccp2 //Identificação da interrupção pelo módulo CCP2

void trata_ccp2() //Função para o tratamento da interrupção pelo módulo
          //CCP2
{
ccp_atual = ccp_2; /*Guarda o conteúdo mais recente do registrador CCPR2
          na variável 'ccp_atual'.*/
dif = ccp_atual - ccp_antigo; /*Calcula o número de pulsos entre a 16ª borda
          de subida anterior da forma de onda de entrada e a atual. Coloca o
          resultado na variável global 'dif', que pode ser lida pelo trecho de
          programa dentro da função principal.*/
ccp_antigo = ccp_atual; /*Guarda o valor atual da contagem, 'ccp_atual' na
          variável 'ccp_antigo' para quando houver a interrupção na próxima
          16ª borda de subida do sinal de entrada.*/
}

void main() //Função principal
{
```

```
display_ini(); //Inicialização do display de cristal líquido

/*Ajusta o timer3 e o módulo CCP2 para o modo de captura, de modo que se
possa medir o período do sinal de entrada. O sinal de entrada, neste exemplo,
é uma tensão com forma de onda quadrada que vem da saída de um gerador
de sinais. O pico positivo do sinal é 5V e a referência é o comum da fonte de
alimentação.*/

setup_timer_3(T3_INTERNAL|T3_DIV_BY_1|T3_CCP1_TO_2); /*Configura
          o timer3 para utilizar o clock interno sem prescaler.*/
set_timer3(0); /*Carrega o valor inicial, 0, no timer3.*/
setup_ccp2(CCP_CAPTURE_DIV_16); /*Configura o módulo CCP2 para
          captura na 16ª borda de subida do sinal de entrada.*/
enable_interrupts(GLOBAL); //Habilita as interrupções.
enable_interrupts(INT_CCP2); //Habilita as interrupções pelo módulo CCP2.

while(true) //Laço infinito
 {
/*Agora calcula-se o período do sinal aplicado à entrada CCP1 dividindo a
 diferença de contagens entre as duas 16ªs bordas de subida consecutivas
 do sinal de entrada ('dif') por 128.*/

T=dif/128; //Guarda o valor da variável 'dif/128' (período) em µs na variável
          //'T'.
 frequencia = 128000000/dif; /*Calcula a frequência em Hertz como o inverso
          do período ('dif/128000000').*/

 //Mostra o período e a frequência calculados.

if(T<2) //Se o período for menor do que 2 microssegundos,
printf(write_display,"\fT = %.3fus",T); /*limpa o display e escreve o valor do
          período em microssegundos a partir da primeira coluna da primeira
          linha, com 3 casas após o ponto.*/
else //Caso contrário,
printf(write_display,"\fT = %.2fus",T); /*limpa o display e escreve o valor do
          período em microssegundos a partir da primeira coluna da primeira
          linha, com 2 casas após o ponto.*/
printf(write_display,"\nf = %.2fKHz",frequencia/1000); /*Escreve o valor da
          frequência a partir da primeira coluna da segunda linha, com duas
          casas após o ponto.*/
delay_ms(1000); /*Retardo de 1 segundo, que é o intervalo entre as
          atualizações no display.*/
 }
}
```

Comentários e esclarecimentos sobre o programa do exemplo 22.8

Neste exemplo, voltamos a utilizar as configurações da condição 4, vista no exemplo 22.4, capture4_4520, portanto continuam valendo aqui os comentários feitos para o exemplo 22.4.

Desta vez, utilizamos o timer3 ao invés do timer1 e o módulo CCP2 ao invés do módulo CCP1. *Vale a mesma observação com relação à configuração do timer3 feita para os dois exemplos anteriores.*

A instrução 'ccp_atual = ccp_2;' se refere a uma das funções da biblioteca do PIC18F4520, onde *ccp_2* indica o número de ciclos de máquina decorrido até a ocorrência da transição do pulso na entrada CCP_2 que provoca a captura do conteúdo do timer3 pelo registrador CCPR2.

Obs.: *a frequência máxima que pode ser medida no modo capture com o kit, além da complexidade do programa (que influi no tempo de processamento, que também depende do tipo das variáveis) também depende do comprimento das conexões.*

Como o gerador de sinais utilizado nos testes fornece uma tensão de saída alternada, nos testes aqui realizados foi utilizado um diodo de comutação 1N4148 para bloquear os semi-ciclos negativos da forma de onda e um resistor de 1KΩ, para reduzir os resquícios de tensão negativa que ainda restassem.

Caso se declarasse a variável 'dif' como long int, a frequência mais alta que se poderia medir seria 1,4MHz, porém o valor do período apareceria como 0.00us.

Observe-se que para períodos inferiores a 2 microssegundos foi incluída uma casa a mais pela instrução 'printf(write_display,"\fT = %.3fus",T);'. Isso foi feito para melhorar a resolução para essa faixa de períodos.

As figuras 22.17 e 22.18, abaixo, mostram o display e a tela do osciloscópio com a frequência máxima que o programa do exemplo 22.8 pode medir.

Fig. 22.17 – Display mostrando a maior frequência que se pode medir com o programa do exemplo 22.8, 'capturet3ccp2_4520_4'

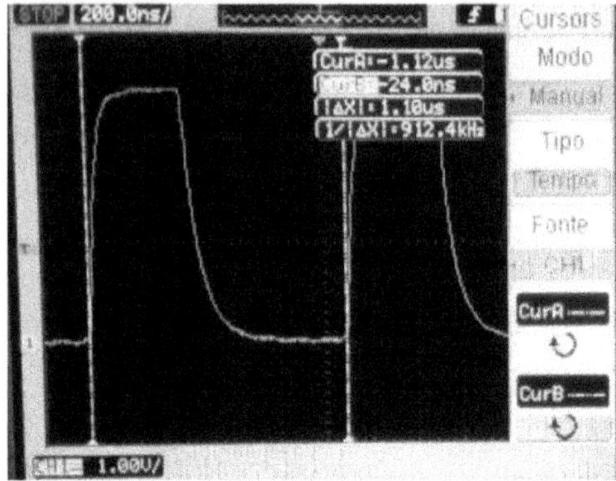

Fig. 22.18 – Tela do osciloscópio para a frequência limite superior para o exemplo 22.8

As figuras 22.19 e 22.20, a seguir mostram o display e a tela do osciloscópio para a máxima frequência que foi possível medir declarando-se a variável 'dif' como long int. Como afirmado anteriormente, consegue-se medir até 1,4MHz, mas o período é mostrado como 0us.

Fig. 22.19 – Display mostrando a maior frequência que se pode medir com o programa do exemplo 22.8, 'capturet3ccp2_4520_4', declarando-se a variável 'dif' como long int.

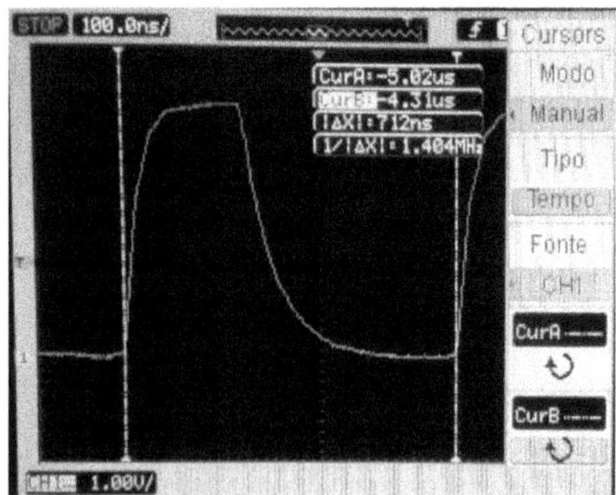

Fig. 22.20 – Tela do osciloscópio para a frequência limite superior para o exemplo 22.8, declarando-se a variável 'dif' como long int.

O programa do exemplo 22.9, a seguir mede a largura de um pulso positivo não repetitivo e a apresenta em um display de cristal líquido.

Exemplo 22.9: capture_pulso+

```
/*Este programa mede a duração de um pulso positivo não repetitivo aplicado
às entradas CCP1 e CCP2 interligadas. Utiliza o PIC18F4520 com frequência
de operação de 8MHz, o timer1 com prescaler 1:8 e o modo capture tem
prescaler 1:1. Assim é possível medir larguras de pulso de aproximadamente
4µs a aproximadamente 262ms*/

#include <18F4520.H> //Inclusão do header do microcontrolador utilizado
#use delay(clock=8MHz) /*Informa ao compilador a frequência de operação
        para o cálculo dos delays.*/
#fuses hs, nowdt, noprotect, brownout, put, nolvp //Bits de configuração
#include <C:\Curso 18F\display_8bits.c> //Inclusão do driver do display

float subida, descida, T; /*Declara as variáveis 'subida', 'descida' e 'T' como
        float.*/

#int_ccp1 //Identificação da interrupção pelo módulo CCP1

void trata_ccp1() /*Função para o tratamento da interrupção pelo módulo
        CCP1*/
{
subida = ccp_1; /*Guarda na variável 'subida', o valor salvo no registrador
        'CCPR1'.*/
}

#int_ccp2 //Identificação da interrupção pelo módulo CCP2

void trata_ccp2() /*Função para o tratamento da interrupção pelo módulo
        CCP2*/
{
descida = ccp_2; /*Guarda variável 'descida', o valor salvo no registrador
        'CCPR2'.*/
T=4*(descida - subida); /*Guarda o valor '4*(descida – subida)' na variável 'T'
        (largura do pulso).*/
printf(write_display,"\fT = %.1fus",T); /*Limpa o display e escreve o valor da
        largura do pulso, com uma casa após o ponto, a partir da primeira
        coluna da primeira linha: T = Tus.*/
}

void main() //Função principal
{
display_ini(); //Inicialização do display de cristal líquido
setup_timer_1(T1_INTERNAL | T1_DIV_BY_8); /*Configura o timer1 para
        utilizar o clock interno com prescaler 1:8.*/
set_timer1(0); /*Carrega o valor inicial, 0, no timer1.*/
setup_ccp1(ccp_capture_re); /*Configura o módulo CCP1 para captura na
        borda de subida do sinal de entrada.*/
```

```
setup_ccp2(ccp_capture_fe); /*Configura o módulo CCP2 para captura na
        borda de descida do sinal de entrada.*/
enable_interrupts(GLOBAL); //Habilita as interrupções.
enable_interrupts(INT_CCP1); //Habilita as interrupções pelo módulo CCP1.
enable_interrupts(INT_CCP2); //Habilita as interrupções pelo módulo CCP2.

while(true); //Laço infinito
}
```

Comentários e esclarecimentos sobre o programa do exemplo 22.9

Quando ocorre a borda de subida do sinal de entrada (pulso positivo), é gerada uma interrupção pelo módulo CCP1 e os registradores CCPR1H e CCPR1L capturam o valor do timer1 nesse instante.

Em seguida é chamada a função (rotina) de atendimento à interrupção, 'trata_ccp1()'. Nessa função é lido o valor capturado do timer1, salvo no registrador CCPR1. Quando ocorrer a borda de descida do pulso é gerada uma nova interrupção, desta vez pelo módulo CCP2 e os registradores CCPR2H e CCPR2L capturam o novo valor do timer1.

A seguir é chamada a função de atendimento à interrupção, 'trata_ccp2()', que lê o conteúdo do registrador CCPR2, o qual contém o valor do timer1 no instante em que ocorreu a borda de descida do pulso. Ainda dentro da função de atendimento à interrupção, 'trata_ccp2(), é calculada a diferença 'descida – subida', (os valores salvos nos registradores CCPR2 e CCPR1, respectivamente) e esse valor multiplicado por 4 é salvo na variável 'T', largura do pulso. A diferença é multiplicada por 4, porque o período do clock interno é multiplicado por 8, que é o prescaler do timer1.

Se não houvesse prescaler, o período seria 0,5µs, que para resultar na apresentação em microssegundos no display, o valor da diferença entre os tempos de descida e subida, teria que ser multiplicado por 0,5 ou dividido por 2. Como o prescaler do timer1 é 8, temos que multiplicar essa diferença por 4, ao invés de 0,5.

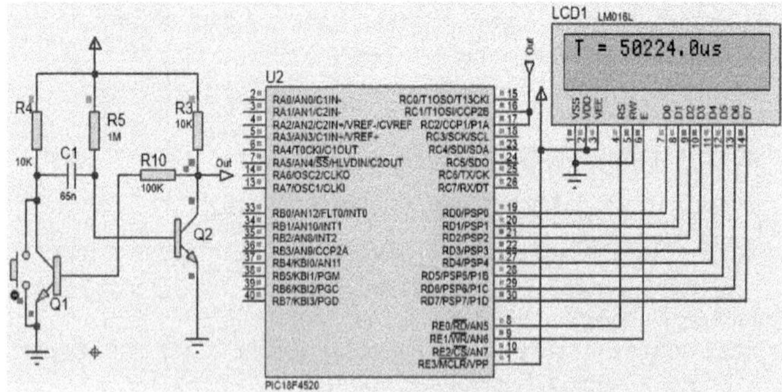

Fig. 22.21 – Circuito para o exemplo 22.9, 'capture_pulso+'

Circuito

A figura 22.21, acima, mostra o circuito utilizado para o exemplo 22.9, 'capture_pulso+'.

Nessa figura está incluído, além do circuito propriamente dito, o dispositivo que gera um pulso positivo não repetitivo de aproximadamente 50ms de largura.

O gerador do pulso é um multivibrador monoestável formado pelos transistores Q1 e Q2. Normalmente Q2 está saturado e Q1 cortado. Então, sem pressionar o botão, o coletor de Q2 está em nível lógico 0, com aproximadamente 0V em relação ao comum da fonte de alimentação e o coletor de Q1 apresenta +5V em relação ao comum, ou seja, está em nível lógico 1.

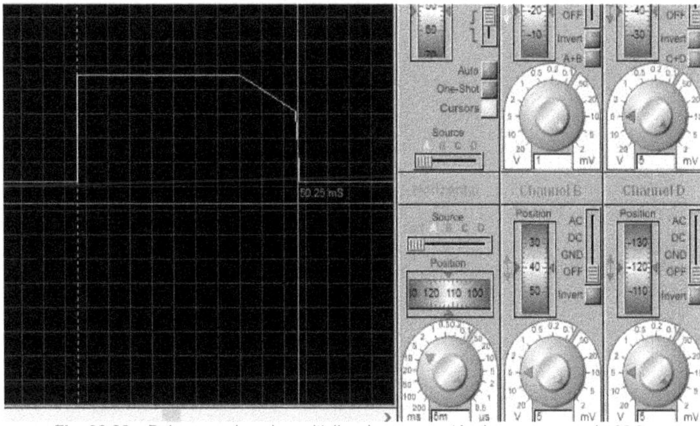

Fig. 22.22 – Pulso gerado pelo multivibrador monoestável para o exemplo 22.9

Quando se pressiona momentaneamente o botão que se encontra entre o coletor de Q1 e o comum, o terminal esquerdo do capacitor C1 é levado ao comum e seu terminal direito, que se encontra aproximadamente 4,2V negativo em relação ao seu terminal esquerdo faz com que essa tensão negativa seja aplicada à base de Q2 e o leve ao corte. Isso faz surgir um pulso positivo em seu coletor, levando Q1 à saturação. Para os valores de C1 e R5, a largura do pulso positivo no coletor de Q2 será de aproximadamente 50ms, como mostra a figura 22.22, acima.

Exemplo 22.10: capture_pulso-

/*Este programa mede a duração de um pulso negativo não repetitivo aplicado às entradas CCP1 e CCP2 interligadas. Utiliza o PIC18F4520 com frequência de operação de 8MHz, o timer1 com prescaler 1:8 e o modo capture com prescaler 1:1. Assim é possível, medir larguras entre 4µs e aproximadamente 262ms.*/

```
#include <18F4520.H> //Inclusão do header do microcontrolador utilizado
#use delay(clock=8MHz) /*Informa ao compilador a frequência de operação
        para o cálculo dos delays.*/
#fuses hs, nowdt, noprotect, brownout, put, nolvp //Bits de configuração
#include <C:\Curso 18F\display_8bits.c> //Inclusão do driver do display

float subida, descida, T; /*Declara as variáveis 'subida', 'descida' e 'T' como
        float.*/

#int_ccp2 //Identificação da interrupção pelo módulo CCP2

void trata_ccp2() //Função para o tratamento da interrupção pelo módulo
        //CCP2
{
descida = ccp_2; /*Guarda o conteúdo do registrador CCPR2 na variável
        'descida'.*/
}

#int_ccp1 //Identificação da interrupção pelo módulo CCP1

void trata_ccp1() //Função para o tratamento da interrupção pelo módulo
        //CCP1
{
subida = ccp_1;

/*Agora calcula-se o período, guardando a diferença de tempo entre as duas
        bordas do sinal de entrada multiplicada por 4 na variável 'T'.*/

 T=4*(subida - descida); //Guarda o valor da variável '4*(subida – descida) na
        //variável 'T'.

//A seguir, se mostra no display a largura calculada do pulso.

printf(write_display,"\fT = %.1fus",T); /*Limpa o display e escreve o valor da
        largura do pulso, com uma casa após o ponto, a partir da primeira
        coluna da primeira linha: 'T = (dif_atual) us'.*/
}

void main() //Função principal
{
display_ini(); //Inicialização do display de cristal líquido

/*Ajusta o timer1 e os módulos CCP1 e CCP2 para o modo de captura, de
modo que se possa medir a largura do pulso negativo de entrada. O sinal de
entrada, neste exemplo, é uma tensão com forma de onda quadrada que vem
da saída de um multivibrador mono-estável. O pico positivo do sinal é 5V e a
referência é o comum da fonte de alimentação.*/
```

```
setup_timer_1(T1_INTERNAL | T1_DIV_BY_8); /*Configura o timer1 para
        utilizar o clock interno e o prescaler é 1:8.*/
set_timer1(0); /*Carrega o valor inicial, 0, no timer1.*/
setup_ccp1(ccp_capture_re); /*Configura o módulo CCP1 para captura na
        borda de subida do sinal de entrada.*/
setup_ccp2(ccp_capture_fe); /*Configura o módulo CCP2 para captura na
        borda de descida do sinal de entrada.*/
enable_interrupts(GLOBAL); //Habilita as interrupções.
enable_interrupts(INT_CCP1); //Habilita as interrupções pelo módulo CCP1.
enable_interrupts(INT_CCP2); //Habilita as interrupções pelo módulo CCP2.

while(true); /*Laço infinito. Quando o programa chega neste ponto fica aqui e
        não faz mais nada.*/
}
```

Comentários e esclarecimentos sobre o programa do exemplo 22.10

Quando ocorre a borda de descida no sinal de entrada (pulso negativo), é gerada uma interrupção pelo módulo CCP2 e os registradores CCPR2H e CCPR2L capturam o valor do timer1 nesse instante.

Em seguida é chamada a função (rotina) de atendimento à interrupção, 'trata_ccp2()'. Nessa ocasião é lido o valor capturado do timer1, salvo no registrador CCPR2.

Quando ocorrer a borda de subida do pulso é gerada uma nova interrupção, desta vez pelo módulo CCP1 e os registradores CCPR1H e CCPR1L capturam o novo valor do timer1.

A seguir é chamada a função de atendimento à interrupção, 'trata_ccp1()'. Essa função lê o conteúdo do registrador CCPR1, que contém o valor do timer1, no instante em que ocorre a borda de subida do pulso.

Ainda dentro da função de atendimento à interrupção, 'trata_ccp1(), é calculada a diferença 'subida – descida', (dos valores salvos nos registradores CCPR1 e CCPR2, respectivamente) e esse valor multiplicado por 4 é salvo na variável 'T', largura do pulso.

A diferença é multiplicada por 4, porque o período do clock interno é multiplicado por 8, que é o prescaler do timer1.

Se não houvesse prescaler, o período seria 0,5µs, que para resultar na apresentação em microssegundos no display, seria o mesmo que multiplicar por 0,5 ou dividir por 2 o valor da diferença entre os tempos de subida e descida. Como o prescaler do timer1 é 8, temos que multiplicar essa diferença por 4, ao invés de 0,5.

Circuito

O circuito é visto na figura 22.23, abaixo. Toda vez que o botão entre coletor e emissor de Q1 for pressionado, é gerado um pulso negativo, ou seja, a saída de Q3 vai de +5V para 0.

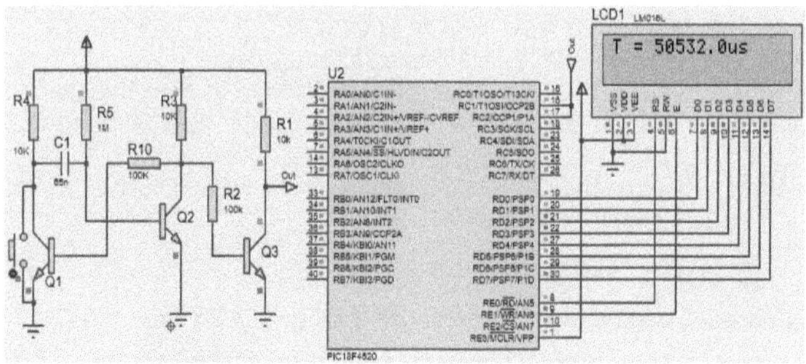

Fig. 22.23 – Circuito para o exemplo 22.10, 'capture_pulso-'

A figura 22.24, abaixo, mostra o pulso negativo na tela do osciloscópio do simulador.

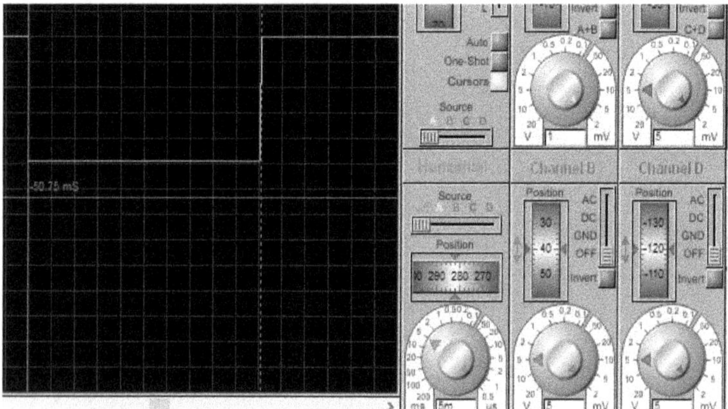

Fig. 22.24 – Pulso gerado pelo multivibrador monoestável para o exemplo 22.10

O exemplo a seguir mostra um programa para medir a largura de um pulso positivo não repetitivo, desta vez usando o PIC18F4520 com PLL.

Exemplo 22.11: capture_pulso+PLL

/*Este programa mede a duração de um pulso não repetitivo aplicado às entradas CCP1 e CCP2. Utiliza o PIC18F4520 com frequência de operação de 32MHz, com o PLL, o timer1 sem prescaler e o modo capture sem prescaler. Assim é possível medir larguras de pulso de aproximadamente

```
125ns  a  8,19ms.*/

#include  <18F4520.H>  //Inclui o  header  do microcontrolador utilizado
#use delay (crystal=8MHz) //Informa a frequência do cristal.
#use delay(clock=32MHz) /*Informa ao compilador a frequência de operação
        para o cálculo dos delays.*/
#fuses h4, nowdt, noprotect, brownout, put, nolvp //Bits de configuração
#include <C:\Curso 18F\display_8bits.c> //Inclusão do driver do display

float subida, descida, T; /*Declara as variável 'subida', 'descida' e 'T' como
        float*/

#int_ccp1 //Identificação da interrupção pelo módulo CCP1

void trata_ccp1() //Função para o tratamento da interrupção pelo módulo
        //CCP1
{
subida = ccp_1; /*Salva o conteúdo do registrador CCPR1 na variável
        'subida'.*/
}

#int_ccp2 //Identificação da interrupção pelo módulo CCP2

void trata_ccp2() /*Função para o tratamento da interrupção pelo módulo
        CCP2*/
{
descida = ccp_2; /*Guarda o conteúdo do registrador CCPR2 na variável
        'descida'.*/
T=(descida - subida)/8; /*Guarda o valor da diferença entre as variáveis
        'descida' e 'subida' na variável 'T'.*/
printf(write_display,"\fT = %.1fus",T); /*Limpa o display e escreve o valor da
        largura do pulso a partir da primeira coluna da primeira linha: 'T =
        ((descida - subida)/8)us.*/
}

void main() //Função principal
{
display_ini(); //Inicialização do display de cristal líquido
setup_timer_1(T1_INTERNAL | T1_DIV_BY_1); /*Configura o timer1 para
        utilizar o clock interno sem prescaler.*/
set_timer1(0); /*Carrega o valor inicial, 0, no timer1.*/
setup_ccp1(ccp_capture_re); /*Configura o módulo CCP1 para captura na
        borda de subida do sinal de entrada.*/
setup_ccp2(ccp_capture_fe); /*Configura o módulo CCP2 para captura na
        borda de descida do sinal de entrada.*/
enable_interrupts(GLOBAL); //Habilita as interrupções.
enable_interrupts(INT_CCP1); //Habilita as interrupções pelo módulo CCP1.
enable_interrupts(INT_CCP2); //Habilita as interrupções pelo módulo CCP2.
```

```
while(true); //Laço infinito
}
```

Circuito

O circuito para o exemplo 22.11, 'capture_pulso+PLL' pode ser visto na figura 22.25, abaixo. Observe-se que o circuito é semelhante ao do exemplo 22.9, 'capture_pulso+', diferindo apenas quanto aos valores dos resistores e dos capacitores para se obter uma largura de pulso menor. A forma de onda na tela do osciloscópio do simulador (figura 22.26, abaixo) confirma o valor visto no display.

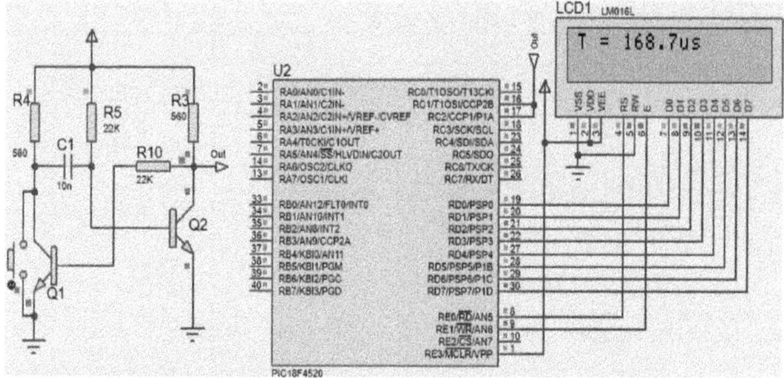

Fig. 22.25 – Circuito para o exemplo 22.11, 'capture_pulso+PLL'

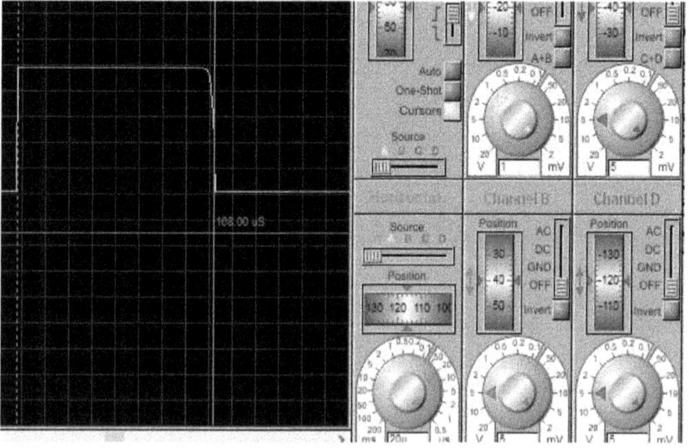

Fig. 22.26 – Tela do osciloscópio do simulador para o exemplo 22.11, 'capture_pulso+PLL'

Nota: *este programa, apesar de rodar e funcionar perfeitamente no simulador VSIM do PROTEUS, não funcionou no kit de desenvolvimento.* Esses mesmos PICs funcionaram de maneira correta sem o PLL ao medir a largura de pulsos não repetitivos.

Também funcionaram de modo perfeito ao medir o período e a frequência de pulsos repetitivos com o PLL, como pode ser visto nas figuras 22.27, 22.28, 22.29 e 22.30, abaixo. Usou-se o programa do exemplo 22.4, 'capture4_4520'. Para gerar a onda quadrada (pulsos repetitivos) foi usado um circuito multivibrador astável com dois transistores 2N2222A, próprios para frequências elevadas. O circuito é bastante parecido com o do multivibrador monoestável usado nos dois exemplos anteriores.

Devido à montagem em protoboard e ao comprimento dos fios dos componentes, o desempenho em termos de resposta de frequência ficou bastante prejudicado, tendo-se conseguido alcançar pouco mais de 300KHz.

Fig. 22.27 – Montagem do multivibrador astável para o exemplo 22.4, 'capture4_4520'

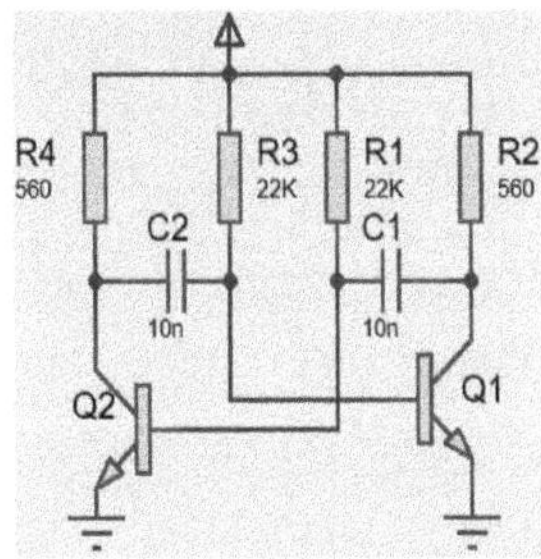

Fig. 22.28 – Circuito do multivibrador astável mostrado na foto da figura 22.20

Fig. 22.29 – Display do kit de desenvolvimento para o exemplo 22.4

No exemplo 22.12 veremos um programa semelhante em que apenas se alterou o microcontrolador, e se fizeram as poucas mudanças necessárias para utilizá-lo. Esse programa, com o PIC18F4550, funcionou perfeitamente tanto no simulador quanto no kit de desenvolvimento, dentro de toda a faixa prevista na teoria.

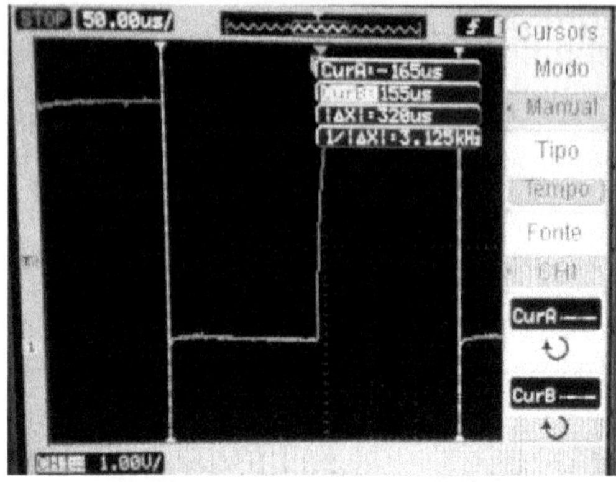

Fig. 22.30 – Tela do osciloscópio mostrando a forma de onda de saída do multivibrador astável

Exemplo 22.12: capture_pulso+PLL_4550

```
/*Este programa mede a duração de um pulso não repetitivo aplicado às
entradas CCP1 e CCP2. Utiliza o PIC18F4550 com frequência de operação
de 48MHz, o timer1 sem prescaler e o modo capture tem prescaler 1:1. Assim
é possível medir larguras de pulso de aproximadamente 85ns a 5,46ms.*/

#include <18F4550.H> //Inclusão do header do microcontrolador utilizado
#use delay(clock=48MHz) /*Informa ao compilador a frequência de operação
        para o cálculo dos delays.*/
#fuses hspll, nowdt, noprotect, brownout, put, nolvp, nodebug, usbdiv, pll2,
        cpudiv1, vregen //Bits de configuração
#include <C:\Curso 18F\display_8bits.c> //Inclusão do driver do display

float subida, descida, T; /*Declara as variáveis 'subida', 'descida' e 'T', como
        sendo do tipo float.*/

#int_ccp1 //Identificação da interrupção pelo módulo CCP1

void trata_ccp1() /*Função para o tratamento da interrupção pelo módulo
        CCP1*/
{
subida = ccp_1; //Salva o conteúdo do registrador CCPR1 na variável 'subida'.
}

#int_ccp2 //Identificação da interrupção pelo módulo CCP2

void trata_ccp2() /*Função para o tratamento da interrupção pelo módulo
        CCP2*/
{
descida = ccp_2; /*Guarda o conteúdo do registrador CCPR2 na variável
        'descida'.*/
```

```
T=(descida - subida)/12; /*Guarda o valor da diferença 'descida – subida',
        dividido por 12, na variável 'T'.*/
delay_ms(1000); //Retardo de 1s
printf(write_display,"\fT = %.1fus",T); /*Limpa o display e escreve o valor da
        largura do pulso a partir da primeira coluna da primeira linha: T =
        ((descida - subida)/12)us.*/
}

void main() //Função principal
{
display_ini(); //Inicialização do display de cristal líquido

setup_timer_1(T1_INTERNAL | T1_DIV_BY_1); /*Configura o timer1 para
        utilizar o clock interno sem prescaler.*/
set_timer1(0); /*Carrega o valor inicial, 0, no timer1.*/
setup_ccp1(ccp_capture_re); /*Configura o módulo CCP1 para captura na
        borda de subida do pulso.*/
setup_ccp2(ccp_capture_fe); /*Configura o módulo CCP2 para captura na
        borda de descida do pulso.*/
enable_interrupts(GLOBAL); //Habilita as interrupções.
enable_interrupts(INT_CCP1); //Habilita as interrupções pelo módulo CCP1.
enable_interrupts(INT_CCP2); //Habilita as interrupções pelo módulo CCP2.

while(true); //Laço infinito
}
```

Circuito

O circuito para o programa do exemplo 22.12, 'capture_pulso+PLL_4550', é visto na figura 22.31, abaixo.

No simulador não foi possível alcançar o limite inferior de largura de pulso, previsto, 85ns, por esse motivo se veem os valores de capacitor e resistores mostrados na figura 22.31.

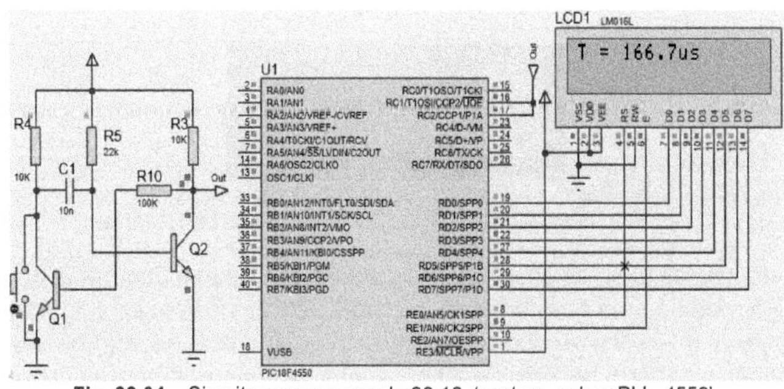

Fig. 22.31 – Circuito para o exemplo 22.12, 'capture_pulso+PLL_4550'

A figura 22.32, a seguir, mostra a tela do osciloscópio do simulador.

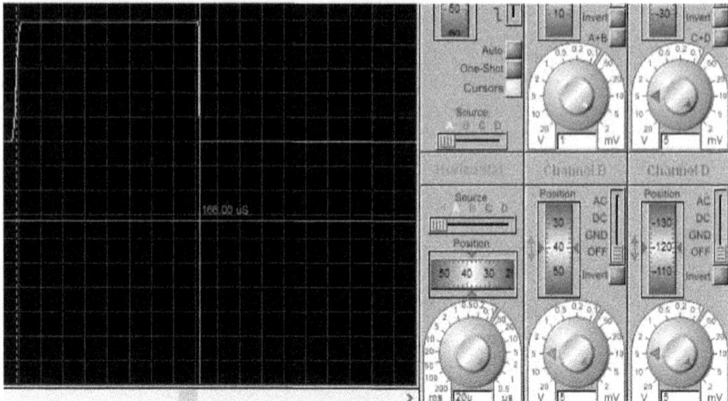

Fig. 22.32 – Tela do osciloscópio mostrando o pulso positivo aplicado às entradas CCP1 e CCP2 para o exemplo 22.12, com os valores de capacitância e resistência vistos na figura 22.31

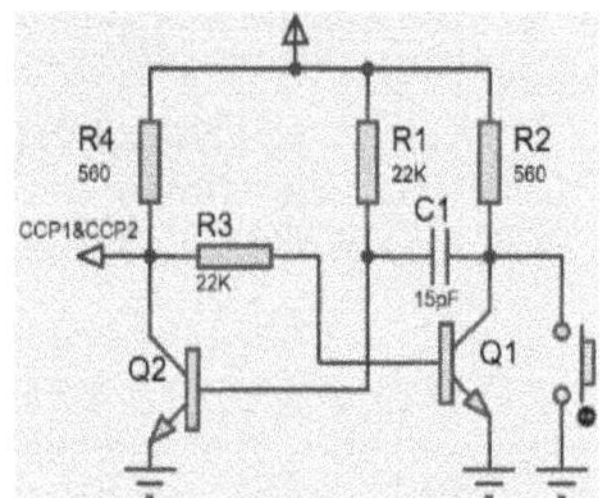

Fig. 22.33 – Multivibrador monoestável para gerar um pulso com cerca de 166ns de largura

A figura 22.33, acima, mostra o circuito do multivibrador monoestável utilizado para gerar o pulso positivo não repetitivo aplicado às entradas CCP1 e CCP2 interligadas do kit de desenvolvimento para se obter a largura de pulso mais próxima do limite inferior de largura de pulso possível de medir. Com esses valores foi possível obter e medir uma largura de pulso de 166ns (0.166µs). Não estavam disponíveis componentes no pequeno laboratório do autor para obter os 85ns calculados como valor mínimo.

Fig. 22.34 – Display do kit mostrando a largura do pulso para o programa do exemplo 22.12 com os valores de R1 e C1 vistos na figura 22.33, acima.

A tela do osciloscópio físico, vista na figura 22.35, a seguir, confirma a largura de pulso medida pelo programa do exemplo 22.12, mostrada na figura 22.34. A pequena diferença encontrada entre o valor visto no osciloscópio em relação ao mostrado no display se deve à inclinação das bordas do sinal. O valor mais aproximado do correto é obtido colocando os cursores a 50% do valor de pico.

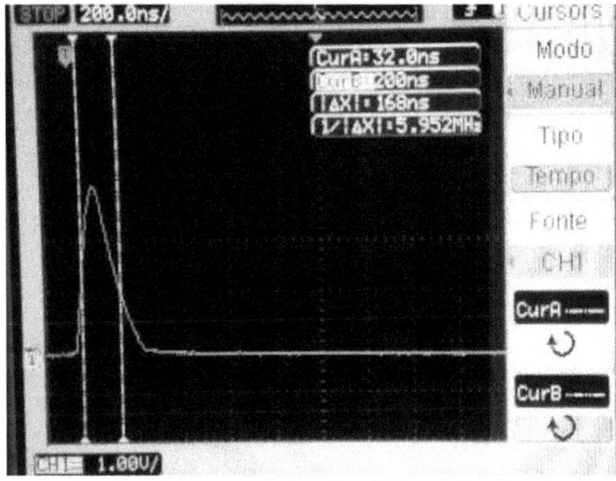

Fig. 22.35 – Tela do osciloscópio conectado às saídas CCP1 e CCP2 do kit de desenvolvimento

Isso ocorre quando os sinais são de frequência elevada, ou tenham largura muito pequena, no caso de pulsos não repetitivos, seja devido à resposta do osciloscópio ou do circuito que gera o sinal. No caso presente, a deformação do pulso, que deveria ser retangular, possivelmente se deve ao tipo de montagem realizada. Como já dito antes, montagens experimentais em protoboards não favorecem a medição de sinais de frequências elevadas.

Comentários e esclarecimentos sobre o programa do exemplo 22.12

A forma para se determinar os limites de largura de pulso que são possíveis medir é simples. Para o limite inferior, pulso mais estreito, considera-se o período do clock interno, levando-se em conta a configuração do timer utilizado (seu prescaler) e o prescaler do(s) módulo(s) CCP que estivermos usando. No caso presente, o prescaler do timer1 não foi usado, nem o do módulo CCP, então teríamos um clock com período de 0,5µs, para um cristal de 8MHz, como é o caso dos kits utilizados aqui.

Por outro lado, como estamos usando o PLL, na configuração vista na função principal, main, teremos uma frequência de operação de 48MHz. Isso significa que o clock tem frequência 6 vezes mais alta do que sem o PLL, o que implica em um período de 0,5µs dividido por 6. Então o clock interno, no caso deste programa tem um período de aproximadamente 0,0833µs.

Em função disso, sabendo-se que é necessário pelo menos um ciclo do clock interno para que se possa medir a largura do pulso a ser medido, conclui-se que o pulso mais estreito que poderemos medir nestas condições deverá ter uma largura mínima de 0,0833µs, ou 83,3ns. Arredondando para o valor mais próximo superior, o pulso mais estreito cuja largura poderemos medir deverá ter aproximadamente 85ns.

Por outro lado, a largura do pulso mais largo que poderemos medir será dada pelo período do clock interno multiplicado pela contagem máxima do timer que estivermos utilizando, de acordo com a configuração desse timer, com o prescaler do(s) módulo(s) CCP utilizado(s) e do uso ou não do PLL.

No caso presente, não usamos prescaler para o timer1 e nem para os módulos CCP1 e CCP2, mas usamos o PLL, que resulta em um período de clock interno de aproximadamente 0,0833µs. Multiplicando-se este valor pela máxima contagem do timer1, 65535, teremos que a máxima largura de pulso que poderemos medir é 5,46ms.

Diferentemente dos programas dos exemplos 22.1 a 22.8, em que medíamos período e frequência de pulsos repetitivos, os programas dos exemplos 22.9 a 22.12 apresentam características às quais devemos estar atentos, a fim de não sermos enganados pelas indicações do display.

Pode haver situações em que ocorrerão indicações de ***larguras de pulso negativas***, o que, a princípio, parece absurdo. Isso é mais frequente quando nos aproximamos do limite superior, com pulsos mais largos, no caso do exemplo 22.12, pulsos com largura próxima de 5,46ms.

Para esclarecer o que acontece nesses casos, repetiremos aqui a figura 22.2, que chamaremos de 22.36 após acrescentarmos algumas indicações para facilitar a compreensão.

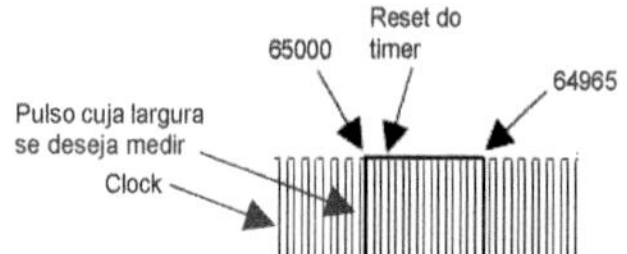

Fig. 22.36 – Medição da largura de um pulso positivo não repetitivo

Suponha-se que tenhamos um pulso com largura igual a 65500 pulsos do clock interno. Sabe-se que a contagem do timer1 ou do timer3 estoura ao ultrapassar 65535 pulsos, reiniciando do 0 logo em seguida.

Considere-se, por exemplo, que a borda de subida do pulso a ser medido ocorra quando a contagem do timer seja 65000. Daí a 536 pulsos de clok ocorrerá o zeramento do timer. Então teremos 65500 – 536 pulsos até que surja a borda de descida do pulso cuja largura se quer medir. Ocorrerão 64964 pulsos do clock interno até que isso aconteça. Esse é o valor do timer1 que será transferido para o registrador CCPR2, neste exemplo.

Com isso, a diferença (CCP2 – CCP1), a ser multiplicada pelo período do clock interno, seria (64964 – 65000), que é -36. Esse valor levará a uma indicação de -3,0µs (-36 x 0,0833µs), que é incorreta.

Mudemos agora a largura do pulso para 60000 pulsos de clock e vejamos o que aconteceria se ao ocorrer a borda de subida desse pulso, a contagem no timer igualasse 64000. Daí a 1536 pulsos de clock ocorreria o zeramento do timer. Então teríamos 60000 – 1536 pulsos até que ocorresse a borda de descida. Seriam 58464 pulsos de clock interno até que isso acontecesse. Esse seria o valor contido no timer1, a ser transferido para o registrador CCPR2.

Então, a diferença (CCP2 – CCP1) seria (58464 – 64000), que é -5536. Esse valor resultaria em uma indicação de -461,1µs (-5536 x 0,0833µs), ***incorreta***.

Esse problema, mostrado com outros valores na figura 22.37, a seguir, pode ser ***um pouco*** minorado pela introdução do retardo visto no comando de escrita no display:

```
T=(descida - subida)/12; /*Guarda o valor da diferença 'descida – subida' na
          variável 'T'.*/
delay_ms(1000); //Retardo de 1s
```

Fig. 22.37 – Indicação negativa para medição próxima ao limite superior de largura do pulso

Com esse programa, para larguras de pulso entre 85ns e aproximadamente 250µs, não foram observadas indicações negativas no display, mesmo com grande número de pressionamentos consecutivos do botão de disparo do multivibrador monoestável. Isso não significa que elas não possam eventualmente ocorrer, mas que se tornam mais raras para larguras de pulso bem pequenas. Considera-se a largura pequena ou grande com relação à faixa de valores prevista pelo programa em execução.

Alterando-se os valores do capacitor C1 e do resistor R1, de modo a obter valor mais elevado de largura de pulso, obtiveram-se os resultados vistos nas figuras 22.38 e 22.39. Foram necessários vários pressionamentos no botão para que se conseguisse o resultado positivo, sem o erro discutido acima.

Fig. 22.38 – Display do kit para o exemplo 22.12 com alteração nos valores de R1 e C1 para obter largura de pulso maior

Devido ao visto acima, recomenda-se que quando se utilizar a medição de largura de pulsos usando os módulos CCP no modo capture, sejam evitadas as aplicações remotas, onde não se possa verificar pessoalmente o que está ocorrendo. Essa discussão é válida para todos os programas que envolvam medição de largura de pulsos positivos ou negativos usando os módulos CCP.

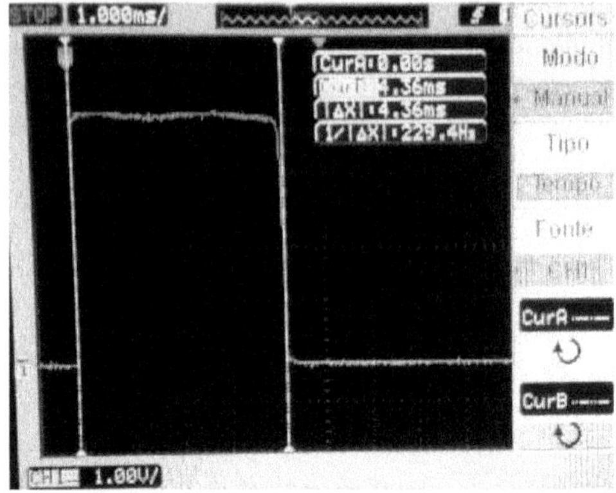

Fig. 22.39 – Tela do osciloscópio físico, que confirma a indicação no display da figura 22.33.

Além do que vimos acima, é bom ter em mente que se deve observar os limites inferior e superior de largura de pulso que o programa que desenvolvermos permite.

Se tentarmos medir um pulso com largura menor do que o limite inferior permitido pelo programa, simplesmente nada será escrito no display quando pressionarmos o botão de acionamento do multivibrador monoestável.

Por outro lado, caso a largura do pulso ultrapasse o limite superior estabelecido pelo programa, haverá a indicação negativa ou de uma largura menor do que a correta.

Alterou-se o valor do capacitor C1, de modo que se obteve uma largura de pulso de 16,4ms. Com isso, ao se pressionar o botão de disparo do multivibrador monoestável se obtiveram indicações negativas de 5,33ms em média e indicações positivas com média de 124µs. A soma desses dois valores (tomando-se o módulo da indicação negativa) é aproximadamente 5,46ms.

Nova alteração no capacitor C1, nos levou a uma largura de pulso de 34ms. Ao se pressionar o botão se obtiveram indicações negativas de 3,96ms e positivas de 1,5ms. A soma dos dois valores novamente foi 5,46ms.

Com uma terceira alteração em C1, obtivemos -2,37ms e 3,09ms, cuja soma dos módulos foi 5,46ms, mais uma vez.

Desses resultados se depreende que, quando o pulso medido for mais largo do que a capacidade de medição do programa utilizado, a soma da indicação positiva com o módulo da indicação negativa será igual ao limite superior estabelecido no programa.

Observa-se que essa soma é válida também para pulsos que estejam dentro da faixa de operação do programa. Consideremos um pulso com duração de

4,36ms. Se pressionarmos várias vezes em sequência o botão de acionamento do multivibrador monoestável, iremos obter diversos resultados negativos no display, uma vez que esse pulso já está bastante próximo do limite superior permitido pelo programa, que é 5,46ms.

A média dos resultados negativos é 1,1ms. Nota-se que, realmente, a soma do módulo da média das indicações negativas no display com o valor positivo medido é 5,46ms.

Exemplo 22.13: capture_pulso2+PLL_4550

```
/*Este programa mede a duração de um pulso não repetitivo aplicado às
entradas CCP1 e CCP2. Utiliza o PIC18F4550 com frequência de operação
de 48MHz, o timer1 sem prescaler e o modo capture tem prescaler 1:1. Assim
é possível medir larguras de pulso de aproximadamente 85ns a 5,46ms. A
indicação no display é feita em ms, us ou ns, de acordo com a largura do
pulso medido.*/

#include <18F4550.H> //Inclusão do header do microcontrolador utilizado
#use delay(clock=48MHz) /*Informa ao compilador a frequência de operação
        para o cálculo dos delays.*/
#fuses hspll, nowdt, noprotect, brownout, put, nolvp, nodebug, usbdiv, pll2,
        cpudiv1, vregen //Bits de configuração
#include <C:\Curso 18F\display_8bits.c> //Inclusão do driver do display

int a; //Declara a variável auxiliar de escolha da unidade de medida, como int.
float subida, descida, T; /*Declara as variáveis 'subida', 'descida' e 'T', como
        sendo do tipo float.*/

#int_ccp1 //Identificação da interrupção pelo módulo CCP1

void trata_ccp1() /*Função para o tratamento da interrupção pelo módulo
        CCP1*/
{
subida = ccp_1; /*Salva o conteúdo do registrador CCPR1 na variável
        'subida'.*/
}

#Int_ccp2 //Identificação da interrupção pelo módulo CCP2

void trata_ccp2() /*Função para o tratamento da interrupção pelo módulo
        CCP2*/
{
descida = ccp_2; /*Guarda o conteúdo do registrador CCPR2 na variável
        'descida'.*/
T=(descida - subida)/12; /*Guarda o valor da diferença 'descida', 'subida' na
        variável 'T'.*/
delay_ms(1000); //Retardo de 1s
if(T>=1000) a=1; //Se 'T' for igual ou maior do que 1000, faz 'a' = 1.
```

```
if(T>=1&&T<=1000) a=2; /*Se o valor de 'T' estiver compreendido entre 1 e
        1000, faz 'a' = 2.*/
if(T<=1) a=3; //Se 'T' for menor do que 1, faz 'a' = 3.

switch(a) /*Declaração de controle switch-case usando a variável 'a' para a
        escolha da unidade de medida para a largura do pulso 'T'.*/
{
case 1: printf(write_display,"\fT = %.2fms",T/1000); /*Se 'a' for igual a 1,
        escreve o valor da largura do pulso em milissegundos.*/
break; //Não testa mais nada, pois a condição já foi satisfeita.
case 2: printf(write_display,"\fT = %.1fus",T); /*Se 'a' for igual a 2, escreve o
        valor da largura do pulso em microssegundos.*/
break; //Não testa mais nada, pois a condição já foi satisfeita.
case 3: printf(write_display,"\fT = %.0fns",T*1000); /*Se 'a' for igual a 3,
        escreve o valor da largura do pulso em nanossegundos.*/
break; //Não testa mais nada, pois a condição já foi satisfeita.
default: printf(write_display,"\fFalha"); /*Se a variável não tiver nenhum dos
        valores 1, 2 ou 3, será impresso o padrão: 'Falha', indicando que
        ocorreu um problema.*/
}
}

void main() //Função principal
{
display_ini(); //Inicialização do display de cristal líquido
setup_timer_1(T1_INTERNAL | T1_DIV_BY_1); /*Configura o timer1 para
        utilizar o clock interno sem prescaler.*/
set_timer1(0); /*Carrega o valor inicial, 0, no timer1.*/
setup_ccp1(ccp_capture_re); /*Configura o módulo CCP1 para captura na
        borda de subida do pulso. Transição ativa na subida.*/
setup_ccp2(ccp_capture_fe); /*Configura o módulo CCP2 para captura na
        borda de descida do pulso. Transição ativa na descida.*/
enable_interrupts(GLOBAL); //Habilita as interrupções.
enable_interrupts(INT_CCP1); //Habilita as interrupções pelo módulo CCP1.
enable_interrupts(INT_CCP2); //Habilita as interrupções pelo módulo CCP2.

while(true); //Laço infinito
}
```

Comentários e esclarecimentos sobre o programa do exemplo 22.13

O programa do exemplo 22.13 é semelhante ao do exemplo 22.12, diferindo somente por ter sido introduzida a variável auxiliar 'a', inteira, que permite a seleção automática da unidade de medida da largura do pulso.

Essa variável será igual a 1, caso o valor da variável 'T', seja maior do que 1000, será 2 se 'T' apresentar um valor entre 1 e 1000 e será igual a 3 caso 'T' seja menor do que 1.

Para a escolha da unidade que será utilizada para a apresentação da largura do pulso no display de cristal líquido, utiliza-se a declaração de controle 'switch-case' tendo a variável 'a' como referência para as três opções possíveis da unidade de medida.

Se a variável 'a' for igual a 1, será utilizada a unidade 'ms', milissegundos, devendo-se para isso dividir o valor de 'T' por 1000, ao utilizá-lo na instrução printf.

Caso 'a' seja igual a 2, a unidade a ser usada será 'us', microssegundos.

Para a condição em que 'a' seja 3, a unidade utilizada será 'ns', nanossegundos e, neste caso, o valor de 'T' deve ser multiplicado por 1000 ao se utilizar a instrução printf.

As figuras 22.40 a 22.43, mostram o display do kit de desenvolvimento para três larguras de pulso diferentes.

Fig. 22.40 – Indicação negativa para valor relativamente alto de largura de pulso do exemplo 22.13

Fig. 22.41 – Indicação correta para valor relativamente alto de largura de pulso do exemplo 22.13

Fig. 22.42 – Indicação correta para valor intermediário de largura de pulso do exemplo 22.13

Fig. 22.43 – Indicação correta para pequeno valor de largura de pulso do exemplo 22.13

Do mesmo modo que no exemplo 22.12, este programa também apresenta, com frequência, resultados negativos no display, especialmente quando o valor de 'T' for maior do que 1000. Quando isso ocorrer, como nenhuma das opções da declaração de controle será satisfeita, o resultado negativo aparecerá em nanossegundos.

Como os valores negativos que surgem algumas vezes para valores elevados de largura de pulso, são menores do que 1, eles são escritos normalmente, ao invés da alternativa 'Falha', adotada como a alternativa padrão (default) na declaração de controle. *Sugere-se acrescentar mais uma alternativa, para a declaração de controle, que seria 'if(T<0)'.*

A introdução da linha

'if(T<0) a=4; /*Se 'T' for negativo, ou seja, se 'descida' for menor do que
    'subida', faz a = 4.*/'

atenderia a essa alternativa e criaria o 'case 4',

'case 4:
{
printf(write_display,"\fT = %.0fns",T*1000); /*Se 'a' for igual a 4, escreve o
    valor da largura do pulso em nanossegundos a partir da primeira
    coluna da primeira linha do display e*/
printf(write_display,"\nFalha"); /*escreve 'Falha' a partir da primeira coluna da
    segunda linha do display.*/
}
break; //Não testa mais nada, pois a condição já foi satisfeita.'

Isso permitiria que quando ocorressem casos de larguras de pulso negativas no display, isso fosse destacado como sendo uma falha.

A figura 22.44, a seguir mostra o display do simulador, após ter sido feita a alteração sugerida acima, que fica como exercício ao leitor.

Fig. 22.44 – Aparência do display do simulador, após a introdução da alteração sugerida a ser feita pelo leitor, quando se forçou a ocorrência de um período negativo.

Observe-se que ao escrever a largura do pulso em nanossegundos não se utilizaram casas após o ponto, ao passo que quando foram escritos microssegundos usou-se uma casa e quando se escreveram milissegundos se usaram duas casas.

Isso foi providenciado na instrução, 'printf(write_display,"\fT = %.***0fns***",T*1000);', colocando o número de casas após o ponto decimal antes do 'f' que define o tipo da variável (float em nosso caso). Então, para *nanossegundos* esse valor é 0, como mostrado na 2ª linha deste parágrafo. Para microssegundos é 1 e para milissegundos é 2.

Para evitar a ocorrência desse tipo de falhas, ou pelo menos reduzir o surgimento delas, deve-se evitar a medição de larguras de pulso relativamente grandes em relação à máxima largura permitida pelo programa em questão. Isso se deve ao fato de que, quanto maior a largura do pulso, maior a probabilidade de ocorrência de uma medição errada.

Uma sugestão (trata-se apenas de uma sugestão) é que, se possível, sejam medidas no máximo larguras de pulso iguais a 5% da máxima calculada.

No caso do exemplo 22.13, 'capture_pulso2+PLL_4550', que permite a medição da largura de um pulso de no máximo 5,46ms, seria recomendável que os pulsos a serem medidos tivessem uma largura máxima de 0,273ms ou 273µs. Isso não tornaria impossível o surgimento de valores negativos no display, *mas sua ocorrência seria bem menos frequente*.

22.5 – O modo Compare

O modo compare funciona de maneira inversa ao modo capture. O valor da contagem no timer que serve como base de tempo é comparado a cada pulso de clock (em geral o ciclo de máquina) com o conteúdo do registrador CCPRx.

Entre outras aplicações do modo compare estão a geração de pulsos repetitivos (trens de pulsos). Quando ocorre a geração dos pulsos, o estado do pino de saída (CCPx) também muda (com uma exceção) e o flag de interrupção (CCPxIF) é setado.

Pode-se utilizar tanto o timer1 quanto o timer3 como base de tempo. Quando ocorre a igualdade entre os dois valores, o pino CCPx pode:

- Ser setado;
- Ser resetado;
- Ter seu estado lógico invertido (de alto para baixo ou de baixo para alto - toggle);
- Permanecer no estado em que estava (isto é, refletir o estado do latch de entrada/saída).

O que ocorre com o pino CCPx por ocasião da igualdade entre a contagem do timer e o conteúdo do registrador CCPRx depende dos valores dos bits de seleção do modo de operação (CCPxM<3:0>). Ao mesmo tempo em que ocorre a igualdade, o flag (bit de sinalização) de interrupção pelo módulo CCPx, bit CCPxIF, é setado.

Por outro lado, caso se deseje um valor diferente de comparação a cada nova igualdade entre o conteúdo desse registrador e a contagem do timer que serve como base de tempo para a função de atendimento à interrupção pelo

CCPx, deverá ser feita a recarga dos valores iniciais nos registradores CCPRxH e CCPRxL com o valor desejado para a próxima comparação. Isso significa que a largura dos pulsos pode ser alterada por ocasião de cada ocorrência de igualdade na comparação.

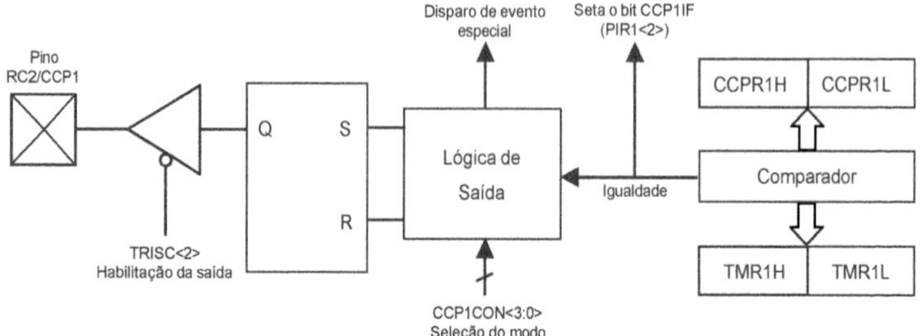

Fig. 22.45 – Diagrama em blocos simplificado do módulo CCP1 operando no modo Compare

A figura 22.45, acima, mostra o diagrama em blocos simplificado do módulo CCP1 quando se utiliza o modo Compare. Neste diagrama, para maior facilidade de compreensão só se consideraram o timer1 e o módulo CCP1.

22.5.1 – Configuração do pino CCPx *(caso se programasse em Assembly)*

O usuário deveria configurar o pino CCPx como saída resetando o bit TRIS adequado.

Nota: resetar o registrador CCP2CON forçaria a saída RB3 ou RC1 do latch compare (dependendo da configuração do dispositivo) a ir para o nível baixo padrão. Não se trata do latch de dados I/O do portB ou do portC.

22.5.2 – Seleção da base de tempo, timer1/timer3

Se o módulo CCP estiver usando o modo compare, o timer1 ou o timer3 devem operar em **modo timer** ou em **modo contador sincronizado**. No modo contador assíncrono a operação no modo compare pode não funcionar. Aqui usaremos apenas o modo timer.

22.5.3 – Modo de interrupção por software

Quando o modo 'Gerar interrupção por software' (Generate Software Interrupt) for escolhido (CCPxM<3:0>=1010), o pino CCPx correspondente não é afetado. A interrupção pelo módulo CCPx é gerada quando o flag de interrupção pelo módulo CCPx, CCPxIF, for setado enquanto o bit CCPxIE (habilitação da interrupção pelo módulo CCPx) estiver em nível alto. Como estamos programando em C, isso não é problema, pois o compilador gerencia essas questões.

22.5.4 – Disparo de evento especial

Cada um dos módulos CCP dispõe de um *disparador de evento especial*. No modo compare, nessa configuração, o hardware interno gera um sinal para disparar ações a serem executadas por outros módulos. O disparador de evento especial é habilitado pela seleção do modo 'Compare Special Event Trigger' (disparador de evento especial no modo compare), (CCPxM<3:0>=1011).

Para ambos os módulos, CCP1 e CCP2, o disparador de evento especial reseta o par de registradores do timer para quaisquer recursos de timer que lhes sejam atribuídos enquanto estiverem funcionando como registradores da base de tempo. Isso permite que os registradores CCPRx sirvam como registradores de período programável para qualquer dos dois timers.

O disparador de evento especial para o módulo CCP2 também pode dar início a uma conversão A/D. Para que isso aconteça o conversor A/D já deve estar habilitado.

22.5.5 – Configuração do modo compare *(CCS)*

Para a configuração do modo compare utiliza-se a função:

setup_ccpx()

Sintaxe:

setup_ccpx(mode);

onde 'mode' pode ser, ***entre outras***, uma das opções abaixo:

ccp_off – desliga o módulo CCP.
ccp_compare_int_and_toggle – gera um pedido de interrupção e inverte o estado da saída CCP que estiver sendo utilizada. Permite o disparo de um evento especial como, por exemplo, uma conversão AD.
ccp_compare_fe – a comparação é feita na borda de descida do sinal (**f**alling **e**dge);
ccp_compare_re – a comparação é feita na borda de subida do sinal (**r**ising **e**dge);
ccp_compare_div_4 – a comparação é feita a cada 4 bordas do sinal;
ccp_compare_div_16 – a comparação é feita a cada 16 bordas do sinal;
ccp_compare_set_on_match – a saída vai para nível alto ao ocorrer a igualdade;
ccp_ compare_clear_on_match – a saída vai para nível baixo ao ocorrer a igualdade;
ccp_compare_int – provoca uma interrupção ao ocorrer a igualdade;
ccp_compare_reset_timer – reseta o timer que serve como base de tempo ao ocorrer a igualdade.

22.5.6 – Exemplos de aplicação

Exemplo 22.14: compare1

```
/*Este programa leva a saída CCP1 para nível alto quando a contagem no
timer1 iguala o valor salvo no registrador de 16 bits CCPR1.*/

#include<18f4520.h> //Inclusão do header do PIC utilizado no programa
#use delay(clock=8MHz) //Frequência de operação do PIC
#bit rc2=0xf94.2 //Define que ao se escrever rc2, o compilador saberá que se
        //trata do bit 2 do registrador TRISC.
#fuses hs,nowdt,put,brownout,nolvp //Bits de configuração

void main() //Função principal
{
rc2=0; /*Reseta o bit 2 do registrador TRISC, para garantir que o bit 2 do portC
        (saída CCP1) funcione como saída.*/
ccp_1=50000; /*Carrega o valor decimal 50.000 no registrador CCPR1, para
        que após esse número de contagens do timer1, a saída CCP1, vá
        de nível baixo para nível alto.*/
setup_timer_1(t1_internal|t1_div_by_2); /*Configuração do timer1: utiliza o
        clock interno, com prescaler 1:2.*/
set_timer1(0); //Carrega o valor inicial, '0', no timer1.
setup_ccp1(ccp_compare_set_on_match); /*Configuração inicial do módulo
        CCP1, para que ao ocorrer a igualdade entre a contagem do timer1
        e o conteúdo do registrador CCPR1, o pino CCP1 seja setado.*/
while(true); /*Uma vez que o programa tenha chegado a este ponto, não sairá
        mais daqui.*/
}
```

Circuito

O circuito utilizado para o exemplo 'compare1' é mostrado na figura 22.46, abaixo.

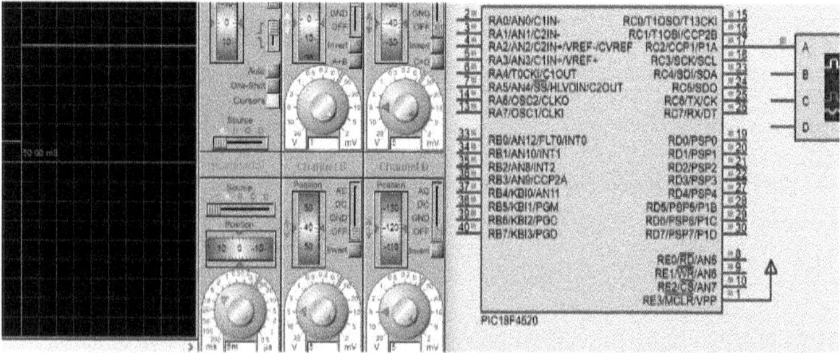

Fig. 22.46 – Circuito para o exemplo 'compare1' e a forma de onda correspondente.

Comentários e esclarecimentos sobre o exemplo 'compare1':

O programa acima faz com que a saída CCP1 vá para nível alto após 50ms, pois o período do clock tem duração de 1µs (prescaler 1:2), o que multiplicado por 50.000 contagens leva a um tempo de 50.000µs, ou 50ms.

Se não houvesse prescaler, o tempo seria de 25ms. Se por outro lado, o prescaler fosse 1:8, o período do clock interno seria 4µs e o tempo necessário para que a saída CCP1 fosse para nível alto seria 200ms.

Exemplo 22.15: compare2

```
/*Este programa leva a saída CCP1 para nível baixo quando a contagem no
timer1 iguala o valor salvo no registrador de 16 bits CCPR1.*/

#include<18f4520.h> //Inclusão do header do PIC utilizado no programa
#use delay(clock=8MHz) //Frequência de operação do PIC
#bit rc2=0xf94.2 //Define que ao se escrever rc2, o compilador saberá que se
        //trata do bit 2 do registrador TRISC.
#fuses hs,nowdt,put,brownout,nolvp //Bits de configuração

void main() //Função principal
{
rc2=0; /*Reseta o bit 2 do registrador TRISC, para garantir que o bit 2 do portC
        (saída CCP1) funcione como saída.*/
ccp_1=10000; /*Carrega o valor decimal 10.000 no registrador CCPR1, para
        que após esse número de contagens do timer1, a saída CCP1, vá
        de nível alto para nível baixo.*/
setup_timer_1(t1_internal|t1_div_by_8); /*Configuração do timer1: utiliza o
        clock interno, com prescaler 1:8.*/
set_timer1(0); //Carrega o valor inicial, '0', no timer1.
setup_ccp1(ccp_compare_clr_on_match); /*Configuração inicial do módulo
        CCP1. Faz com que ao ocorrer a igualdade entre a contagem do
        timer1 e o conteúdo do registrador CCPR1, a saída CCP1 vá para
        nível baixo.*/
while(true); /*Uma vez que o programa tenha chegado aqui, não sairá mais
        daqui.*/
}
```

Circuito

O circuito utilizado para o programa do exemplo 22.15, 'compare2', é o mesmo do exemplo anterior, mostrado na figura 22.46, mas a forma de onda é vista na figura 22.47, abaixo.

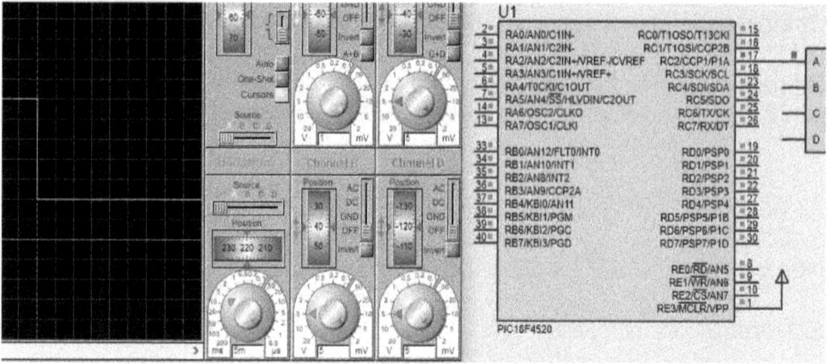

Fig. 22.47 – Forma de onda na saída CCP1 para o exemplo 22.15, 'compare2'.

Comentários e esclarecimentos sobre o exemplo 'compare2':

O programa acima faz com que a saída CCP1 vá para nível baixo após 40ms, pois o período do clock tem duração de 4µs, o que multiplicado por 10.000 contagens leva a um tempo de 40.000µs, ou 40ms.

Caso não houvesse o prescaler do timer1, o período do clock interno seria 0,5µs e o tempo para que a tensão no pino CCP1 fosse de nível alto para nível baixo seria de 5ms. Se, por outro lado, esse prescaler fosse 1:2, o período do clock interno seria 1µs e o tempo necessário para que a saída CCP1 fosse para nível baixo seria 10ms.

Exemplo 22.16: compare 3

```
/*Este programa gera uma forma de onda quadrada na saída CCP1. O timer1 é utilizado como base de tempo. O período da forma de onda depende do valor carregado no timer1 e de seu prescaler. Toda vez que o timer1 iguala o valor de 16 bits contido nos registradores CCPR1H (byte superior) e CCPR1L (byte inferior) ocorre uma interrupção e a cada interrupção ocorre a inversão do estado lógico da saída CCP1, o que forma a onda quadrada. */

#include<18f4520.h> //Inclusão do header do PIC utilizado no programa
#use delay(clock=8MHz) //Frequência de operação do PIC
#bit rc2=0xf94.2 /*Define que ao se escrever rc2, o compilador saberá que se
        trata do bit 2 do registrador TRISC.*/
#fuses hs,nowdt,put,brownout,nolvp //Bits de configuração

#int_ccp1 //Identificação da interrupção pelo módulo CCP1

void int_compare() /*Função de atendimento à interrupção provocada pelo
        módulo CCP operando no modo compare.*/
{
set_timer1(0); /*Zera o timer1 toda vez que ocorre uma interrupção (quando
        a contagem do timer1 iguala o conteúdo dos registradores CCPR1H
        e CCPR1L).*/
```

```
}

void main() //Função principal
{
rc2=0; /*Reseta o bit 2 do registrador TRISC, para garantir que o bit 2 do portC
        (saída CCP1) funcione como saída.*/
ccp_1=10000; /*Valor decimal que é carregado no par de registradores
        CCPRH (0x27) e CCPR1L (0x10). Esse valor gera uma onda
        quadrada com período de 10ms.*/
setup_timer_1(t1_internal|t1_div_by_1); /*Configuração do timer1, clock
        interno e prescaler 1:1 (sem prescaler).*/
set_timer1(0); //Carrega o valor inicial do timer1, '0'.
enable_interrupts(global); //Habilita as interrupções.
enable_interrupts(int_ccp1); //Habilita as interrupções pelo módulo CCP1.
setup_ccp1(ccp_compare_int_and_toggle); /*Define que o módulo CCP1 vai
        operar no modo compare gerando uma interrupção quando ocorrer
        a igualdade entre a contagem do timer1 e o conteúdo do registrador
        CCPR1 (CCPRH e CCPRL combinados). Ao mesmo tempo ocorre
        a mudança de estado lógico na saída CCP1. Se estava em nível
        baixo vai para nível alto e vice-versa.*/

while(true); /*Quando o programa chega aqui, fica aqui, só saindo quando
        ocorrer a próxima interrupção.*/
}
```

Circuito

O circuito utilizado para o programa do exemplo 22.16, 'compare3', é o mesmo do exemplo anterior, mostrado na figura 22.46, mas a forma de onda é como vista na figura 22.48, abaixo.

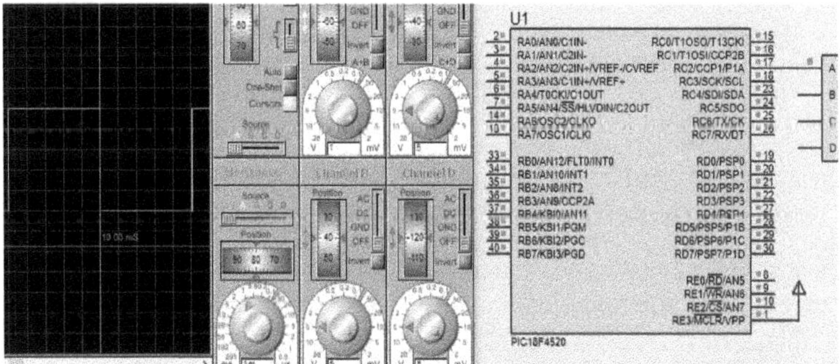

Fig. 22.48 – Forma de onda na saída CCP1 para o exemplo 22.16, 'compare3'

Comentários e esclarecimentos sobre o exemplo 22.16, 'compare3':

Vemos na tela do osciloscópio do simulador VSM/PROTEUS, que o período da forma de onda é 10ms, como esperado, uma vez que utilizamos o clock interno, com período 0,5µs e com o conteúdo do registrador CCPR1 = 10000.

Então a interrupção ocorrerá após 5ms (10000 x 0,5µs = 5ms), quando a contagem no timer1 igualar 10000. Como as inversões de estado lógico se dão a cada 5ms, o período da forma de onda é 10ms.

Exemplo 22.17: compare4

```
/*Este programa provoca um pedido de interrupção quando a contagem no
timer1 iguala o conteúdo do registrador CCPR1.*/

#include<18f4520.h> //Inclusão do header do PIC utilizado no programa
#use delay(clock=8MHz) //Frequência de operação do PIC
#bit rc2=0xf94.2 /*Quando o compilador ler 'rc2', saberá que se trata do bit 2
        do registrador TRISC, cujo endereço é F94 no banco de
        registradores de funções especiais.*/
#fuses hs,nowdt,put,brownout,nolvp //Bits de configuração

#int_ccp1 //Identifica a interrupção provocada pelo módulo CCP1.

void int_compare() /*Nome dado à função de tratamento da interrupção pelo
        módulo CCP1. O nome poderia ser qualquer um desde que não
        fosse uma das palavras reservadas.*/
{
output_high(pin_d7); /*Seta o bit 7 de saída do portD, para que o LED
        conectado a esse pino acenda.*/
}

void main() //Função principal
{
rc2=0; /*Reseta o bit 2 do registrador TRISC, para garantir que esse pino,
        CCP1, funcione como uma saída.*/
ccp_1=35000; /*Valor decimal carregado no registrador CCPR1, com o qual
        será comparada a contagem do timer1.*/
setup_timer_1(t1_internal|t1_div_by_1); /*Configuração do timer1:
        incrementa pelo clock interno e não usa o prescaler (prescaler 1:1)*/
set_timer1(0); //Carrega o valor inicial, '0', no timer1.
enable_interrupts(global); //Habilita as interrupções.
enable_interrupts(int_ccp1); //Habilita as interrupções pelo módulo CCP1.
setup_ccp1(ccp_compare_int); /*O modulo CCP1 será programado para
        operar no modo compare, apenas gerando uma interrupção quando
        a contagem do timer1 igualar o conteúdo do registrador CCPR1. A
        saída CCP1 não mudará de estado.*/
```

while(true); /*Quando o programa chegar aqui, permanecerá neste ponto indefinidamente, uma vez que só ocorrerá uma interrupção.*/
}

Circuito

O circuito utilizado para este exemplo pode ser visto na figura 22.49, abaixo, em que o LED aparece aceso, pois decorreu um tempo superior a 17,5ms (o tempo que o bit CCP1IF aguarda para que seja setado).

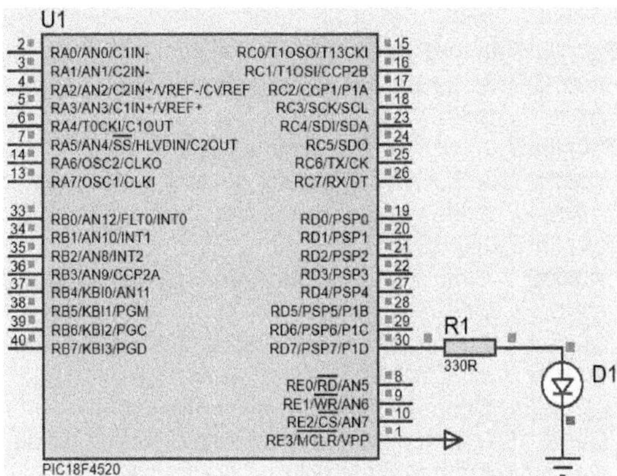

Fig. 22.49 – Circuito para o exemplo 22.17, 'compare4'

Comentários e esclarecimentos sobre o exemplo 22.17, 'compare4'

Como o programa acima não altera o estado da saída CCP1, mas simplesmente gera um pedido de interrupção pelo módulo CCP1, utilizou-se essa interrupção para acender um LED conectado ao pino 7 de saída do portD. Isso foi feito apenas para mostrar que a interrupção realmente ocorre quando a contagem no timer1 iguala o conteúdo do registrador CCPR1. O leitor/programador, pode utilizar essa interrupção da forma que julgar mais conveniente aos seus propósitos.

Neste programa, a interrupção ocorre 17,5ms após a alimentação ter sido ligada, pois como não há prescaler, os incrementos do timer1 ocorrerão a cada 0,5µs, que multiplicados por 35000, resultam em 17.500µs, ou seja, 17,5ms.

O maior tempo possível até que aconteça o pedido de interrupção ocorrerá quando tivermos ccp1=65.535 e prescaler 1:8. Isso corresponderia a 65.535 x 4µs, que leva 262.140µs, ou aproximadamente 262ms.

O exemplo a seguir utiliza o disparo de evento especial para realizar uma conversão A/D.

Exemplo 22.18: compare5

```
/*Este programa usa o modo compare para disparar um evento especial. Isso
ocorre quando a contagem do timer1 iguala o conteúdo do registrador
CCPR2. A função especial neste caso é uma conversão A/D e a tensão a ser
convertida pode variar entre 0 e +150Vcc.*/

#include<18f4520.h> //Inclusão do header do PIC utilizado no programa
#device adc=10 //Informa que a conversão AD será feita em 10 bits.
#use delay(clock=8MHz) //Frequência de operação do PIC

#bit ccp2if=0xfa1.0 /*Informa ao compilador que ccp2if (flag de interrupção do
          módulo CCP2) é o bit 0 do registrador PIR2, cujo endereço é
          0xFA1.*/
#bit ccp2m3=0xfba.3 /*Informa ao compilador que ccp2m3 é o bit 3 do
          registrador CCP2CON (registrador de controle do módulo CCP2).*/
#bit ccp2m2=0xfba.2 /*Informa ao compilador que ccp2m2 é o bit 2 do
          registrador CCP2CON.*/
#bit ccp2m1=0xfba.1 /*Informa ao compilador que ccp2m1 é o bit 1 do
          registrador CCP2CON.*/
#bit ccp2m0=0xfba.0 /*Informa ao compilador que ccp2m0 é o bit 0 do
          registrador CCP2CON.*/
#fuses hs,nowdt,put,brownout,nolvp //Bits de configuração
#include<C:\Curso 18F\display_8bits.c> /*Inclui o driver do display de cristal
          líquido com barramento de 8 bits no programa.*/

float ad; //Declara a variável 'ad' como float.

converte () //Função para fazer a conversão AD
{
 ad = read_adc(); //Faz a conversão AD e salva o resultado na variável 'ad'.
 printf(write_display,"\f%3.2fV",(150*ad)/1023); /*Mostra a tensão, já no
          formato correto e com o símbolo da grandeza medida, 'V'.*/
}

void main() //Função principal
{
/*Configura o modo compare usando o módulo CCP2 para o disparo de
evento especial: CCP2M<3:0> como 1011.*/

ccp2m3=1;
ccp2m2=0;
ccp2m1=1;
ccp2m0=1;

ccp_2=65535; //Carrega 65535 no registrador CCPR2.
setup_timer_1(t1_internal|t1_div_by_8); /*Configura o timer1 para usar o
          clock interno e prescaler 1:8.*/
set_timer1(0); //Inicializa o timer1 com 0.
```

```
display_ini(); /*Chamada à função display_ini(). Esta função é usada para a
        inicialização do LCD e está no arquivo 'display_8bits.c'*/
setup_adc_ports(an0); /*Configura AN0 como única entrada analógica a ser
        convertida.*/
setup_adc(adc_clock_internal); /*Define que o conversor AD interno usará o
        clock interno.*/
set_adc_channel(0); //Configura o canal 0 para a conversão.
delay_us(100); //Atraso de 100µs

while(true) //Laço infinito
{
converte(); //Chama a função 'converte' para fazer a conversão A/D.
delay_ms(500); /*Atraso para a atualização dos resultados das conversões
        A/D no display a cada 500ms.*/
}
}
```

Circuito

A figura 22.50, abaixo, mostra o circuito para o exemplo 'compare5'.

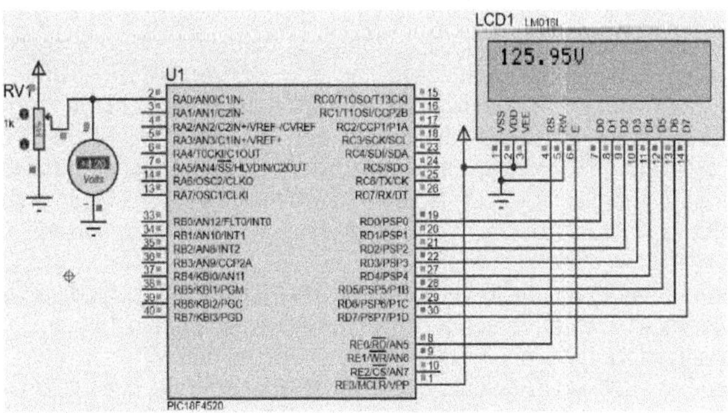

Fig. 22.50 – Circuito para o exemplo 22.18, 'compare5'

Observe-se na figura 22.50, que o voltímetro do simulador, indica 4,20V e o display, indica 125.95V, parecendo estar incorreto, mas se notarmos que o voltímetro mede a tensão na entrada analógica, usando-se uma regra de três, conclui-se que os dois valores estão corretos.

5V – 150
4,2V – X

(4,2 x 150)/5 = 126, que é aproximadamente 125,95

Se ajustássemos o cursor do potenciômetro para uma leitura de 2V no voltímetro, leríamos 59,97V no display. Usando novamente a regra de três:

5V – 150
2V – X

(2 x 150)/5 = 60V, que é aproximadamente 59,97V

Comentários e esclarecimentos sobre o exemplo 22.18, 'compare5'

O programa é semelhante aos anteriores, mas com a configuração dos bits de seleção de modo ajustados para disparar um evento especial. Isso é feito como mostrado no comentário no próprio programa. Observe-se que também foi utilizada a diretiva '#bit', para que se pudessem usar os bits de seleção de modo.

No mais, simplesmente configurou-se o conversor A/D como estudado no capítulo 10 deste livro.

O exemplo a seguir utiliza o disparo do evento especial, que será uma conversão A/D, e usa uma proteção contra sobretensões para o motor acionado por essa tensão.

Exemplo 22.19: compare6

```
/*Neste programa o módulo CCP2, operando no modo compare dispara um
evento especial, que neste caso, é uma conversão A/D. Uma fonte
estabilizada com saída ajustável entre 11,2V e 14,5V alimenta um motor de
12V. O programa foi desenvolvido para que quando a tensão de saída da
fonte alcançar 13V, o relé, cujo contato normalmente fechado alimenta o
motor, seja energizado, o que faz com que o motor seja desligado e acenda
um LED de sinalização. O timer1 é utilizado como base de tempo.*/

#include<18f4520.h> //Inclusão do header do PIC utilizado no programa
#device adc=10 //Informa que a conversão AD será feita em 10 bits.
#use delay(clock=8MHz) //Frequência de operação do PIC
#bit ccp2m3=0xfba.3 /*Faz com que o compilador entenda que ccp2m3 é o
          bit 3 do registrador CCP2CON, cujo endereço é FBAh.*/
#bit ccp2m2=0xfba.2 /*Faz com que o compilador entenda que ccp2m2 é o
          bit 2 do registrador CCP2CON, cujo endereço é FBAh.*/
#bit ccp2m1=0xfba.1 /*Faz com que o compilador entenda que ccp2m1 é o
          bit 1 do registrador CCP2CON, cujo endereço é FBAh.*/
#bit ccp2m0=0xfba.0 /*Faz com que o compilador entenda que ccp2m0 é o
          bit 0 do registrador CCP2CON, cujo endereço é FBAh.*/
#fuses hs,nowdt,put,brownout,nolvp //Bits de configuração

long ad; /*Declara a variável 'ad', que guardará o resultado da conversão A/D,
          como inteira de 16 bits.*/

void main() //Função principal
{
```

```
/*A seguir os 4 bits de seleção do modo de operação são configurados para
que seja disparado o evento especial, realizando uma conversão A/D. Para
isso, CCP2M<3:0> deve ser igual a 1011.*/

ccp2m3=1;
ccp2m2=0;
ccp2m1=1;
ccp2m0=1;

setup_timer_1(t1_internal|t1_div_by_8); /*Configura o timer1 para usar o
        clock interno e prescaler 1:8.*/
set_timer1(0); //Carrega o valor inicial, '0', no timer1
setup_adc_ports(an0); /*Configura AN0 como a única entrada analógica a ser
        convertida.*/
setup_adc(adc_clock_internal); /*Define que o conversor AD interno usará o
        clock interno.*/
set_adc_channel(0); //Configura o canal 0 para a conversão.

while(true) /*Laço infinito. Quando o programa chega aqui, permanece aqui
        indefinidamente.*/
{
ad=read_adc(); /*Lê o resultado da conversão A/D e salva-o na variável
        'ad'.*/

if(ad>911) //Se 'ad' for maior do que 911, cerca de 13V,
{
output_high(pin_d6); //seta o bit 6 do portD e desliga o motor,
output_high(pin_d7); //e seta o bit 7 do portD e acende o LED.
}
}
delay_us(8); /*Retardo de 8µs, para permitir o funcionamento correto do
        conversor A/D.*/
}
```

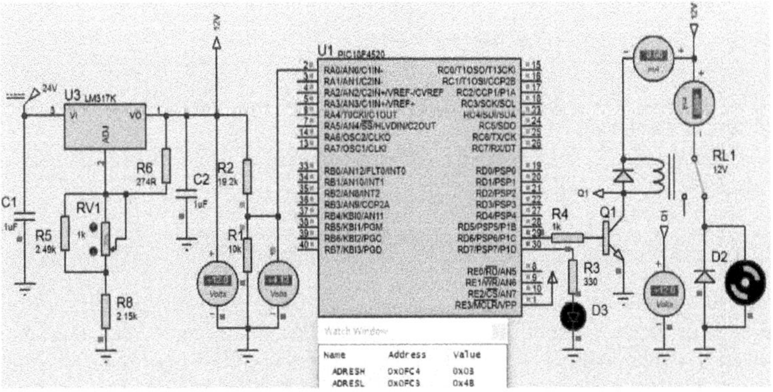

Fig. 22.51 – Circuito para o exemplo 22.19, 'compare6'. Tensão abaixo do limite de sobretensão

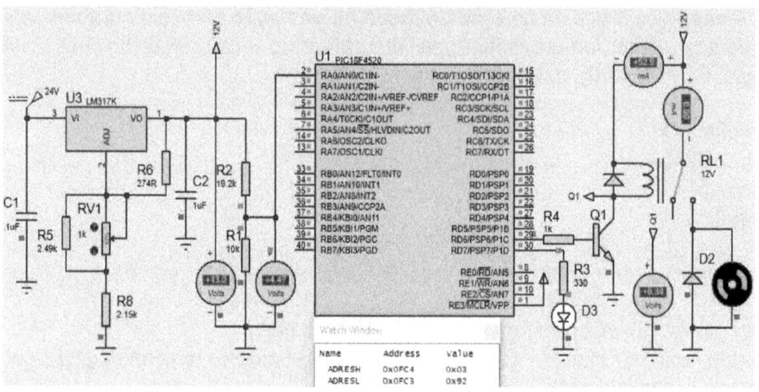

Fig. 22.52 – Circuito para o exemplo 22.19, 'compare6'. Limite de sobretensão acionado

Circuito

O circuito para o exemplo 22.19, 'compare6', pode ser visto nas figuras 22.51 e 22.52, acima.

Observem-se os valores contidos nos registradores ADRESH (byte superior do resultado da conversão) e ADRESL (byte inferior do resultado da conversão) nas duas situações.

Na figura 22.52, para a tensão de alimentação do motor igual a 13V, que dispara a proteção contra sobretensão) temos ADRESH = 0x03 e ADRESL = 0x92. Para que os conteúdos de ambos os registradores pudessem ser vistos foi utilizada a janela Watch dentro da opção debug do simulador.

Ambos os conteúdos estão em notação hexadecimal. Colocando-se os dois registradores lado a lado teremos:

0392h e traduzindo esse valor em notação decimal obtemos:

3x256 + 9x16 + 2 = 768 + 144 + 2 = 914

Utilizando-se uma regra de três para encontrar o valor da tensão que corresponde a esse número:

(914 x 5V)/1023 ≅ 4,47V

Esse valor de tensão, é o que corresponde aos 13V da alimentação do motor.

Este foi apenas um exemplo de aplicação de conversão A/D por disparo de evento especial. Poderia ser utilizada outra aplicação, como, por exemplo, salvar o resultado de uma conversão AD em uma memória interna ou externa, tanto usando o protocolo i2c quanto o SPI, quando ocorrer uma subtensão ou uma sobretensão. Os procedimentos para fazê-lo foram vistos nos capítulos 14, 15 e 21 deste livro.

Junto aos dados salvos na memória poderíamos acrescentar o horário em que ele ocorreu, utilizando-se o RTC DS1307 ou o PCF8583, estudados nos capítulos 16 e 17, respectivamente.

A princípio, o LED poderia estar conectado ao contato NA (Normalmente Aberto) do relé e quando o motor fosse desligado, o contato NA fecharia e o LED acenderia. Observou-se, no entanto, que para tensões acima de 5V, isso não acontecia, devido a alguma incompatibilidade do simulador com o sistema operacional ou com o próprio computador utilizado. Por este motivo foi necessário utilizar uma saída do portD para acender o LED.

22.6 – O modo PWM

PWM (**P**ulse **W**idth **M**odulation) significa modulação por largura de pulso e o uso desse modo de operação permite que se varie o valor médio de uma tensão ***não alternada*** mantendo-se sua frequência constante.

A figura 22.53, abaixo, mostra como a variação do ciclo de trabalho de uma tensão não alternada altera seu nível médio e, por exemplo, a velocidade de um *motor de corrente contínua* que esteja sendo alimentado por essa tensão.

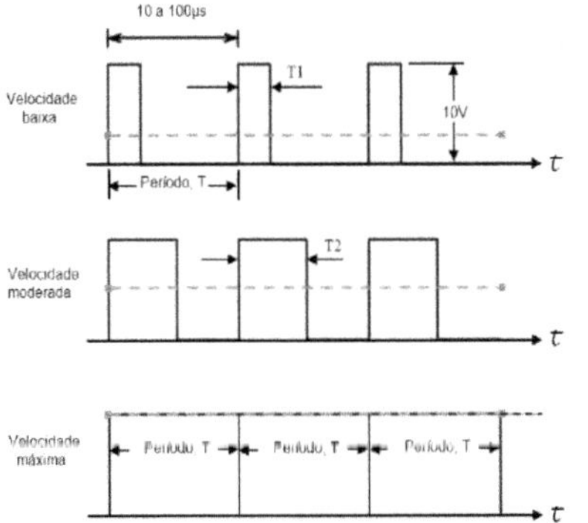

Fig. 22.53 – Exemplo de uso do PWM na variação da velocidade

O ciclo de trabalho, 'duty cycle', na figura 22.53, é obtido pela relação 'T1/Período', na forma de onda que corresponde a uma velocidade baixa. Na que corresponde a uma velocidade moderada, o ciclo de trabalho é dado por T2/Período, em que T2 é maior do que T1.

O controle da tensão de saída é obtido variando a largura da parte da forma de onda que permanece em nível alto, mantendo-se o período constante. Com isso, consegue-se alterar o valor médio da forma de onda e, consequentemente, o valor da tensão contínua equivalente.

Se, numa tensão como a mostrada na figura 22.53, T1 = 20µs e T (período) = 100µs, com um valor máximo de 10V, a tensão média será:

20µsx10V/100µs = 2V → caso de uma velocidade baixa

Caso se tivesse T2 = 50µs, o valor médio seria:

50µsx10V/100µs = 5V → caso de uma velocidade moderada

Os valores calculados acima são os valores médios de tensões que produzem diferentes velocidades de rotação no motor por elas alimentados. A velocidade menor corresponde ao menor valor médio da tensão aplicada e assim por diante.

Observe-se, na figura 22.53, que no caso da velocidade máxima temos que a largura do pulso é igual ao período, pois:

100µsx10V/100µs = 10V → velocidade máxima

No modo PWM, a saída também é obtida do pino CCPx. Caso se deseje usar o modo PWM do módulo CCP2, o bit TRIS apropriado deve estar ou ser zerado para fazer com que esse pino CCP2 seja uma saída, pois ele é multiplexado com um latch do portB ou do portC.

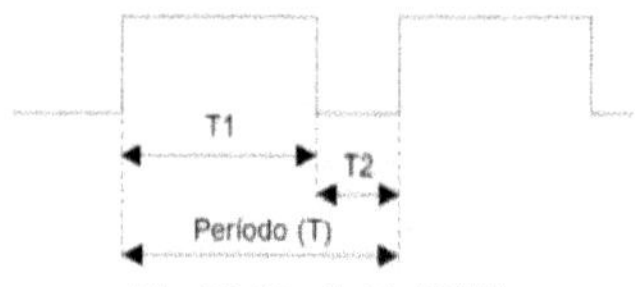

Fig. 22.54 – Saída PWM

Uma saída PWM, como mostra a figura 22.54, acima, tem uma base de tempo T (período), um tempo, T1, durante o qual ela permanece em nível alto e um tempo, T2, em que permanece em nível baixo. A relação T1/T é o que chamamos 'duty cycle', ciclo de trabalho. A frequência do PWM é o inverso do período (f = 1/T).

A figura 22.55, abaixo, mostra um diagrama em blocos simplificado do módulo CCPx operando no modo PWM.

Deve-se observar que o registrador do ciclo de trabalho usa 10 bits e por esse motivo a comparação deve ser feita entre o conteúdo desse registrador e uma combinação dos 8 bits do timer2 com dois bits auxiliares. Esses bits auxiliares usados para se obter um timer de 10 bits podem ser obtidos dos flip-flops que fazem a divisão de frequência para a obtenção do clock interno fosc./4 a partir da frequência de oscilação do cristal. A figura 5.3 do datasheet do PIC18F4520 ou do PIC18F4550, pode facilitar a compreensão deste parágrafo.

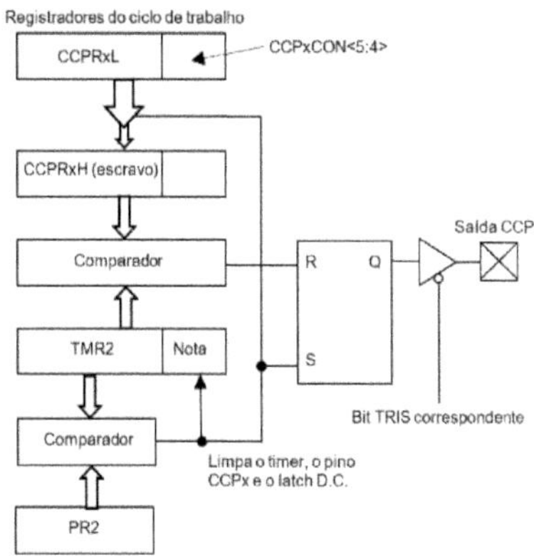

Figura 22.55 – Diagrama em blocos simplificado do módulo CCPx operando no modo PWM

Nota: O valor de 8 bits contido no timer2 é combinado com os dois bits do clock interno Q ou 2 bits do prescaler, para criar a base de tempo de 10 bits.

Esses 2 bits também podem ser obtidos do prescaler quando este é utilizado em configuração 1:2. O programador não tem acesso a essa escolha, feita pela própria Microchip.

Para facilitar a compreensão vamos supor uma determinada contagem no timer2 e outra nos dois bits auxiliares, que podem contar de 0b00 a 0b11.

Suponha-se que se tenham os seguintes conteúdos:

timer2 = 0110 1011

contagem do prescaler *ou dos fip-flops divisores de frequência para a obtenção de fosc/4* = 0b10.

O valor de 10 bits resultante seria:

01 1010 1110 (para facilitar a visualização separaram-se os 8 bits menos significativos em grupos de 4 bits)

Isso resulta em que quando os dois bits menos significativos desse valor de 10bits, que são os bits do flip-flop ou do prescaler, passarem de 0b11 para 0b00, o timer2 será incrementado. Isso ocorre normalmente de modo sincronizado, pois é assim que funciona o timer2.

Então a combinação dos dois valores, conteúdo do timer2 e dois bits auxiliares, fornece um timer de 10 bits adequado para a comparação com qualquer valor de 10 bits que seja carregado no registrador do ciclo de trabalho, que, como vimos, também é uma associação do conteúdo de um registrador de 8 bits (CCPRxL) com os bits 5 e 4 do registrador CCPxCON.

Embora não seja explicitado pela Microchip como é feita a seleção dos dois bits auxiliares, dos flip-flops ou do prescaler, é razoável supor que se não for usado o prescaler, os bits virão dos flip-flops que fazem a divisão de frequência para obter fosc/4, caso contrário serão obtidos do prescaler do timer2.

22.6.1 – Período do PWM

O período do PWM, PWM_T, é especificado escrevendo-se seu valor no registrador PR2.

Esse valor pode ser calculado usando-se a seguinte fórmula:

PWM_T = (PR2 + 1).T_{CY}.(Prescaler do timer2) **1**

Onde:

T_{CY} = ciclo de máquina = $1/f_{osc}/4 = 4/f_{osc}$ **2**

Para um cristal de 8MHz, sem usar o PLL teremos:

T_{CY} = 1/8000000Hz/4 = 4/8000000Hz = 0,5µs

A frequência do PWM é dada por:

$PWM_f = 1/PWM_T$

PR2 = conteúdo do registrador PR2

Como, em geral, se conhece o período do PWM, o valor que será necessário calcular é o que deve ser carregado no registrador PR2.

Esse valor é dado pela expressão abaixo, obtida a partir da fórmula para cálculo do período do PWM, vista anteriormente:

PR2 = {PWM_T/[T_{CY}.(Prescaler do timer2)]} – 1 **3**

Deve-se observar que o valor inicial aqui adotado para o timer2 é 0, sendo este o motivo pelo qual ele não aparece nos cálculos. Em caso de dúvidas, recomenda-se revisar o capítulo 8, que trata do timer2.

Nota: o postscaler do timer2 não é usado na determinação da frequência do PWM.

Consultando a tabela 15-5 do datasheet do PIC18F4520 ou do PIC18F4550, podem-se ver os registradores associados ao modo PWM e ao timer2.

22.6.2 – Ciclo de trabalho do PWM

O ciclo de trabalho é especificado escrevendo-se no registrador CCPRxL e nos bits CCPxCON<5:4>. Podem-se obter resoluções de até 10 bits. O registrador CCPRxL contém os 8 bits mais significativos e os bits CCPxCON<5:4> contém os dois bits menos significativos.

A equação a seguir é utilizada para calcular o ciclo de trabalho, PWM_{DC}:

$$PWM_{DC} = CCPRxL{:}CCPxCON<5{:}4> \,.\, T_{osc} \,.\, (\text{valor do prescaler do timer2}) \quad \mathbf{4}$$

Como estamos programando em linguagem C, a escrita no registrador CCPRxL e nos bits 5 e 4 do registrador CCPxCON é feita com facilidade pelo compilador CCS, ao se utilizarem as funções para configuração do modo PWM, como veremos no item 22.6.4.

22.6.3 – Módulo ECCP (CCP melhorado)

Os PICs 18F4520 e 18F4550, além do módulo CCP padrão, dispõe do módulo CCP melhorado, ECCP (**E**nhanced **CCP**). Este recurso só está presente no módulo CCP1, ao passo que o módulo CCP2 funciona apenas no modo padrão.

No módulo ECCP podem ser utilizadas uma, duas ou quatro saídas para o modo PWM e pode-se selecionar as polaridades das saídas, permitindo assim a rotação no sentido contrário (caso se trate de acionamento de motor), controle de banda morta, desligamento e reset automáticos.

Os PICs de 28 pinos das famílias do PIC18F4520 (2420 e 2520) e do PIC18F4550 (2455 e 2550) não dispõe do módulo ECCP.

22.6.4 – Funções do modo PWM no compilador CCS

set_pwmx_duty() – seleciona o valor do ciclo de trabalho, onde x é o número do módulo CCP utilizado.

Sintaxe:

set_pwmx_duty(valor); – valor é um número inteiro entre 0 e 1000, sendo que *1000 representa um ciclo de trabalho de 100%.*

Função: escreve o valor de 10 bits no PWM para definir o ciclo de trabalho. Um valor de 8 bits pode ser usado se não forem necessários os bits mais significativos. O valor de 10 bits, então, é usado para determinar o ciclo de trabalho do sinal PWM como segue:

duty cycle = valor/[4.(PR2 + 1)]

Onde PR2 é o máximo valor de contagem do timer2 antes de ele mudar o estado do pino de saída CCP.

Exemplo 1:

long duty; //Declara a variável 'duty' como sendo do tipo long int.

Supondo-se que tivéssemos PR2 = 200 e se duty fosse igual a 402, teríamos um ciclo de trabalho de 50%, como vemos abaixo:

duty = 402; /*{402/[4.(200 + 1)]} = 0,5 → 50%, pois o valor 402 faz com que o ciclo de trabalho seja igual a 50%.*/

set_pwm1_duty(duty); //Ajusta o valor do ciclo de trabalho igual ao da variável //'duty'.

setup_ccpx() – configura o módulo CCP, onde x é o número do módulo CCP utilizado.

Sintaxe:

setup_ccpx(modo) – onde modo pode ser uma das opções abaixo:

ccp_pwm_h_h – seleciona o modo pwm com ambas as saídas ativas em nível alto.
ccp_pwm_h_l – seleciona o modo pwm com saídas ativas complementares.
ccp_pwm_l_h – seleciona o modo pwm com saídas ativas complementares.
ccp_pwm_l_l – seleciona o modo pwm com ambas as saídas ativas em nível baixo.
ccp_pwm_full_bridge – seleciona o modo pwm em onda completa em sentido direto.
ccp_pwm_full_bridge_rev – seleciona o modo pwm em onda completa em sentido inverso.
ccp_pwm_half_bridge – seleciona o modo pwm em meia onda.
ccp_shutdown_on_comp1 – desliga por mudança de estado da saída do comparador 1.
ccp_shutdown_on_comp2 – desliga por mudança de estado da saída do comparador 2.
ccp_shutdown_on_comp – desliga por mudança de estado da saída de qualquer dos dois comparadores.
ccp_shutdown_on_int0 – desliga por presença de nível lógico baixo na entrada INT0.
ccp_shutdown_on_comp1_int0 - desliga por presença de nível lógico baixo na entrada INT0 ou por mudança de estado da saída do comparador 1.
ccp_shutdown_on_comp2_int0 - desliga por presença de nível lógico baixo na entrada INT0 ou por mudança de estado da saída do comparador 2.

ccp_shutdown_on_comp_int0 - desliga por presença de nível lógico baixo na entrada INT0 ou por mudança de estado da saída de qualquer um dos dois comparadores.
ccp_shutdown_ac_l – leva os pinos A e C para nível baixo no shutdown.*
ccp_shutdown_ac_h – leva os pinos A e C para nível alto no shutdown.*
ccp_shutdown_ac_f – faz os pinos A e C flutuarem (3º estado) no shutdown.
ccp_shutdown_bd_l – leva os pinos B e D para nível baixo no shutdown.*
ccp_shutdown_bd_h – leva os pinos B e D para nível alto no shutdown.*
ccp_shutdown_bd_f – faz os pinos B e D flutuarem (3º estado) no shutdown.
ccp_shutdown_restart – o dispositivo reinicia depois de um evento que provoca o seu desligamento (shutdown).
ccp_delay – usa retardo na banda morta.

* No CCS C Compiler Manual, PCB, PCM, PCH, and PCD March 2019, à página 495, consta:

ccp_shutdown_ac_l – leva os pinos A e C para nível ***alto*** no shutdown
ccp_shutdown_ac_h – leva os pinos A e C para nível ***baixo*** no shutdown
ccp_shutdown_bd_l – leva os pinos B e D para nível ***alto*** no shutdown
ccp_shutdown_bd_h – leva os pinos B e D para nível ***baixo*** no shutdown,

Tendo-se consultado o suporte da CCS, fomos informados tratar-se de erro de digitação no manual, *a ser corrigido em suas próximas edições*.

Função: inicializa o módulo CCP. Os contadores do módulo CCP podem ser acessados usando as variáveis do tipo 'long int' CCP_1 e CCP_2. O módulo CCP, como sabemos, opera em 3 modos diferentes, capture, compare e PWM. No modo PWM ele gera uma onda retangular.

Exemplo 2:

setup_ccp1(ccp_pwm_half_bridge|ccp_pwm_h_h); /*Configura o modo pwm em meia onda e ambas as saídas ativas em nível alto.*/

22.6.5 – Exemplos de aplicação

A seguir serão apresentados alguns exemplos de aplicação do modo PWM. Devido ao tipo de alimentação do kit (não simétrica) e à dificuldade da alimentação dos dispositivos de saída (transistores) com tensões simétricas no simulador, não serão apresentados exemplos com o uso do módulo CCP melhorado (ECCP).

Exemplo 22.20: pwm1

/*O programa a seguir faz com que um motor tenha sua velocidade aumentada em degraus pela alteração automática do ciclo de trabalho do PWM, em ciclos repetidos indefinidamente. Utilizou-se o módulo CCP1.*/

```
#include<18f4520.h> /*Inclui o arquivo header do microcontrolador usado no
          programa.*/
#use delay(clock=8MHz) //Define a frequência de operação do PIC.
#fuses hs,nowdt,put,brownout,nolvp //Bits de configuração

long int a; /*A variável 'a', declarada como long int, representa o ciclo de
          trabalho do PWM e permite a sua alteração.*/

void main() //Função principal
{
setup_timer_2(t2_div_by_1,249,1); /*Inicializa o registrador PR2 em 249, o
          prescaler do timer2 em 1:1 e o postscaler em 1:1.*/
setup_ccp1(ccp_pwm); //Define que o módulo CCP1 utilizará o modo PWM.

 while(true) //Laço infinito
 {
  for (a=0;a<=1000;a=a+100) /*Laço 'For', que permite o incremento da
          velocidade do motor.*/
  {
  set_pwm1_duty(a); /*Ajusta o valor do ciclo de trabalho de acordo com o
          valor da variável 'a'.*/
  delay_ms(1000); //Atraso de 1s
  }
 }
}
```

Como o programa do exemplo 22.20 funciona:

O timer2 é configurado com prescaler 1:1, postscaler 1:1 e o registrador PR2 é carregado com o valor 249. Em nosso caso, como a frequência de operação do PIC é 8MHz, o período do clock interno tem duração de 0,5µs. Isso significa que após 250 contagens do pulso do clock interno ocorrerá o estouro do timer2 e surgirá um pulso na saída CCP1. Com isso teremos um período de PWM = 0,000125s, o que corresponde a uma frequência de 8KHz.

Dentro do laço infinito '**while**' há um laço '**for**' em que o ciclo de trabalho 'a' é incrementado de 0 até 1000 (0% a 100%) indefinidamente. Isso faz com que o motor alimentado pela tensão na saída CCP1 aumente sua velocidade a partir de 0 até a velocidade máxima. Logo após ter alcançado a velocidade máxima, reinicia do zero e cresce novamente até o máximo. Esse ciclo se repete indefinidamente.

As mudanças no valor do ciclo de trabalho, 'a', ocorrem a cada segundo pois a variável 'a' é incrementada a cada segundo e cada novo ciclo de trabalho é igual ao anterior acrescido de 100 unidades. Quando 'a' alcança o valor 1100, ele é zerado e o ciclo reinicia.

A figura 22.56, abaixo, ilustra o comportamento da saída CCP1 para o programa do exemplo 22.20, pwm1.

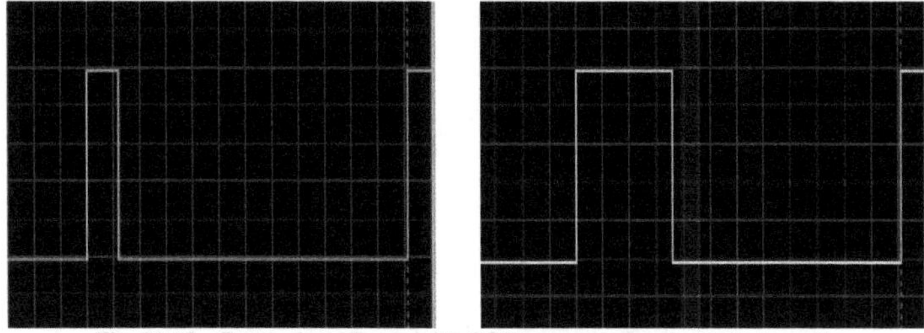

Fig. 22.56 – Forma de onda na saída CCP1 para o exemplo 22.20, 'pwm1', num determinado instante e 2 segundos depois

Circuito

O circuito para os exemplos 22.20 e 22.21 é mostrado na figura 22.57, abaixo.

Observações:

1. Deve-se ter em mente que a corrente máxima que a saída CCP1 pode fornecer, como qualquer outra saída do PIC18F4520, é 25mA. Esse fator deve ser levado em conta ao se determinar o valor do resistor de polarização da base do transistor de acionamento do motor (R1 na figura 22.57).
2. O diodo D1 tem a função de proteger o transistor Q1 contra a reação da bobina do motor toda vez que o transistor corta (quando a saída CCP1 cai para o nível 0).

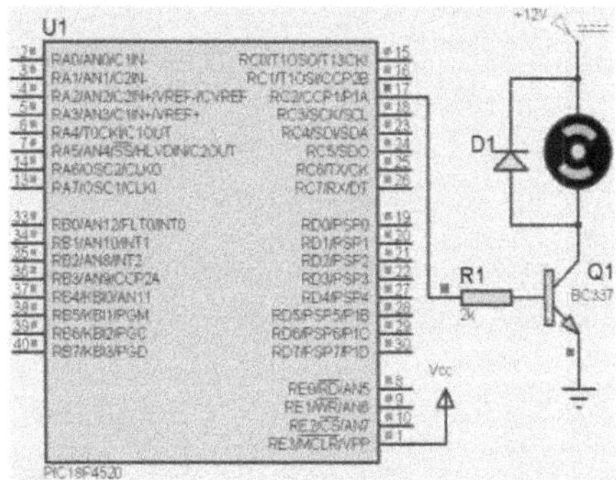

Fig. 22.57 – Circuito para os exemplos 22.20 e 22.21

Exemplo 22.21: pwm2

/*O programa a seguir faz com que um motor tenha sua velocidade aumentada e posteriormente reduzida em degraus em ciclos repetidos indefinidamente, pela alteração automática do ciclo de trabalho do PWM. Utilizou-se o módulo CCP1.*/

```
#include<18f4520.h> /*Inclui o arquivo header do microcontrolador usado no
          programa.*/
```

```
#use delay(clock=8MHz) //Define a frequência de operação do PIC.
#fuses hs,nowdt,put,brownout,nolvp //Bits de configuração

long int a; /*Declara 'a' como long int, para ajustar o ciclo de trabalho.*/

void main() //Função principal
{
setup_timer_2(t2_div_by_1,249,1); /*Inicializa o registrador PR2 em 249, o
          prescaler do timer2 em 1:1 e o postscaler em 1:1.*/
setup_ccp1(ccp_pwm); //Define que o módulo CCP1 operará no modo PWM.

 while(true) //Laço infinito
 {
  for (a=0;a<=1000;a=a+100) /*Laço 'For', que faz o incremento da velocidade
          do motor.*/
  {
  set_pwm1_duty(a); //Ajusta o valor do ciclo de trabalho igual ao da variável
          //'a'.
  delay_ms(1000); //Atraso de 1s
  }
  for (a=1000;a>0;a=a-100) /*Laço 'For', que permite a redução da velocidade
          do motor.*/
  {
  set_pwm1_duty(a); //Ajusta o valor do ciclo de trabalho igual ao da variável
          //'a'.
  delay_ms(1000); //Atraso de 1s
  }
 }
}
```

Circuito

O circuito usado no exemplo 22.21 é o mesmo utilizado no exemplo 22.20, mostrado na figura 22.57, acima.

Exemplo 22.22: pwm3

```
/*O programa a seguir faz com que um motor tenha sua velocidade
aumentada e posteriormente reduzida em degraus, em ciclos repetidos
indefinidamente, pela alteração automática do ciclo de trabalho do PWM.
Utiliza-se o módulo CCP2.*/

#include<18f4520.h> /*Inclui o arquivo header do microcontrolador usado no
          programa.*/
#use delay(clock=8MHz) //Define a frequência de operação do PIC.
#fuses hs,nowdt,put,brownout,nolvp //Bits de configuração

long int a; /*Variável que representa o ciclo de trabalho do PWM e permite
          sua alteração.*/
```

```
void main() //Função principal
{
setup_timer_2(t2_div_by_1,249,1); /*Inicializa o registrador PR2 em 249, o
        prescaler do timer2 em 1:1 e o postscaler em 1:1.*/
setup_ccp2(ccp_pwm); //Define que o módulo CCP2 utilizará o modo PWM.

 while(true) //Laço infinito
 {
  for (a=0;a<=1000;a=a+100) /*Laço 'For', que faz o incremento da velocidade
        do motor.*/
  {
  set_pwm2_duty(a); //Ajusta o valor do ciclo de trabalho igual ao da variável
        //'a'.
  delay_ms(1000); //Atraso de 1s
  }
  for (a=1000;a>0;a=a-100) /*Laço 'For', que promove a redução da
        velocidade do motor.*/
  {
  set_pwm2_duty(a); //Ajusta o valor do ciclo de trabalho igual ao da variável
        //'a'.
  delay_ms(1000); //Atraso de 1s
  }
 }
}
```

Exemplo 22.23: pwm4

```
/*O programa a seguir faz com que um motor de corrente contínua tenha sua
velocidade aumentada progressivamente e após chegar à velocidade
máxima, comece a reduzi-la também progressivamente em ciclos repetidos,
pela alteração automática do ciclo de trabalho do PWM. Neste programa
utiliza-se o módulo CCP2.*/

#include<18f4520.h> /*Inclui o arquivo header do microcontrolador usado no
        programa.*/
#use delay(clock=8MHz) //Define a frequência de operação do PIC.
#fuses hs,nowdt,put,brownout,nolvp //Bits de configuração

long int a; /*Declara a variável 'a', que representa o ciclo de trabalho do PWM
        e permite sua alteração, como long int.*/

void main() //Função principal
{
setup_timer_2(t2_div_by_1,249,1); /*Inicializa o registrador PR2 em 249, o
        prescaler do timer2 em 1:1 e o postscaler em 1:1.*/
setup_ccp2(ccp_pwm); //Define que o módulo CCP2 utilizará o modo PWM.

 while(true) //Laço 'For', que permite a variação da velocidade do motor.
 {
```

```
for (a=0;a<1000;a=a+100) //Laço 'For', que promove o incremento da
        //velocidade do motor.
{
set_pwm2_duty(a); //Ajusta o valor do ciclo de trabalho igual ao da variável
        //'a'.
delay_ms(1000); //Atraso de 1s
}
for (a=1000;a>0;a=a-100) //Laço 'For', que promove o decremento da velocidade
        //do motor.
{
set_pwm2_duty(a); //Ajusta o valor do ciclo de trabalho igual ao da variável
        //'a'.
delay_ms(1000); //Atraso de 1s
}
}
}
```

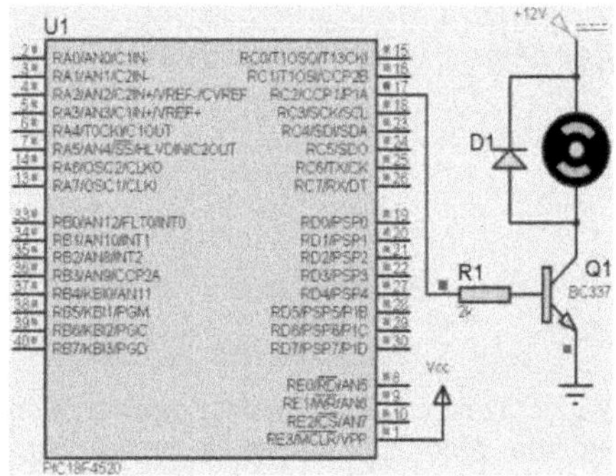

Fig. 22.58 – Circuito para os exemplos 22.22, 'pwm3' e 22.23, 'pwm4'

Circuito

O circuito utilizado para os exemplos 22.22 e 22.23 é mostrado na figura 22.58, acima.

Caso se deseje variar manualmente a velocidade de um motor de corrente contínua, é necessário que se crie um ciclo de trabalho variável correspondente à tensão no cursor de um potenciômetro de ajuste. Isso é possível através da conversão A/D dessa tensão e utilizando-se o valor obtido na saída do conversor como a variável a ser colocada na expressão 'set_pwmx_duty(ad)'. A seguir será visto um exemplo que esclarece essa aplicação.

Exemplo 22.24: pwm5

/*Este programa permite variar manualmente a velocidade de um motor de corrente contínua por meio do ajuste de um potenciômetro. Para que seja possível a alteração do ciclo de trabalho, de modo a permitir variar a

```
velocidade do motor, a tensão analógica no cursor do potenciômetro é
convertida em um valor digital ('ad'), que é utilizado como ciclo de trabalho
ajustável. É utilizado o módulo CCP1.*/

#include<18f4520.h> //Inclusão do header para o microcontrolador utilizado
#device ADC = 10 //Informa que a conversão será feita em 10 bits.
#use delay (clock=8MHz) //Define a frequência de operação do PIC.
#fuses hs,nowdt,put,brownout,nolvp //Bits de configuração do PIC
#include<C:\Curso 18F\display_8bits.c> /*Diretiva de inclusão do arquivo
        display_8bits.c no projeto*/

long ad; /*Declara a variável 'ad' para armazenamento do resultado da
        conversão AD como long int.*/

void main() //Função principal
{
display_ini(); /*Chamada à função display_ini(). Esta função é usada para a
        inicialização do LCD e está no arquivo 'display_8bits.c'.*/
setup_adc_ports(an0); /*Configura RA0 como única entrada analógica a ser
        convertida.*/
setup_adc(adc_clock_internal); /*Define que o conversor AD interno usará o
        clock interno.*/
set_adc_channel(0); //Configura o canal 0 para a leitura da tensão.
delay_us(100); //Atraso de 100us
setup_timer_2(t2_div_by_1,249,1); /*Inicializa o registrador PR2 em 249, o
        prescaler do timer2 em 1:1 e o postscaler em 1:1.*/
setup_ccp1(ccp_pwm); //Seleciona o módulo CCP1 para a operação do
        //PWM.
printf(write_display,"\fDuty = "); //Escreve 'Duty = ' na primeira linha do display.

while(true) //Laço principal (infinito)
{
ad = read_adc(); //Faz a leitura do ADC e armazena o resultado em 'ad'.
set_pwm1_duty(ad); /*Ajusta o ciclo de trabalho, ou seja, carrega a variável
        'ad', que contém o resultado da conversão AD (da tensão no cursor
        do potenciômetro de ajuste de velocidade do motor), na função de
        ajuste do 'duty cycle'.*/
ad = ((ad/4)*100)/255; /*Faz o cálculo para conversão de 0 a 100%. Utiliza-
        se um artifício para obter o resultado 100% quando o valor de saída
        do conversor AD for igual a 1023, dividindo-se o valor instantâneo
        da conversão por 4, então multiplicando-se por 100 e finalmente
        dividindo-se o resultado dessa operação por 255. A simples divisão
        por 1023 do produto da variável 'ad' por 100 não funciona
        corretamente, assim como declarar a variável 'ad' como float
        também não dá bons resultados.*/
display_pos_xy(8,1); //Posiciona o cursor na coluna 8, linha 1.
printf(write_display,"   "); //Limpa o espaço para mostrar corretamente o valor
        //de 'ad'.
display_pos_xy(8,1); //Posiciona o cursor na coluna 8, linha 1.
```

```
printf(write_display,"%lu",ad); //Escreve o resultado da conversão ad no LCD.
delay_ms(200); //Atraso de 200ms
}
}
```

Circuito

O circuito para o exemplo 22.24 é mostrado na figura 22.59, abaixo.

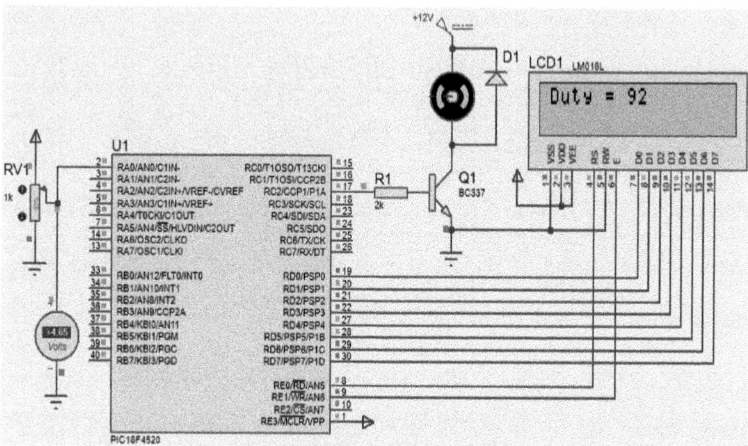

Fig. 22.59 – Circuito para o exemplo 22.24, 'pwm5'

Comentários sobre o exemplo 22.24, 'pwm5':

Este exemplo mostra um programa em que a variável utilizada (o ciclo de trabalho do PWM) para alterar a velocidade de rotação do motor, é o resultado da conversão de uma tensão contínua. No caso, se utiliza uma tensão que pode ser ajustada entre 0 e +5V, a partir da própria alimentação do kit de desenvolvimento.

Ao escrever 'set_pwm1_duty(ad);', o valor do ciclo de trabalho, que no caso é dado pelo resultado da conversão da tensão aplicada à entrada AN0, será carregado no registrador CCPR1L.

Observe-se que foi utilizado um artifício para que o resultado seja apresentado em 8 bits, embora a conversão AD seja feita em 10 bits:

'ad = ((ad/4)*100)/255;'

Embora a velocidade do motor varie corretamente se utilizarmos a expressão:

'ad = (ad*100/1023);'

Caso se tente fazer o valor do ciclo de trabalho em percentual ser apresentado sem utilizar o artifício mostrado acima, ocorrerá erro, pois o valor resultante terá tamanho maior do que o espaço reservado para a variável 'ad' (16 bits). Isso ocorre porque, quando o resultado da conversão ultrapassar 65535, a capacidade do espaço reservado será ultrapassada e a partir daí o preenchimento desse espaço se dará a partir de zero. Esse mesmo problema ocorre com os exemplos do capítulo 10, sobre conversão AD, caso se declare a variável 'ad' como long int, no caso de conversões em 10 bits.

As figuras 22.60 a 22.63, a seguir, mostram o circuito, os conteúdos dos registradores CCPR1L, ADRESH, ADRESL, CCP1CON (que contém os bits 5 e 4 que complementam os bits de CCPR1L) e o display com o valor do ciclo de trabalho.

Para melhor entender o que ocorre, é necessário transformar os conteúdos dos registradores de interesse em valores decimais e calcular o valor correspondente a ser mostrado no display. Faremos isso a seguir, apenas para os valores vistos na figura 22.60, abaixo, deixando os demais como exercício para o leitor.

CCPR1 = 0xA3 → 0b10100011
CCP1CON <5:4> 0b11

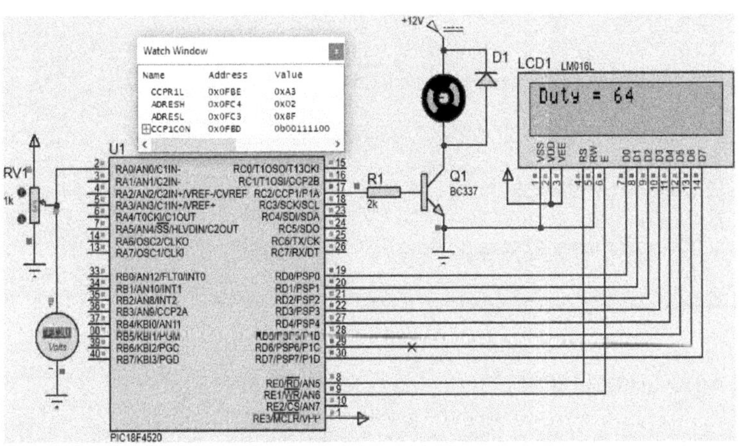

Fig. 22.60 – Circuito para o exemplo 22.24, 'pwm5', mostrando os conteúdos dos registradores de interesse.

Colocando esses dois valores lado a lado para formar o conjunto de 10 bits:

0b0010 1000 1111 em grupamentos de 4 bits para facilitar a visualização.

O valor decimal correspondente é $2^9 + 2^7 + 15 = 512 + 128 + 15 = 655$

Colocando ADRESH ao lado de ADRESL teremos:

0x028F → 0b0000 0010 1000 1111, que corresponde a 0 + 2^9 + 2^7 + 15 = 655, que é igual ao visto acima na composição CCPR1L e CCP1CON(5:4).

Para saber o valor que deve ser mostrado no display, usaremos uma regra de três:

1023 - 100
655 - x

x = (655 x 100)/1023 = 64,027

Como a variável 'ad' foi declarada como long int, serão mostrados somente valores inteiros no display, então o valor deve ser 64, como calculado.

Para o programa utilizado sem o artifício que mostramos anteriormente, este é o último valor correto que aparecerá no display. Se ajustarmos o cursor para que sejam aplicadas tensões maiores à entrada AN0 do conversor AD, o registrador de dados do display estourará e recomeçará a partir do 0 novamente.

É o que se vê na figura 22.61, a seguir. Vamos confirmar:

CCPR1L = 0xA6 → 0b1010 0110
CCP1CON(5:4) = 0b01

Colocando esses dois valore lado a lado:

0b10 1001 1001 = 2^9 + 2^7 + 2^4 + 9, que corresponde ao decimal

512 + 128 + 16 + 9 = 665

Usando novamente a regra de três:

1023 - 100
665 - x

x = 66500/1023 = 65

Este deveria ser o valor mostrado no display, o que só aconteceria se fosse usado o artifício. Ao invés disso aparece 0 no display.

Fig. 22.61 – Registradores de interesse e display para o exemplo 22.24, 'pwm5', caso não fosse utilizado o artifício mostrado no programa.

A figura 22.62 mostra os registradores do nosso interesse e o display, com o cursor do potenciômetro aplicando a tensão máxima, 5V à entrada AN0. Como neste caso não foi usado o artifício para a apresentação correta no display, ao invés de 100, vemos 35.

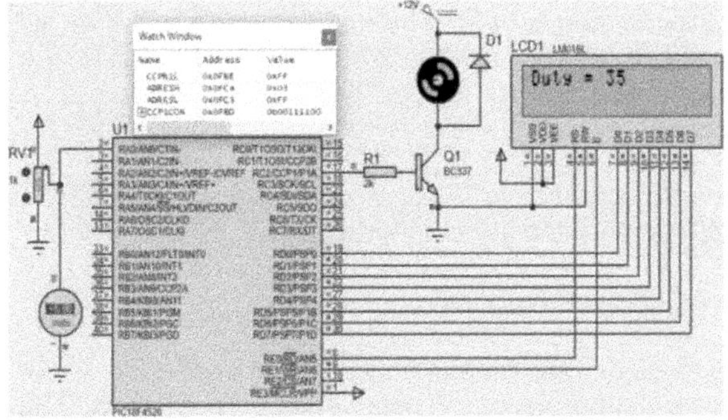

Fig. 22.62 – Registradores de interesse e display para o exemplo 22.24, 'pwm5', para o máximo valor do ciclo de trabalho, caso não fosse utilizado o artifício.

Vamos confirmar com os valores de CCPR1L e dos bits 5 e 4 de CCP1CON:

CCPR1L = 0xFF → 0b1111 1111
CCP1CON(5:4) = 0b11

Então, colocando esses valores lado a lado:

0b11 1111 1111 → 1023 em decimal, que deveria apresentar o valor 100 no display.

Observe-se que após o valor de ciclo de trabalho 64, ao invés de 65 foi mostrado 0. Somando-se 64 com 35 temos 99, mas a primeira contagem foi 0, então nota-se que mesmo com valores errados, totalizam-se 100 contagens.

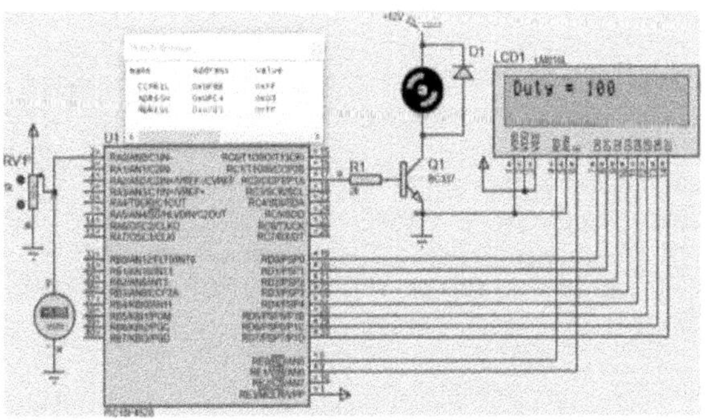

Fig. 22.63 – Registradores de interesse e display para o exemplo 22.24, 'pwm5', mostrando o valor correto do ciclo de trabalho.

A figura 22.63, acima, mostra os registradores de interesse e o display, com o cursor do potenciômetro novamente aplicando a tensão máxima, 5V à entrada AN0. Neste caso foi usado o artifício e vemos apresentação correta no display, 'Duty = 100'.

Uma outra forma de resolver o problema é declarar a variável 'ad' como int 32, o que reserva para ela um espaço de 32 bits. Assim sendo, o produto 100 x 1023 caberá dentro desse espaço, pois 102.300 é menor do que $2^{32} - 1$ (4.294.967.295).

Isso será visto no exemplo 22.25, a seguir, no qual também incluimos o símbolo % após o valor do ciclo de trabalho.

Exemplo 22.25: pwm5 melhorado

```
/*Este programa permite variar manualmente a velocidade de um motor de
corrente contínua por meio do ajuste de um potenciômetro. Para que seja
possível a alteração do ciclo de trabalho, de modo a permitir variar a
velocidade do motor, a tensão analógica no cursor do potenciômetro é
convertida em um valor digital ('ad'), que é utilizado como ciclo de trabalho
ajustável. É utilizado o módulo CCP1.*/

#include<18f4520.h> //Inclusão do header para o microcontrolador utilizado
#device ADC = 10 //Informa que a conversão será feita em 10 bits.
#use delay (clock=8MHz) //Define a frequência de operação do PIC.
#fuses hs,nowdt,put,brownout,nolvp //Bits de configuração do PIC
#include<C:\Curso 18F\display_8bits.c> /*Diretiva de inclusão do arquivo
        display_8bits.c no projeto*/

int32 ad; /*Declara a variável 'ad' para armazenamento do resultado da
        conversão AD como int32 (32 bits).*/

void main() //Função principal
{
  display_ini(); /*Chamada à função display_ini(). Esta função é usada para
        a inicialização do LCD e está no arquivo 'display_8bits.c'.*/
  setup_adc_ports(an0); //RA0 será a única entrada analógica a converter.
  setup_adc(adc_clock_internal); /*Define que o AD usará o clock interno.*/
  set_adc_channel(0); //Configura o canal 0 para a leitura da tensão.
  delay_us(100); //Atraso de 100us
  setup_timer_2(t2_div_by_1, 249, 1); /*Inicializa o registrador PR2 em 249,
        o prescaler do timer2 em 1:1 e o postscaler em 1:1.*/
  setup_ccp1(ccp_pwm); /*Seleciona o módulo CCP1 para a operação do
        PWM.*/

  while (true) //Laço principal (infinito)
  {
   ad = read_adc(); /*Faz a leitura do conversor AD e armazena o resultado
        em 'ad'.*/
```

```
        set_pwm1_duty(ad); /*Ajusta o ciclo de trabalho, ou seja, carrega a
            variável 'ad', que contém o resultado da conversão AD (da tensão
            no cursor do potenciômetro de ajuste de velocidade do motor) na
            função de ajuste do 'duty cycle'.*/
        ad = ((ad*100)/1023); /*Artifício utilizado para que o ciclo de trabalho seja
            mostrado como um valor entre 0 e 100.*/
        printf(write_display, "\fDuty="); /*Escreve 'Duty = ' na primeira linha do
            display.*/
        printf(write_display, "%lu%%",ad); /*Escreve o valor do ciclo de trabalho
            em percentual.*/
        delay_ms(300); //Atraso de 300ms
    }
}
```

Comentários sobre o exemplo 22.25, 'pwm5 melhorado':

O que muda em relação ao programa anterior é, basicamente, a declaração da variável 'ad' como int 32 e a inclusão do caractere '%' após o valor do ciclo de trabalho.

Vimos ao final dos comentários sobre o exemplo 22.24 que a alteração da variável 'ad' de long int para int 32 permite que se alcance o valor máximo do ciclo de trabalho e que ele seja indicado corretamente no display, pois assim não ocorrerá o estouro do espaço reservado para essa variável.

Por outro lado, foi necessário utilizar dois caracteres '%' um ao lado do outro, uma vez que se for utilizado apenas um, o compilador considera que houve erro de digitação. A alternativa, bem mais trabalhosa, seria criar um caractere especial e utilizá-lo, ao invés da solução adotada. Ambas foram testadas e ambas funcionaram, tendo-se optado pela mais simples, dois caracteres '%'.

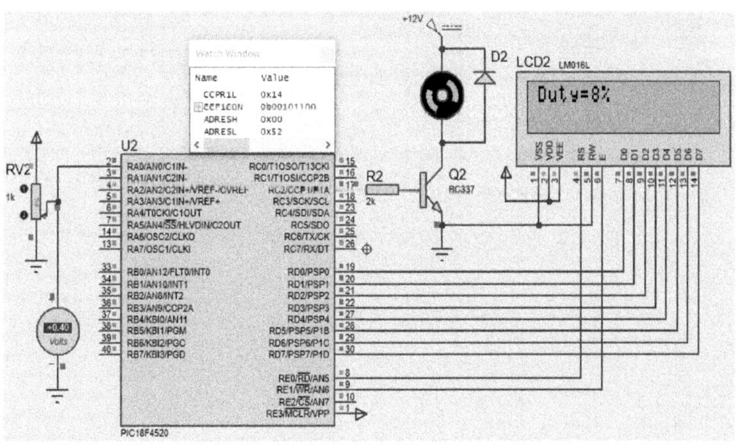

Fig. 22.64 – Circuito e display para o exemplo 22.25, 8%

Os resultados das alterações podem ser vistos na figuras 22.64 acima, 22.65 e 22.66, abaixo.

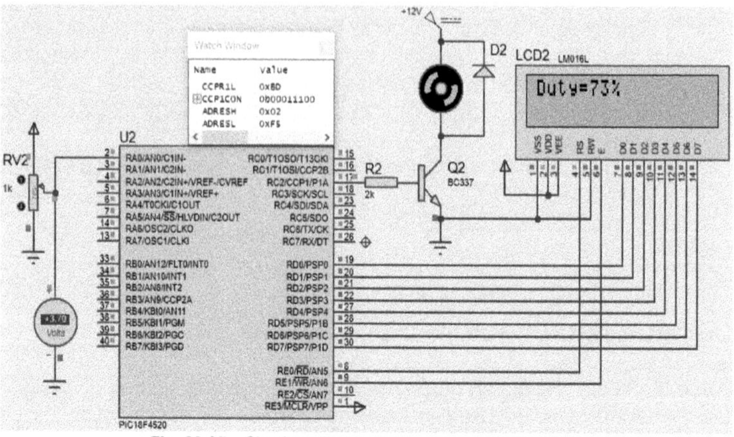

Fig. 22.65 – Circuito e display para o exemplo 22.25, 73%

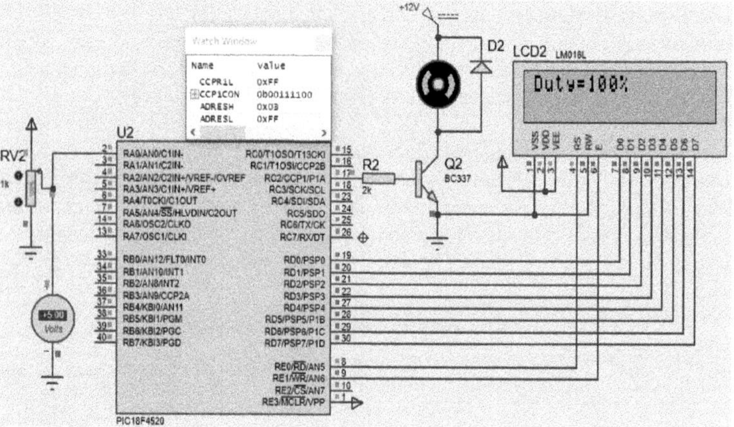

Fig. 22.66 – Circuito e display para o exemplo 22.25, 100%

23.1 – Introdução

O simulador VSM do PROTEUS permite a simulação das portas de comunicação serial, RS232, podendo-se utilizar dois métodos para isso. O primeiro utiliza dois recursos disponíveis no próprio simulador. O outro método usa um dispositivo desenvolvido por terceiros. Há vários produtos no mercado, e aqui veremos o 'Virtual Serial Port Driver' (porta serial virtual) da Eltima Sofware. Esse segundo método é útil quando não há mais portas seriais disponíveis no computador, mas ainda assim se deseja testar a qualidade da comunicação serial via RS232 utilizando uma porta USB do computador.

23.2 – Simulação usando o 'COMPIM' e o terminal virtual

Começaremos com os recursos disponíveis no próprio VSM.

O primeiro é o conector DB9 chamado 'Compim', mostrado na figura 23.1, abaixo, que simula uma porta de comunicação serial RS232 de 9 pinos.

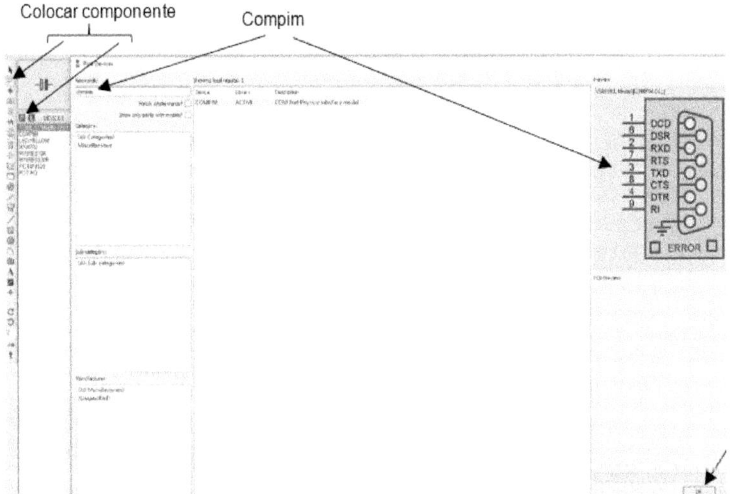

Fig. 23.1 – O 'COMPIM', porta de comunicação serial RS232 de 9 pinos (DB9)

O outro é o Terminal Virtual, no qual podemos ver o que estiver chegando e/ou saindo pela porta serial.

Como se observa nas figuras 23.1, acima e 23.2, abaixo, o 'COMPIM' é obtido da mesma forma que os demais componentes no VSM e o Terminal Virtual (Virtual Terminal) é um dos instrumentos virtuais disponíveis no simulador. Ele está junto com osciloscópio, gerador de sinais, voltímetro, amperímetro, etc..

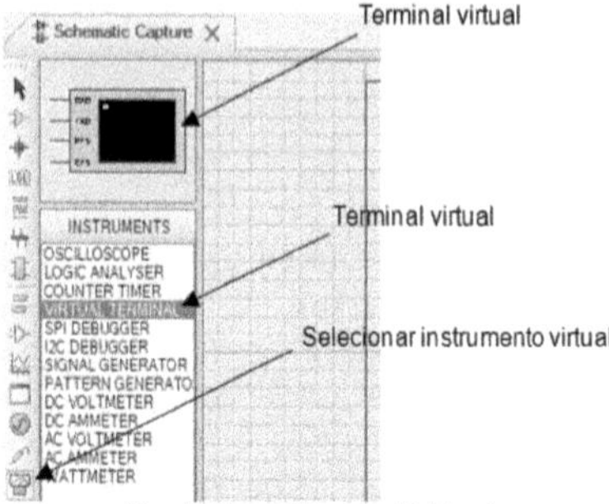

Fig. 23.2 – O Terminal Virtual

Esses dois dispositivos devem ter seus pinos RXD e TXD interligados e o pino 9 do 'COMPIM' deve ser conectado ao comum da fonte de alimentação, GND. Ver figura 23.3, abaixo.

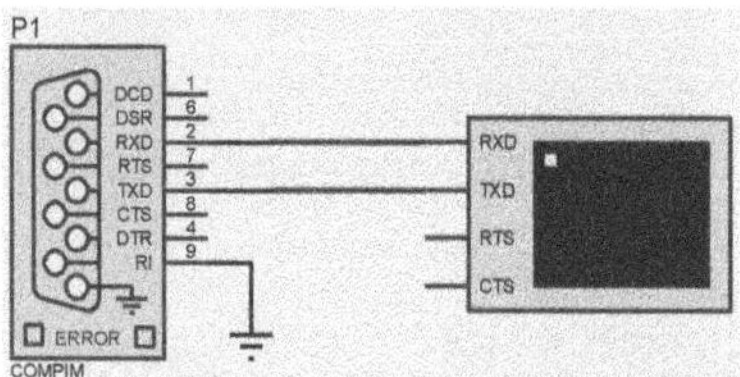

Fig. 23.3 – A interligação entre o 'COMPIM' e o terminal virtual

Nessa figura, para não precisarmos usar o recurso dos 'labels', como na figura do circuito completo na figura 23.4, abaixo, onde vemos, entre outros, os labels 'RXD' e 'TXD', fizemos uso do recurso 'X-mirror', que permite inverter as posições do desenho do componente no eixo 'x' (horizontal) como em um espelho (mirror).

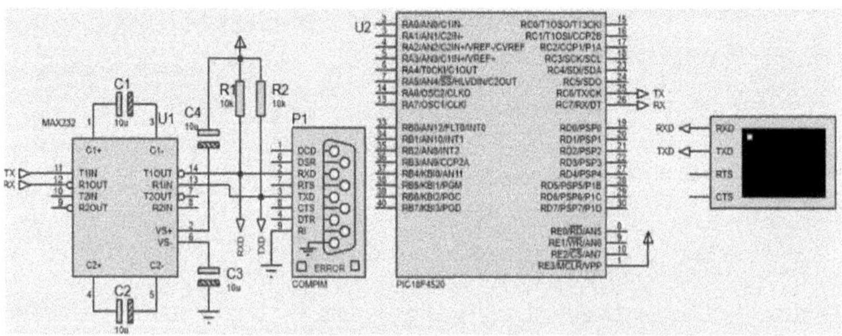

Fig. 23.4 – Circuito utilizado para o teste do programa do exemplo 13.1, 'USART1' do capítulo 13

Após todo o circuito ter sido montado e a conexão com a placa de nosso circuito (ou o kit de desenvolvimento) ter sido estabelecida, ao acionarmos o botão de início de simulação surge uma tela maior, parecida com a do PuTTY, que é a tela do Terminal Virtual que acabou de ser ativada. Essa tela é vista na figura 23.8a, abaixo (pg. 707).

Para isso ainda são necessários alguns passos, além da 'montagem' do circuito no ISIS (a parte do PROTEUS em que se desenham os circuitos e onde está o VSM).

A primeira coisa que se deve fazer é verificar qual porta serial está disponível no computador.

Por facilidade, o autor usou o ACEPIC Terminal, pelo fato de que ele, do mesmo modo que o HyperTerminal (mas de modo direto), indica qual a porta que está realmente livre para ser usada por nosso projeto.

A figura 23.5, a seguir, nos mostra que a porta disponível é a 9 e, por esse motivo, ela será a porta selecionada.

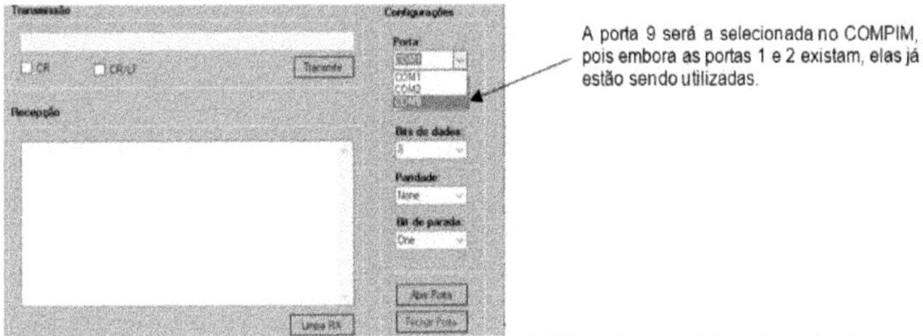

Fig. 23.5 – Configuração da porta serial da placa ou do kit de desenvolvimento, primeiro passo

Agora devemos ajustar o 'COMPIM' e o terminal virtual.

Deve-se selecionar corretamente a porta e o baud rate do 'COMPIM', como mostrado na figura 23.6, abaixo.

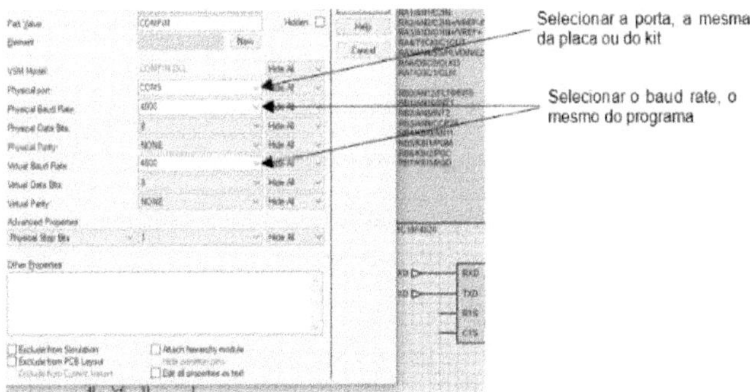

Fig. 23.6 – Configuração da porta serial do VSM (Compim)

Note-se que o baud rate deve ser o mesmo nas duas janelas mostradas nessa figura, como indicado pelas setas.

Feito isso, deve-se configurar o terminal virtual, como mostra a figura 23.7, abaixo.

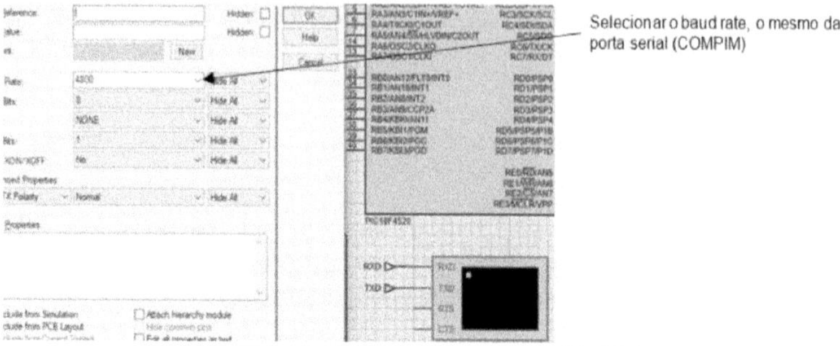

Fig. 23.7 – Configuração do terminal virtual do VSM

Nesse terminal, o único ajuste necessário é o do baud rate, que deve ser o mesmo do 'COMPIM' e do programa. A partir daqui o terminal físico externo deve estar desligado.

Uma vez que o programa que estamos utilizando para esta explicação e para este teste é o que vimos no capítulo 13, 'USART1', em que o PIC envia caracteres 'b' a cada intervalo de 1 segundo para a porta serial, o que veremos é uma série desses caracteres presentes na primeira linha do terminal virtual.

Ao chegarem à extremidade direita da tela, os caracteres continuarão sendo colocados nessa mesma linha. A largura da tela do Terminal Virtual pode ser modificada e aumentada, se desejado. Ela pode ocupar toda a largura da tela do monitor, caso se queira.

Somente quando o número de caracteres recebidos fizer com que seja alcançada a extremidade direita da tela do Terminal Virtual, ajustado para a sua maior largura, é que os caracteres passarão a ser posicionados na linha seguinte.

Nota: a placa com nosso circuito (ou o kit de desenvolvimento) deve estar conectada e alimentada ao mesmo tempo que o programa roda no simulador. O programa na placa ou no kit deve estar funcionando e o circuito deve permanecer interligado com o computador através da porta COM correta, caso contrário embora a tela do Terminal Virtual abra, nada será visto nela.

A figura 23.8, a seguir, mostra a tela do Terminal Virtual do VSM após esse terminal ter sido ativado ao se pressionar o botão 'Simular' do simulador. Nessa tela aparecem os caracteres 'b' que surgem a cada segundo. Essa figura mostra um close da tela do Terminal Virtual, que pareceu necessário para que se conseguissem visualizar os caracteres impressos, pois aparecem em verde sobre fundo preto, o que dificulta sua visualização caso não se veja isso em cores (se for utilizada impressora tipo jato de tinta).

Fig. 23.8 – Um 'close' na tela do Terminal Virtual

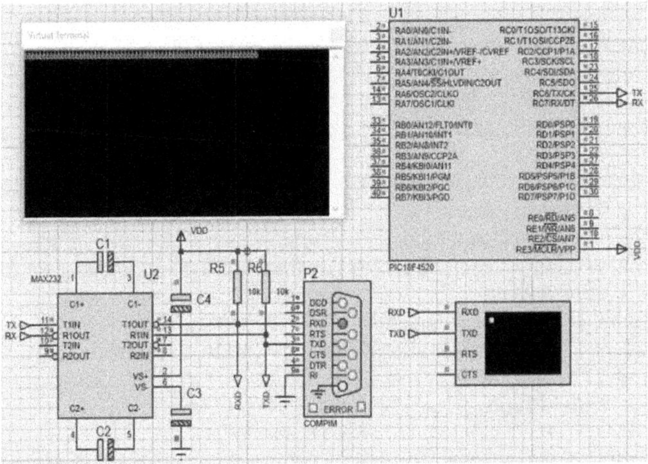

Fig. 23.8a – Os caracteres 'b' enviados através da porta 9 e recebidos no terminal virtual

A figura 23.8a, acima, mostra o circuito utilizado com o exemplo 13.1, 'USART1', que aproveitamos para explicar o uso do 'COMPIM' e do Terminal Virtual. Na tela do computador a visualização dos caracteres é perfeita, mas na impressão apenas com tinta preta (em impressora jato de tinta) é quase impossível ver os caracteres na tela preta.

Os exemplos 13.1, 13.2 e 13.4 rodaram sem problemas nos testes de comunicação através do simulador, mas o 13.3, apresentou problema de erros nos caracteres recebidos. Talvez isso tenha ocorrido por algum problema de compatibilidade entre o computador utilizado e os ambientes de desenvolvimento MPLAB e MPLAB X. Os exemplos 13.5 e 13.6 também apresentaram problemas uma vez que ao ser digitado 'adc' essas letras apareceram na tela do terminal virtual, mas não os resultados das conversões.

Nos exemplos 13.2 e 13.4 os acionamentos dos LEDs foram perfeitos.

O exemplo 13.6 foi modificado para que além do resultado das conversões serem visíveis na tela do Terminal Virtual também fossem visíveis no display de cristal líquido do kit de desenvolvimento. *O resultado foi perfeito quanto à leitura no display do kit, mas não foi possível ver o resultado no Terminal Virtual.*

A seguir, repete-se o programa do exemplo 13.6, 'USART6', com as alterações introduzidas para que ao mesmo tempo que a tensão seja mostrada na tela do terminal, também o seja no display de cristal líquido.

As três alterações introduzidas estão destacadas em cinza, a fim de facilitar sua identificação.

Exemplo 23.1: USART6 modificado

```
/*O programa abaixo mostra na tela do terminal virtual e no LCD do kit o resultado da conversão AD em 10 bits (0 – 120V) quando os caracteres 'adc', 'adC', 'aDc', 'aDC', 'Adc', 'AdC', 'ADc' ou 'ADC' forem pressionados. Quaisquer outras combinações de caracteres não terão efeito.*/

#include<18F4520.h> //Inclusão do header (*.h) para o microcontrolador
        //utilizado
#device adc = 10 //Define que a conversão AD será feita com 10 bits.
#use delay (clock=8MHz) //Definição da frequência de operação para cálculo
        //dos delays
#fuses hs,nowdt,put,brownout,nolvp //Bits de configuração do PIC
#include <C:\Curso 18F\display_8bits.c> //Inclusão do driver do display
#use RS232 (Baud=4800, xmit = PIN_C6, rcv = PIN_C7) //Configuração da
        //saída serial

char act[4]; //Variável que receberá os caracteres vindos da porta serial
int x=0; //Variável de controle para contagem dos caracteres
float ad; //Variável para armazenamento da conversão AD
float s; //Variável auxiliar para a apresentação do valor da tensão em Volts

void serial() //Função para o tratamento da saída serial
{
if(((act[0]=='A')||(act[0]=='a'))&&((act[1]=='D')||(act[1]=='d'))&&((act[2]=='C')||(
        act[2]=='c'))) //Se a string recebida for 'ADC'
 {
 output_bit(pin_d0,1); //acende o LED,
 ad = read_adc(); //converte a tensão e a armazena na variável 'ad',
 s=(120*ad)/1023; /*apresenta o valor da tensão de saída em Volts (para uma
        tensão máxima de 120V).*/
 output_bit(pin_d0,0); //Apaga o LED.
 printf("Vs=%3.2fV\r\n",s); /*Envia a string 'Vs=' juntamente com o valor de 's'
        seguido do símbolo 'V', pela saída serial. A tensão será apresentada
        com até três casas antes da vírgula e duas depois.*/
 printf(write_display,"\fVs=%3.2fV",(120*ad)/1023); /*Mostra a tensão, já no
        formato correto e com o símbolo da grandeza medida, 'V'.*/
 }
}

void main() //Função principal
{
```

```
display_ini(); /*Chamada à função display_ini(). Esta função é usada para a
        inicialização do LCD e está no arquivo 'display_8bits.c'*/
setup_adc_ports(an0); /*Apenas a entrada an0 é configurada como entrada
        analógica a ser convertida.*/
setup_adc(adc_clock_internal); /*O conversor AD é configurado para utilizar
        o clock interno*/
set_adc_channel(0); //O canal 0 é configurado para a conversão.

while(true) //Laço infinito
{
act[x] = getc(); /*Espera o caractere e quando este for recebido, coloca-o na
        posição 'x' da matriz 'act',*/
printf("%c",act[x]); //retorna o caractere pela saída serial,
x++; //incrementa a variável de controle,
if (act[x-1] == 0x0d) //Verifica a posição anterior à variável 'x' na matriz 'act'.
{
/*Se o caractere que tiver sido recebido nessa posição for equivalente ao
        'enter' (0x0d ou 13 em decimal),*/
printf("\r\n"); //envia os valores 'enter' e 'line feed' para pular uma linha,
serial(); //chama a função 'serial()',
x=0; //e zera a variável 'x'.
}
}
}
```

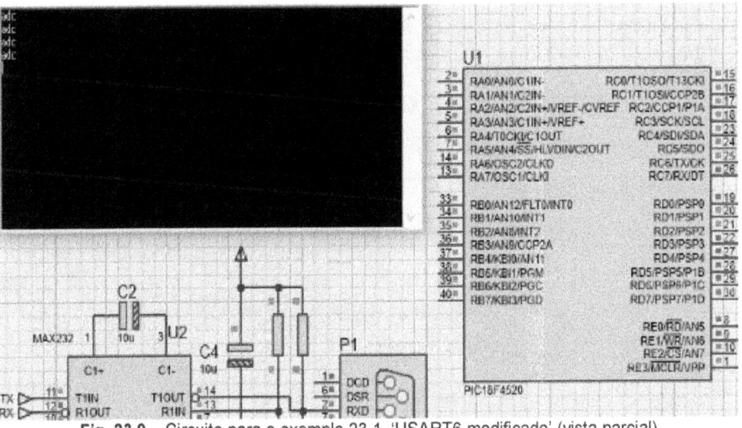

Fig. 23.9 – Circuito para o exemplo 23.1, 'USART6 modificado' (vista parcial)

Circuito

A figura 23.9, acima, mostra o circuito utilizado nesse exemplo. Observe-se que ao ser digitado 'adc' e em seguida se pressionar 'Enter' o valor da tensão não aparece no display do VSM, mas no display do kit de desenvolvimento conectado ao computador. Isso pode ser visto tanto na figura 23.9, onde só aparece o que foi digitado no terminal virtual('adc'), quanto na figura 23.10, abaixo, que mostra uma foto do display de cristal líquido do kit, na qual o cursor do potenciômetro foi um pouco girado no sentido anti-horário.

Fig. 23.10 – Resultado da conversão do exemplo 23.1, 'USART6 modicado' mostrado no display de cristal líquido

23.3 – Simulação com a Porta Serial Virtual

Esse recurso da Eltima Software não é gratuito, mas pode ser usado gratuitamente durante 14 dias para avaliação. Os testes utilizando esse software foram realizados aproveitando-se essa condição de gratuidade.

A figura 23.11, a seguir, mostra o ícone da Porta Serial Virtual, como ele aparece na área de trabalho do computador.

Fig. 23.11 – O ícone da Porta Serial Virtual

Ao se clicar duas vezes com o botão esquerdo do mouse sobre esse ícone, surge a tela mostrada na figura 23.12, a seguir.

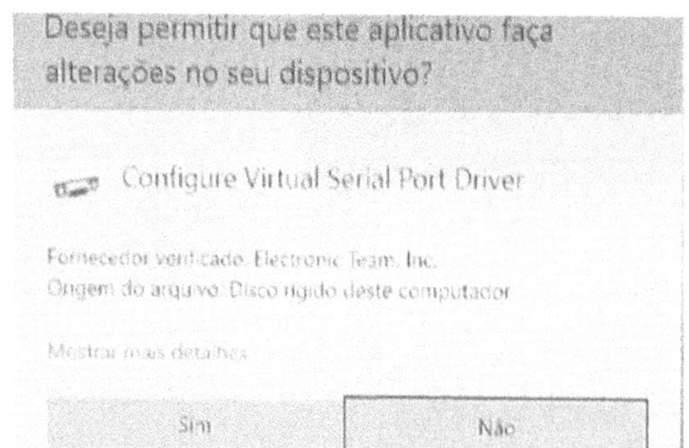

Fig. 23.12 – Tela 1, que surge ao clicar duas vezes com o botão esquerdo do mouse sobre o ícone da Porta Serial Virtual

A qualidade da imagem na figura 23.12 deixa a desejar, pois, como não é possível fazer 'Print Screen' dessa tela, a imagem teve que ser obtida usando a câmera de um celular. Do mesmo modo que as imagens obtidas por meio de fotos da tela de TVs e monitores, essa também não tem tão boa qualidade quanto gostaríamos que tivesse.

Clicando-se em 'Sim', surge a tela seguinte, ver figura 23.13, abaixo, em que é perguntado se desejamos continuar utilizando a versão gratuita do software.

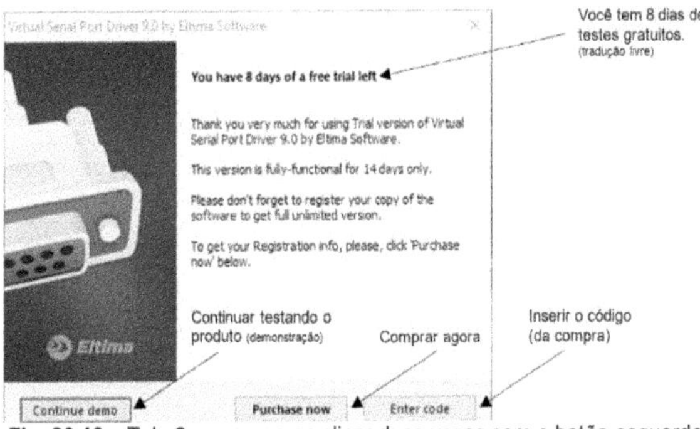

Fig. 23.13 – Tela 2 que surge ao clicar duas vezes com o botão esquerdo do mouse sobre o ícone da Porta Serial Virtual

Foi escolhida a opção 'Continue demo' (continuar demonstração), pois se pretendia continuar avaliando o produto, para eventualmente adquiri-lo mais tarde, dependendo da real necessidade de seu uso além da preparação do livro.

Tendo-se pressionado o botão 'Continue demo', surge a tela mostrada na figura 23.14, abaixo.

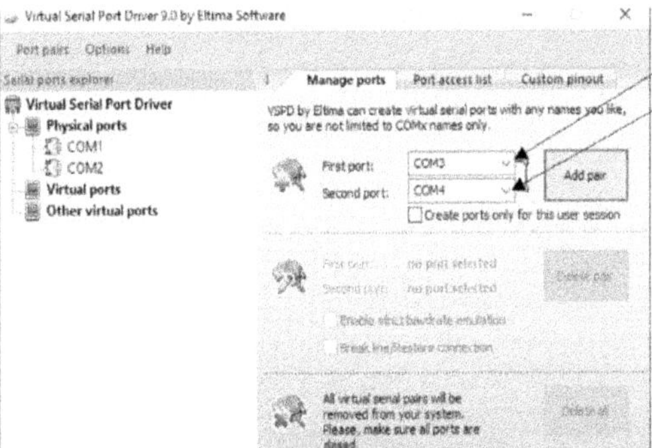

Fig. 23.14 – Criação de pares de portas virtuais, primeiro passo

Nosso objetivo aqui é mostrar o básico da utilização desse software que tem muito mais aplicações do que as que veremos neste capítulo.

Com esse recurso, *podem-se criar pares de portas virtuais de quaisquer números e em qualquer quantidade, sendo realmente em número ilimitado* (embora sejam mostradas somente até 254), quer sejam sequenciais ou não.

Por exemplo, podemos criar o par de portas seriais 'COM3' e 'COM4', como sugerido na figura 23.14. Podemos também, caso se queira, criar o par de portas 'COM3' e 'COM11'. Devemos, no entanto, ter em mente que as portas criadas são virtuais.

Também poderíamos criar o par 'COM1' e 'COM7', embora já exista uma porta física 'COM1'. Caso se crie o par de portas sugerido, passará a existir, além da porta física 'COM1', também a porta virtual 'COM1'.

Criamos o par de portas virtuais COM1 – COM7, clicando primeiro na janela indicada pela seta superior, na figura 23.14, acima, em que aparece 'COM3'. Usando a barra de rolagem e levando-a para cima encontramos a porta 'COM1'. Podemos selecioná-la clicando com o botão esquerdo do mouse sobre ela. Em seguida, na janela indicada pela seta de baixo na mesma figura, em que aparece 'COM4', procuramos pela porta COM7 e a selecionamos do mesmo modo que fizemos com a COM1.

Ao trabalhar com o VSM, quando se utilizar o software Virtual Serial Port Driver, *as portas criadas não serão visíveis na página do projeto no PROTEUS, mas existirão e estarão disponíveis para serem utilizadas.* Veremos a seguir como fazer isso.

Suponha-se que se queira criar o par de portas virtuais COM1 e COM7. Para isso deve-se clicar nas janelas indicadas pelas setas na figura 23.14.

A figura 23.15, a seguir, mostra as portas virtuais de números mais baixos, dentre as quais pode-se escolher uma delas clicando sobre seu número após se ter utilizado a barra de rolagem da janela.

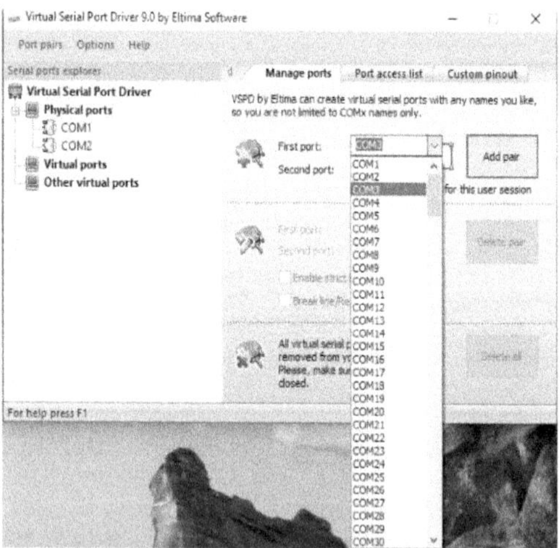

Fig. 23.15 – Portas virtuais de números mais baixos

A figura 23.16, por outro lado, mostra as portas virtuais de números mais altos. *Caso se quisesse, no entanto, poderia ser criado o par COM537 – COM682, bastando escrever seus nomes nas respectivas janelas.*

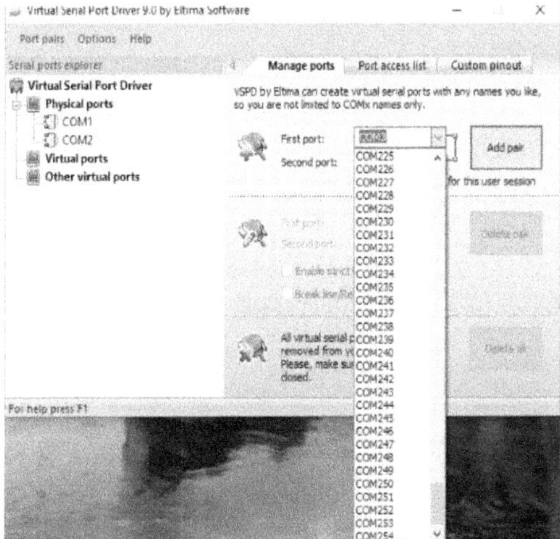

Fig. 23.16 – Portas virtuais de números mais altos

A seguir clicando-se em 'Add pair' (adicionar par), cria-se o par de portas que queremos, COM1 – COM7.

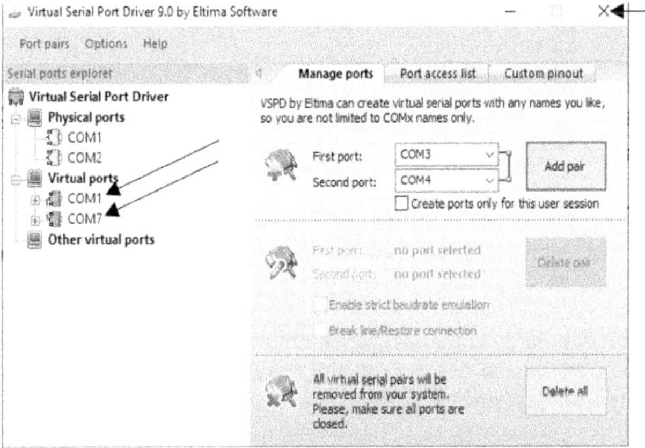

Fig. 23.17 Foi criado o par de portas virtuais COM1 – COM7

Observe-se na figura 23.17, acima, que o par de portas virtuais COM1 – COM7 já foi criado e aparece indicado pelas setas à esquerda. Note-se também, que a porta física COM1 continua existindo.

Tendo sido criadas as portas desejadas, podemos fechar o aplicativo, clicando no 'x' na parte superior direita da tela (vide seta).

Agora que o par de portas virtuais que queremos já existe, vejamos como utilizá-lo. Ao se utilizar o par de portas seriais virtuais, uma delas deve ser utilizada pelo VSM e a outra pelo circuito externo, que, em nosso caso, é o kit de desenvolvimento.

Então, a COM1 pode ser usada pelo VSM e se for usado o mesmo exemplo, USART1, deve-se ajustar o baud rate novamente em 4800 BPS. A porta COM7 será usada pelo kit e utilizaremos o PuTTY, que também deve ter seu baud rate configurado como 4800 BPS.

Apenas para confirmar que foram criadas as portas COM1 e COM7 será mostrada a tela do ACEPIC Terminal, pois ele mostra as portas disponíveis.

Isso é visto na figura 23.18, abaixo.

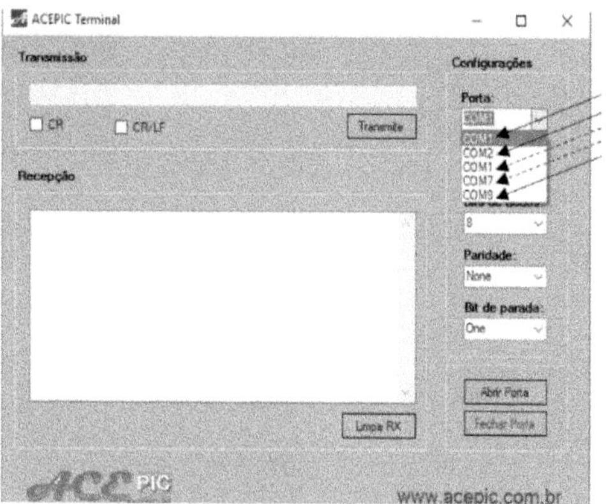

Figura 23.18 – Portas COM vistas pelo terminal externo

Nessa figura, temos cinco portas COM, sendo três delas físicas, que estão indicadas por setas em linha cheia, e duas virtuais apontadas por setas em linhas tracejadas.

Observe-se que há duas portas COM1, uma física e uma virtual, que é a que utilizaremos em nosso teste, mas no terminal do VSM, pois no terminal utilizado pelo kit usaremos a COM7.

Como vemos, o simulador irá se comunicar com o kit através do par COM1 – COM7.

Então, no kit devemos selecionar a COM7, mas faremos isso usando o PuTTY, pois usamos o ACEPIC Terminal apenas para verificar as portas COM existentes. Como informamos anteriormente, esse terminal não é mais disponibilizado pela empresa. Poderia ter sido usado o HyperTerminal para o mesmo fim.

Assim, configuramos o PuTTY como mostrado na figura 23.19, abaixo.

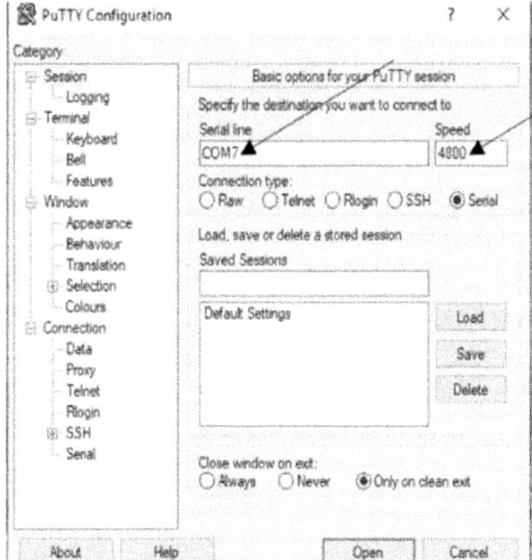

Fig. 23.19 – Configuração do terminal externo PuTTY

A configuração do COMPIM no VSM é mostrada na figura 23.20, abaixo.

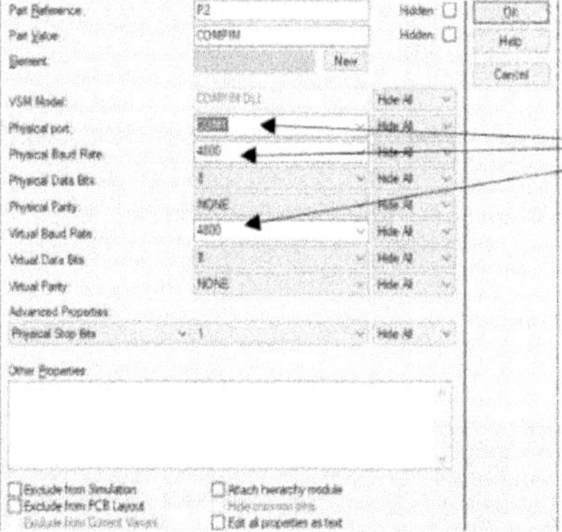
Fig. 23.20 – Configuração do COMPIM

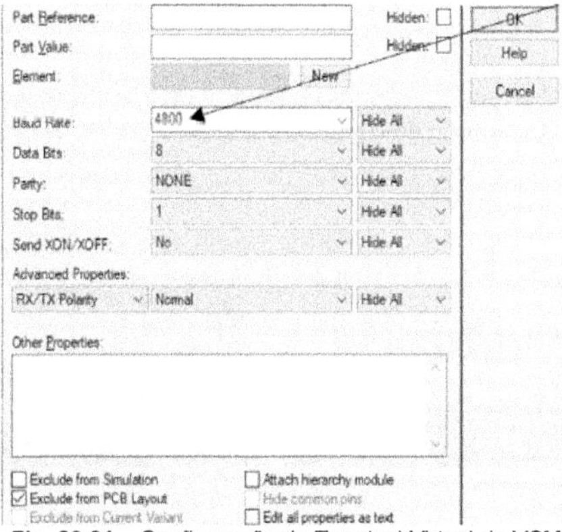

Fig. 23.21 – Configuração do Terminal Virtual do VSM

A figura 23.21, acima, mostra a configuração do terminal virtual do VSM.

Nesse teste, posiciona-se o cursor na extremidade superior esquerda do Terminal Virtual e digita-se no teclado do computador. Conforme se digita, os caracteres vão surgindo um a um na tela do terminal do PuTTY (ou de outro terminal externo que tivermos escolhido).

Teve-se que reduzir o tamanho do ambiente de trabalho do PROTEUS, clicando no botão superior à direita indicado pela seta no detalhe mostrado na figura 23.22, a seguir. Isso foi necessário para que se pudesse visualizar a tela do PuTTY, que colocamos à direita da do VSM PROTEUS.

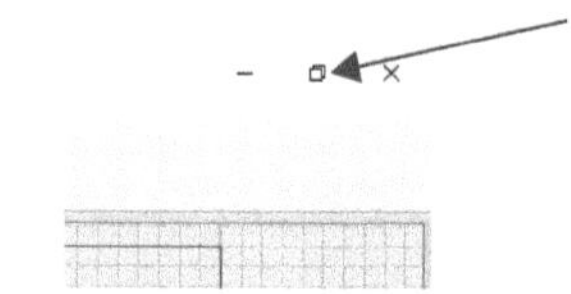

Fig. 23.22 – Reduzindo o tamanho da área de trabalho do VSM

Se isso não fosse feito, a tela do PuTTY poderia ficar escondida atrás do ambiente de trabalho do VSM.

A figura 23.23, a seguir, mostra a comunicação entre as duas portas, pois o que digitamos na tela do Terminal Virtual do VSM, à esquerda, é visto, escrito caractere após caractere, na tela do terminal do PuTTY, à direita. Observe-se que os caracteres digitados, não aparecem no Terminal Virtual.

Fig. 23.23 – O texto digitado na tela do Terminal Virtual (invisível nessa tela) surge caractere após caractere na tela do terminal do PuTTY.

A figura 23.23, acima, mostra as duas telas, a do Terminal Virtual, à esquerda, onde o texto é digitado a partir do cursor e a do PuTTY, à direita, onde o texto é mostrado, caractere após caractere.

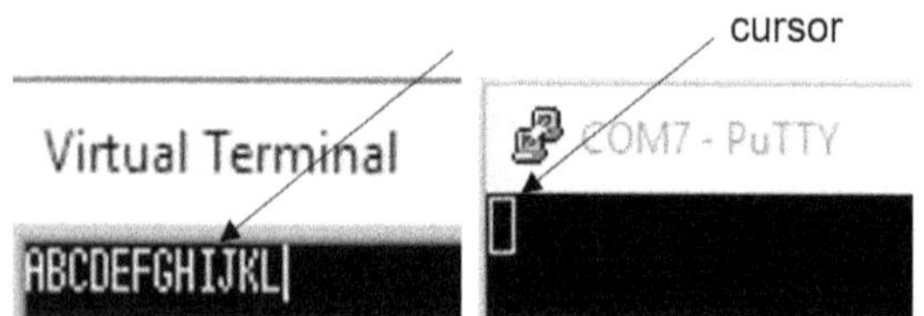

Figura 23.24 – Texto digitado na tela do terminal PuTTY e escrito na tela do Terminal Virtual

A figura 23.24, acima, mostra o texto sendo escrito a partir do cursor da tela do PuTTY e surgindo, caractere após caractere digitado, na tela do Terminal Virtual do VSM.

Também poderíamos ter invertido as portas, colocando a porta COM1 no PuTTY e a porta COM7 no COMPIM, pois os resultados teriam sido os mesmos.

Obs.: nestes testes básicos, em que não nos aprofundamos no estudo da capacidade do Virtual Serial Port Driver, apenas foi possível testar a integridade do hardware e do software, que permitiu a comunicação entre as duas portas virtuais criadas por nós. Isso foi feito pelo envio de textos, caractere após caractere de uma porta para a outra. *Devemos lembrar, no entanto, que quando foi utilizado o programa do exemplo 13.1, 'USART1', que faz o envio do caractere 'b' sequencialmente a intervalos de um Segundo, isso não ocorreu.*

É bastante provável que um estudo mais detalhado desse software (Virtual Serial Port Driver) levasse a resultados mais satisfatórios. Deixamos essa tarefa aos interessados, uma vez que aqui foi utilizada a versão de testes com prazo de utilização gratuita de 14 dias, que chegou ao final, sem que o autor tivesse conseguido estudá-lo com a profundidade desejada.

Aos que desejarem obter mais informações a respeito deste assunto, sugere-se visitar o site:

https://www.virtual-serial-port.org/pt/articles/top-6-virtual-com-port-apps/#Software

18F-6 0524

www.ingramcontent.com/pod-product-compliance
Ingram Content Group UK Ltd.
Pitfield, Milton Keynes, MK11 3LW, UK
UKHW021957190726
13853UKWH00004B/1584